数学·统计学系列

探秘三角形——一次数学旅行

The Secrets of Triangles—A Mathematical Journey

[美] 阿尔弗雷德·S. 伯斯曼梯尔（Alfred S. Posamentier）
[德] 伊格玛尔·勒曼（Ingmar Lehmann） 著
余应龙 译

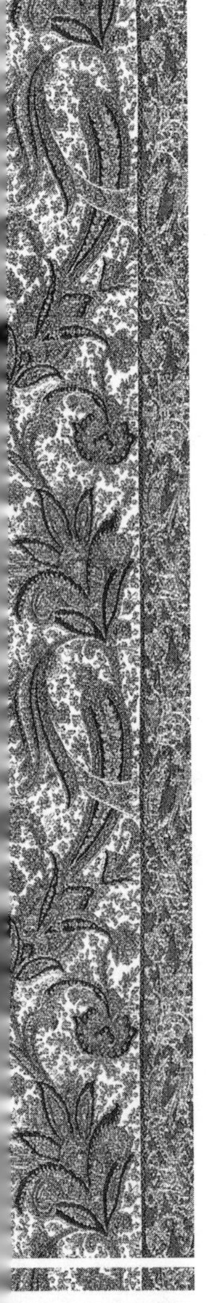

哈爾濱工業大學出版社
HARBIN INSTITUTE OF TECHNOLOGY PRESS

黑版贸登字 08－2021－013 号

内 容 简 介

本书主要介绍了三角形的各种性质、与三角形相关的不等式、三角形在国内外各种数学竞赛中的应用及解三角形题时用到的相关数学思想与方法. 本书除了探索大量的三角形外，还讲解了如何用尺规作三角形.

本书适合中学师生及几何爱好者参考阅读.

图书在版编目(CIP)数据

探秘三角形：一次数学旅行/(美)阿尔弗雷德·S. 伯斯曼梯尔(Alfred S. Posamentier)，(德)伊格玛尔·勒曼(Ingmar Lehmann)著；余应龙译. —哈尔滨：哈尔滨工业大学出版社，2021. 10

ISBN 978－7－5603－9579－1

Ⅰ. ①探… Ⅱ. ①阿…②伊…③余… Ⅲ. ①三角形－几何学－普及读物 Ⅳ. ①O123. 6－49

中国版本图书馆 CIP 数据核字(2021)第 132288 号

策划编辑　刘培杰　张永芹
责任编辑　张永芹　邵长玲
封面设计　孙茵艾
出版发行　哈尔滨工业大学出版社
社　　址　哈尔滨市南岗区复华四道街 10 号　邮编 150006
传　　真　0451－86414749
网　　址　http://hitpress.hit.edu.cn
印　　刷　哈尔滨市工大节能印刷厂
开　　本　787mm×1092mm　1/16　印张 16.25　字数 269 千字
版　　次　2021 年 10 月第 1 版　2021 年 10 月第 1 次印刷
书　　号　ISBN 978－7－5603－9579－1
定　　价　68.00 元

致谢 Barbara 的耐心支持和给予我的鼓舞.

祝我的儿孙们：David，Lauren，Lisa，Danny，Max，Sam 和 Jack 前途无量.

我还要纪念我敬爱的双亲 Alice 和 Ernest，他们始终对我信任有加.

阿尔弗雷德·S.伯斯曼梯尔

致谢我的妻子 Sabine，没有她的耐心的支持，我不可能完成本书的编写工作.

还要致谢我的儿孙们：Maren，Claudia，Simon 和 Miriam.

伊格玛尔·勒曼

◎ 鸣 谢

作者十分希望向纽约城市大学荣誉教授迈克尔·恩格伯博士(Dr. Michael Engber),奥地利维也纳技术大学数学教授曼弗雷德·克隆费勒博士(Dr. Manfred Kronfeller),奥地利卡尔·弗兰赞斯一格拉兹大学数学教授伯恩德·泰勒博士(Dr. Bernd Thaller),奥地利卡尔·弗兰赞斯一格拉兹大学数学教授彼得·舒泊夫博士(Dr. Peter Schöpf)表示真诚的感谢,感谢他们为本书进行了校对并提出不少有益的建议.作者特别要感谢的是密西根中央大学数学教授罗伯特·A.查费尔博士(Dr. Robert A. Chaffer),他对第 10 章做出了贡献.我们也要感谢密西根中央大学数学教授卡特林·罗伯特一阿贝尔博士(Dr. Catherine Roberts-Abel),他负责了本书的出版,还有杰德·左拉·巴拉特 (Jade Zora Ballard),他对本书进行了认真仔细的编辑.

◎ 前言

三角形是基本的几何图形,在许多图形中我们都见到过三角形.我们发现在对许多几何图形的结构进行分析时,把它们分割成三角形是最好的,而且三角形还为我们提供了一些几何现象中最丰富的例子,使我们能够仰慕几何之美.在本书中不采用高中以上的几何教材中出现的概念,这正是我们所希望的.

当我们听说三角形这一单词时,就会想起以前多次遇到过的一些特殊的三角形,我们刚上学时就开始与这样的三角形打交道,例如,按照边的大小分类的等边三角形、等腰三角形、不等边三角形.我们还经常考虑按照角对三角形进行分类,例如,直角三角形、锐角三角形、钝角三角形.一位启蒙老师可能会提醒我们这样的事实,说所有这些描述三角形的单词都来自于我们的日常语言之中而不是数学.Equilateral(等边三角形)的意思是等边的(equal-sided),因为单词 lateral 指的是边.Isosceles来自于希腊语单词 iso,它表示相等;希腊语单词 isoskeles 表示相等的腿的意思(equal-leged).Scalenos triangles(不等边三角形)中的 scalene 这一术语的词干来自于拉丁语 skalenus 或者来自于希腊语 scalenos,是不相等的意思.直角三角形是直立的(erect)三角形,来自于德语单词 recht,而 recht 来自于拉丁语 rectus,意思是直立的,垂直于地平线的.

当我们说起剧痛(acute pain)时,指的是尖锐的痛(sharp pain),因此单词acute有尖锐的(sharp)意思. 于是锐角三角形(acute triangle)是所有的角都是尖锐的角的三角形. 笨人(dull person)常常指的是愚钝(obtuse)的人,或者说不灵敏(not sharp)、不伶俐(not clear)的人. 因此,钝角三角形(obtuse triangle)是有一个角是钝角(dull angle)的三角形.

许多人回忆起学生时代,关于三角形的分类基本上都是这样的. 有些人甚至回忆起所有三角形中出现的种种复杂的关系,譬如说,三条高(从一个顶点向对边画的垂线段)总是共点的,三条角平分线(把一个角分割成两个相等的角的线段)也共点,三条中线(联结一个顶点和对边中点的线段)也共点. 三角形的其他美妙的性质数不胜数,其中有许多性质的确令人感到惊叹. 本书中,我们要探索的正是这些性质. 共点问题是人们较少想到的,例如,假定我们在随意画的三角形中画一个内切圆,分别联结切点和对角的顶点,我们发现这三条线段共点. 这对所有的三角形都正确! 这是法国数学家约瑟夫一迪阿兹·杰贡纳(Josseph-Diaz Gergonne,1771—1859)首先发现的. 在下面的篇幅里我们将引申这一奇妙的关系.

我们要探索的另一个真正令人惊叹的关系出现在三角形的许多方面. 那就是以弗兰克·莫莱(Frank Morley,1860—1937)命名的莫莱定理,他是著名的美国作家克里斯多夫的父亲. 1899 年他发现如果把一个三角形的每一个角三等分,不管三角形的形状如何,相邻的角的两条三等分线永远相交于三点,这三点形成一个等边三角形. 我们将探索这个令人惊叹的性质(以及另一些有关的关系),甚至要证明这对所有三角形都正确!

三角形内部的线段和三角形的边之间的一个令人注目的关系(其中有一些上面已经谈到过)是意大利数学家杰奥瓦尼·塞瓦(Giovanni Ceva,1647—1734)在 1678 年发现的. 这个定理使得证明共点变得几乎是无足轻重,但只用传统的方法,不用塞瓦定理证明共点是十分麻烦的. 我们还要考虑与这个令人喜爱的关系类似的另一个关系,那就是亚历山大(Alexandria)的梅涅劳斯(Menelaus,公元 70—103)发现的,它使得对于确定三点是否位于同一直线上的问题变得很容易.

除了探索大量与三角形——无论是特殊三角形还是一般三角形——有关的奇妙性质以外,我们还要讲解如何以及何时用直尺和圆规作三角形. 这也许是几何中的一次机遇,其中真正的解题技巧是最佳的,也是最简单的. 在几何探索中,有一个方面往往被人忽视,这就是相对基本的作图问题,希望大家把探讨问题的智慧用到作图上去，其中最简单的问题之一就是大多数读者都能回忆起中学几何教材中的给出三角形的三边的长作三角形的问题. 然而，我们也能相当灵活地根据只给出一个三角形的三条高的长做出这个三角形. 做出这样的三角形所带来的乐趣将磨砺我们的解题技巧.

为了使本书的读者能愉快地阅读，我们将用一种非常简单的语言，即在过去的中学几何书本中使用的语言. 我们将避免使用一些更现代的(也是更精确的)术语. 我们将把$\overleftrightarrow{AB}$叫作直线，$\overline{AB}$叫作线段，$\overrightarrow{AB}$叫作射线，AB 叫作线段长度. 这样做为的是使读者少一点麻烦. 我们也不指望读者熟悉三角形的各个部分所用到的各种不同的记号，例如，用字母 I 表示三角形的内切圆的圆心，或者常用字母 G 表示三角形重心. 对于每一个图形使用惯用的字母，我们认为这样会使读者轻松愉快. 为了使读者进一步弄清楚我们的讨论，我们对这些讨论提供一些图表——在所有几何课本中常见的就不必提供了. 我们真正关注的是清晰的概念！

我们正准备踏上探索三角形的性质的征途，这些性质是直角三角形(包括毕达哥拉斯定理)、等边三角形、等腰三角形等特殊三角形所具有的，当然也是一般三角形所具有的. 我们还将作出各种三角形，然后仰慕那些闪闪发光的人物，发现了许多曾被隐藏的几何宝藏的正是他们. 让我们携起手来，大手笔地探索这个最常见的，也是最强有力的几何图形——三角形！

◎

目录

第1章

三角形概述

算术！代数！几何！

雄伟的三重奏！辉煌的三角形！

不认识你的——可怜虫！

……可是，认识你的——欣赏你，感激你，

不再奢望世上的财物.

——马尔多罗之歌Ⅱ，10[1]

三角形一词在各种文章中都会用到，例如，百慕大三角形，指的就是由三点确定的一块地方：一点在佛罗里达的迈阿密；另一点在波多黎各的圣胡安；第三点在百慕大. 人们相信这个三角形的海面上曾无节制地发生过多次海难和空难. 还有一个著名的三角形称为夏季三角形：三颗星星确定一个三角形. 夏季三角形由著名的天津四(Deneb，天鹅座 α 星)，河鼓二(Altair，天鹰座 α 星)和浅蓝色的织女一(Vega，天琴座 α 星)这三颗恒星组成. 美国散文学家大卫・索洛(David Thoreua，1817—1862)经常引用下面的话："这些星星是这些三角形的顶峰！"

然而，还有一种烹饪三角形，这个概念是人类学家克劳德・勒威一斯特劳斯(Claude Lévi-Straus，1908—2009)提出的，包括烹饪肉类的三类方法：煮制、烤制、熏制. 这里三角形是由三条边还是由三个角确定取决于如何使用它. 然而还有一个是社会三角形，它是法国作家奥诺雷・ 德・巴尔扎克(Honoré de Balzac，1799—1850)所描绘的，它的三个顶点是技能、知识和资本. 另一个由三边组成的三角形是乐器：三角铁(一种打击乐器). 于是,我们已具有各种不同的方法在几何上定义三角形:或者是一个三条边的多边形,或者是不共线的三点,或者由前两种定义所确定的区域的面积.

三角形是基本的几何图形,也是我们最善于研究的几何形状. 一个四边形可以分割成两个三角形,一个五边形可以分割成三个三角形,一个六边形可以分割成四个三角形,等等(图 1.1(a)(b)和(c)). 我们通过被分割的各个部分研究这些图形的性质. 这就涉及欧几里得几何——三角形是一种最基本的图形,大多数其他图形依赖于它.

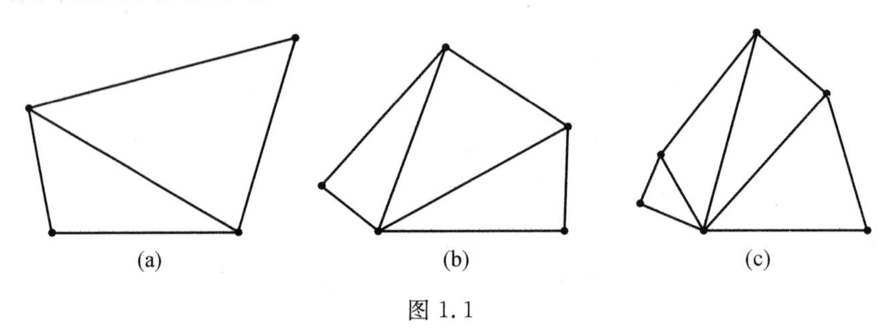

图 1.1

然而,当我们踏上研究三角形以及许多与三角形有关的线段和角的征途时,应该去确定三角形存在的条件. 假定我们有三根木杆,其中两根的长的和比第三根的长要短,那么,我们会看到你将不能用这三根木杆构成三角形(图 1.2).

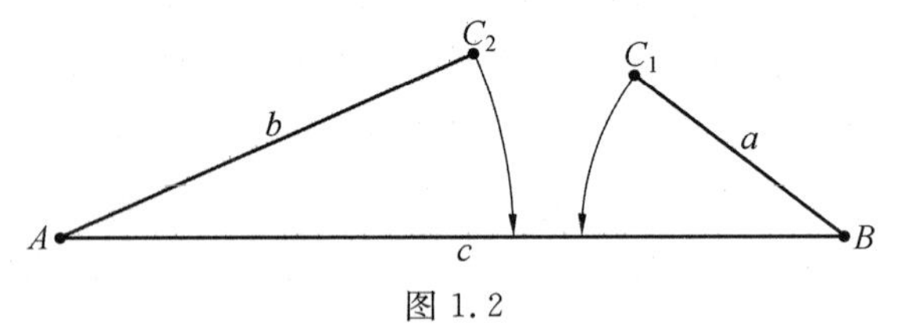

图 1.2

我们能够归纳如下:要使三角形存在,任意两边长之和必须大于第三边.

在图 1.3 中,对于 $\triangle ABC$,我们有以下不等式

$$a+b>c$$

$$a+c>b$$

$$b+c>a$$

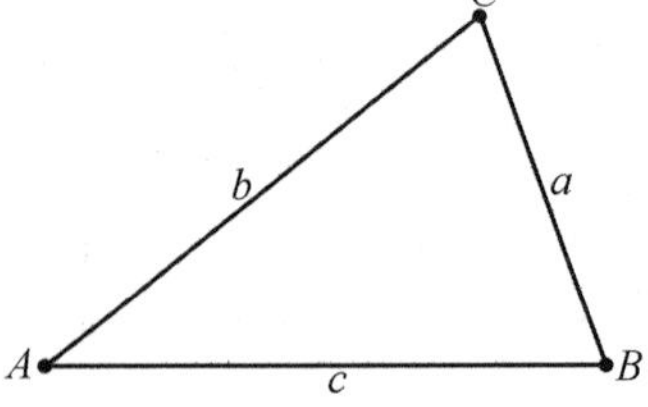

图 1.3

§1 全等三角形

现在让我们复习一下能联系两个三角形的各种关系.首先是两个三角形的全等(用符号 $\cong$ 表示),意思是两个三角形的大小和形状都恰好一样,叠起来能完全重合.换言之,两个三角形的对应边和对应角都相等.为了证明两个三角形全等,我们并不需要所有的对应边和对应角都相等.只要下列条件之一成立,我们就可确定两个三角形全等:

① 一个三角形($\triangle ABC$)的三边等于另一个三角形($\triangle DEF$)的三条对应边,那么这两个三角形全等.

② 一个直角三角形的斜边和一条直角边等于另一个直角三角形的对应边,那么这两个直角三角形全等.

③ 一个三角形($\triangle ABC$)的两边和夹角等于另一个三角形($\triangle DEF$)的对应部分,那么这两个三角形全等(图 1.4).

④ 一个三角形($\triangle ABC$)的两角和夹边等于另一个三角形($\triangle DEF$)的对应部分,那么这两个三角形全等.

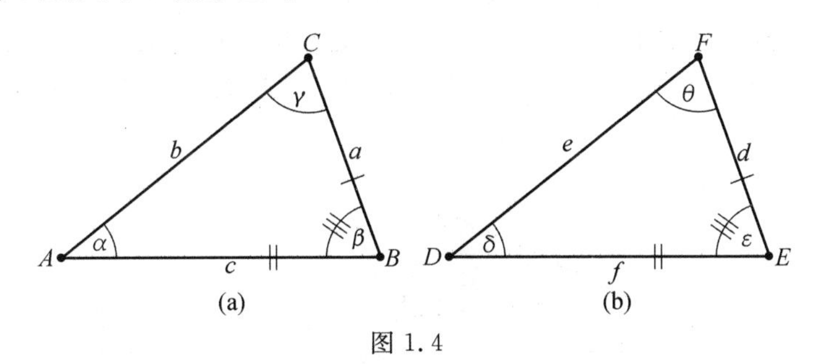

图 1.4

我们用符号 $\triangle ABC \cong \triangle DEF$ 表示全等.

两个三角形的另一种关系是相似(用符号 $\backsim$ 表示),它告诉我们两个三角形的形状相同,但大小不必相同,也就是说,两个三角形的对应角都相等.以下条件之一可确定两个三角形的相似:

① 一个三角形($\triangle ABC$)的两个角等于另一个三角形($\triangle DEF$)的两个角(图 1.5).

② 一个三角形($\triangle ABC$)的三边与另一个三角形($\triangle DEF$)的三边成比例.

③ 一个三角形($\triangle ABC$)的两边与另一个三角形($\triangle DEF$)的两边成比例,且夹角相等.

我们用符号写成 $\triangle ABC \backsim \triangle DEF$.

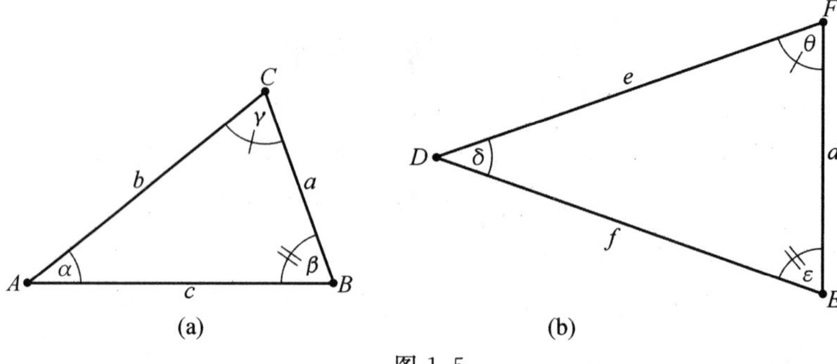

图 1.5

两个三角形在平面内的位置也可能有关系. 例如,我们考察两个三角形 $\triangle ABC$ 和 $\triangle A'B'C'$(形状可能不同),它们的对应边(延长线)相交于共线的三点 X,Y,Z,即这三点位于同一直线上.

边 AC 和 $A'C'$ 相交于点 X;

边 BC 和 $B'C'$ 相交于点 Y;

边 AB 和 $A'B'$ 相交于点 Z.

那么联结对应顶点的直线(AA',BB',CC')共点(于 P),如图 1.6. 这一著名的两个三角形之间的关系是法国数学家兼工程师杰拉德 · 笛沙格(Gérard Desargues,1591—1661)首先发现的,现在以他的名字命名. 这一关系的逆命题也成立. 也就是说,如果把两个三角形放到使得联结它们的对应顶点的直线共点的位置(如图 1.6 的点 P),那么它们的对应边的延长线相交于共线的三点(点 X,Y,Z).

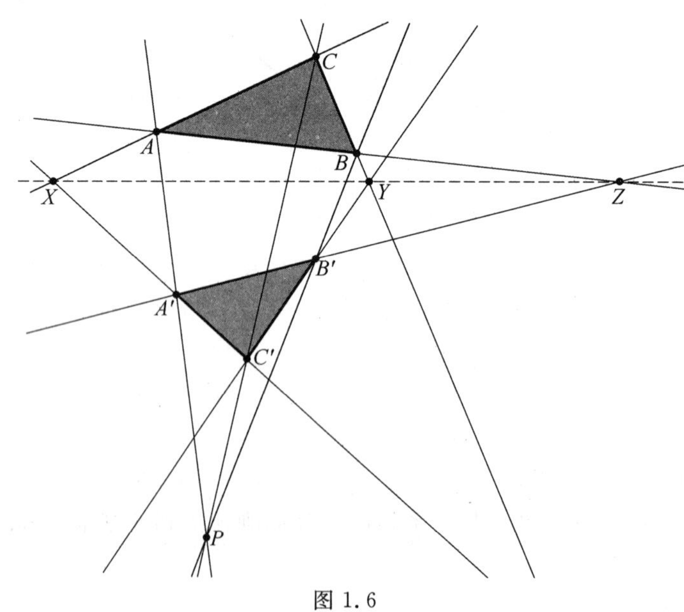

图 1.6

§2 等边三角形

也有三角形内部本身就有一些特殊的关系. 也许最常见的就是等边三角形,它的所有的边都相等,所有的角也都相等. 不仅如此,它的所有的角平分线、高、中线也都相等. 关于等边三角形的人们较少知道的一个性质是在等边三角形内随意取一点 P(图 1.7),由点 P 向每一边作垂线段. 那么,由这个随意选取的点得到的垂线段的和 $PQ+PR+PS$ 不变,且这个和等于这个等边三角形的高. 在图 1.7 中,CD 是高. 这个关系通常称为维维阿尼定理,意大利数学家维申佐·维维阿尼(Vincenzo Viviani,1622—1703) 对此做出了贡献,附带说说,他还是著名的意大利科学家兼哲学家伽利略·伽利莱(Galileo Galilei,1564—1642) 的学生.

这一奇妙的性质可用三角形的面积公式证明(即三角形的面积是底和底边上的高的乘积的一半). 我们从等边 $\triangle ABC$ 出发,这里 $PR\perp BC$,$PQ\perp AB$,$PS\perp AC$,$CD\perp AB$. 再画 PA,PB,PC(图 1.8)

$$\begin{aligned} S_{\triangle ABC} &= S_{\triangle APB}+S_{\triangle BPC}+S_{\triangle CPA} \\ &= \frac{1}{2}AB\cdot PQ+\frac{1}{2}BC\cdot PR+\frac{1}{2}AC\cdot PS \end{aligned}$$

因为 $AB=BC=AC$,所以 $S_{\triangle ABC}=\frac{1}{2}AB\cdot(PQ+PR+PS)$.

但是 $S_{\triangle ABC}=\frac{1}{2}AB\cdot CD$,于是 $PQ+PR+PS=CD$,这就是我们要寻求的证明对给出的三角形成立的常数.

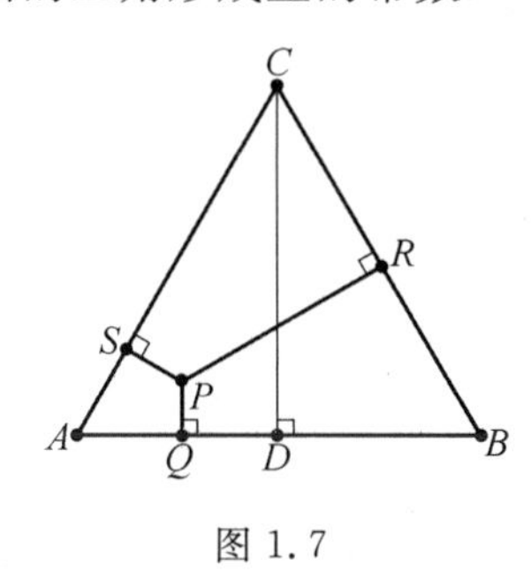

图 1.7

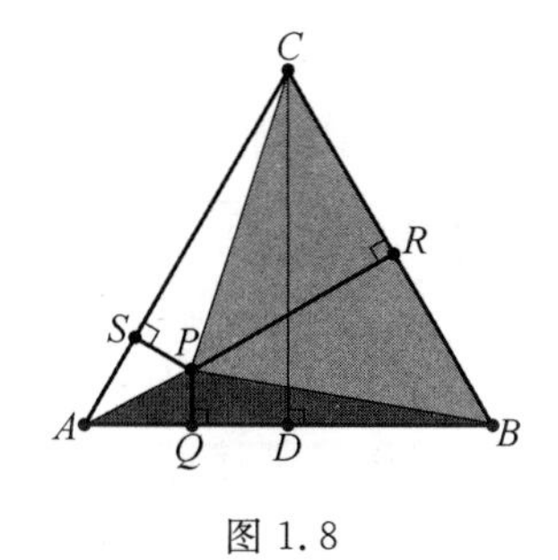

图 1.8

等边三角形特有的另一些关系超出了我们刚才提到的基本内容. 等边三角形的另一些奇妙的性质稍后再研究. 现在,我们将考察另一些特殊三角形. 我们在全书的讨论中将重新观察等腰三角形.

§3　直角三角形

直角三角形之所以称为直角三角形是因为它有一个直角，如图 1.9，其中 $\angle ACB = 90°$.

直角三角形本身也有许多性质. 例如，在画直角三角形的斜边上的高时，该三角形就被分割成三个相似三角形. 在图 1.10 中，三个相似三角形是 $\triangle ABC \backsim \triangle ACD \backsim \triangle BCD$.

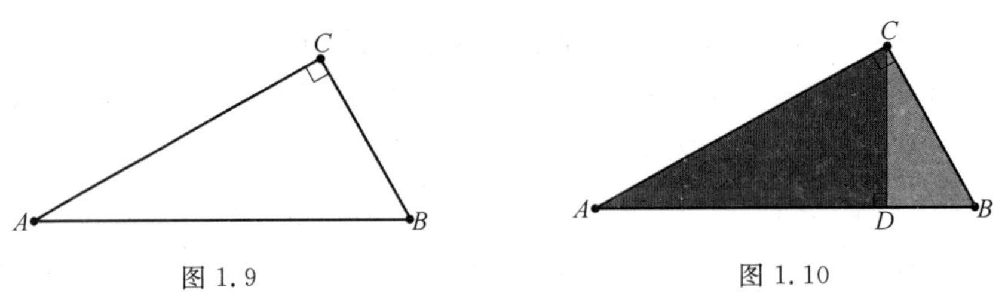

图 1.9　　　图 1.10

如果我们一对一对地看这三个三角形，就可以确定一个相当熟悉的关系.

我们从 $\triangle ABC \backsim \triangle ACD$ 开始，得到以下的边的比$\dfrac{AB}{AC} = \dfrac{AC}{AD}$，于是 $AC^2 = AB \cdot AD$. 由 $\triangle ABC \backsim \triangle BCD$，得到$\dfrac{AB}{BC} = \dfrac{BC}{BD}$，于是 $BC^2 = AB \cdot BD$. 将这两式相加，得到以下结果：$AC^2 + BC^2 = AB \cdot (AD + BD) = AB^2$.

这个式子用文字表达是："直角三角形的两直角边的平方和等于斜边的平方."

这或许使我们想起几何中的一个最著名的定理 —— 毕达哥拉斯定理. 如果我们将用"上" 代替"的"，那么就是指正方形的面积，即"直角三角形的直角边上的正方形的面积的和等于斜边上的正方形的面积[2]."

这就可以用几何表示，如图 1.11，即两个小正方形（直角三角形的直角边上的正方形）的面积的和等于大正方形 —— 斜边上的正方形的面积.

我们知道任何不共线的三点唯一确定一个三角形，也唯一确定一个圆. 但是当该三角形是直角三角形时，这个外接圆的直径就是该直角三角形的斜边，如图 1.12，其中 AB 是外接圆 c 的直径，中点为 O.

由这个性质我们可非常容易地证明如果画直角三角形的斜边上的中线，那么将得到两个等腰三角形 $\triangle AOC$ 和 $\triangle BOC$，如图 1.13，其中 CO 是 $\mathrm{Rt}\triangle ABC$ 的斜边上的中线，但在这种情况下，这条中线 —— 也是外接圆的半径 —— 是斜边的长的一半. 于是 $CO = BO = AO$. 于是 $\triangle AOC$ 和 $\triangle BOC$ 都是等腰三角形.

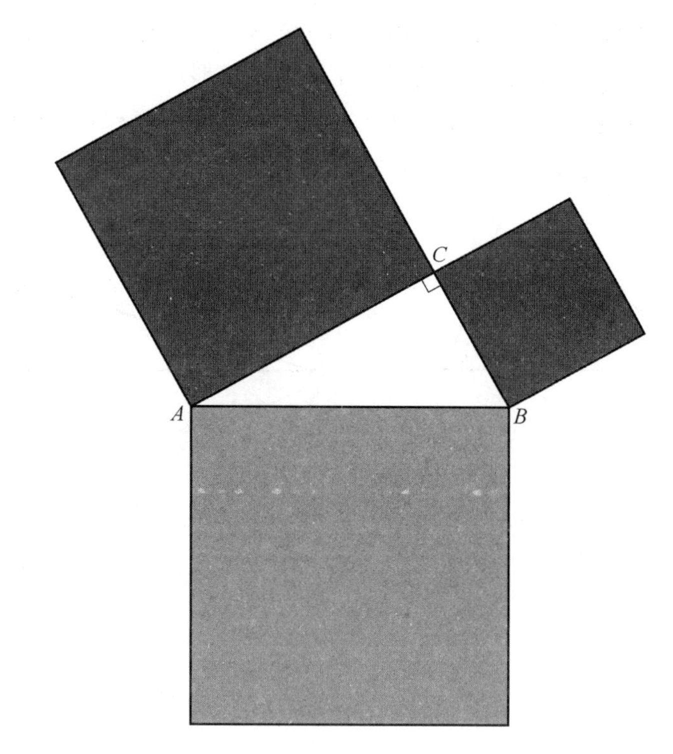

图 1.11

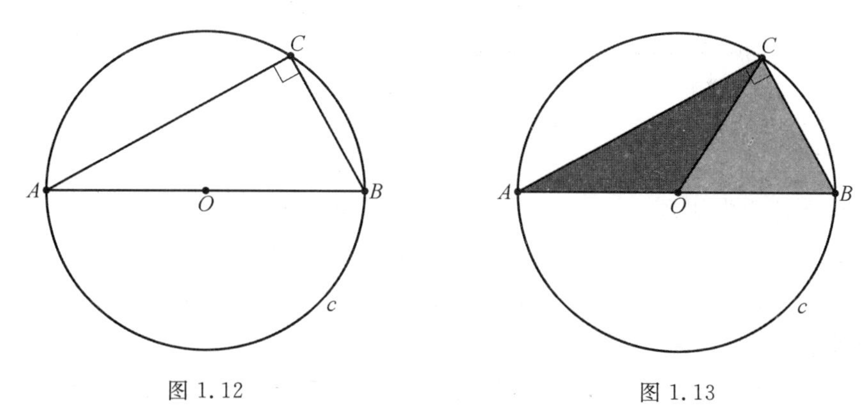

图 1.12　　图 1.13

正如上面提到的那样，直角三角形按它的一个角分类 —— 大小是 90° 的角 —— 其他三角形也可按角的大小分类. 当一个三角形有一个角大于 90°(称为钝角[3]) 时，那么这个三角形称为钝角三角形. 当所有的角都小于 90°(即锐[4]角) 时，那么这个三角形称为锐角三角形.

毕达哥拉斯定理的推广可使我们建立起三角形的边之间的关系，帮我们确定一个非直角三角形是锐角三角形还是钝角三角形.

对于一个边长为a,b,c的三角形，如果$a^2+b^2>c^2$，那么边长为a,b的两边的夹角是锐角(图 1.14)，这个三角形就是锐角三角形.

另一方面，如果一个三角形的边长为a,b,c，且$a^2+b^2<c^2$，那么边长为a，b的两边的夹角是钝角(图 1.15)，这个三角形就是钝角三角形.

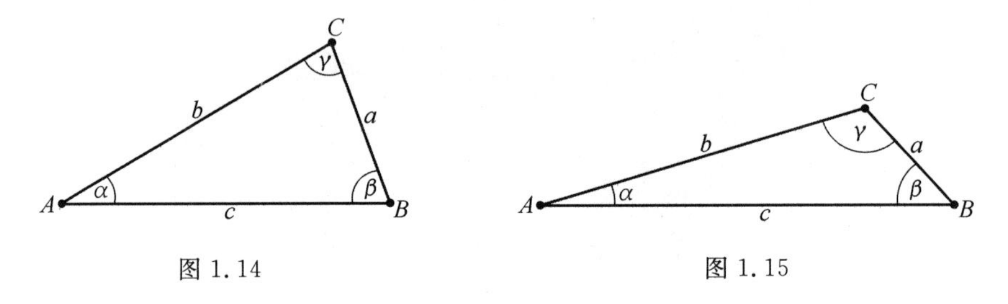

图 1.14　　　　图 1.15

还有，对于钝角三角形，如图 1.16 的$\triangle ABC$，我们有下列关系，它可直接由毕达哥拉斯定理推出：$c^2=a^2+b^2+2ax$. 换句话说，这就得到我们前面说的$c^2>a^2+b^2$.

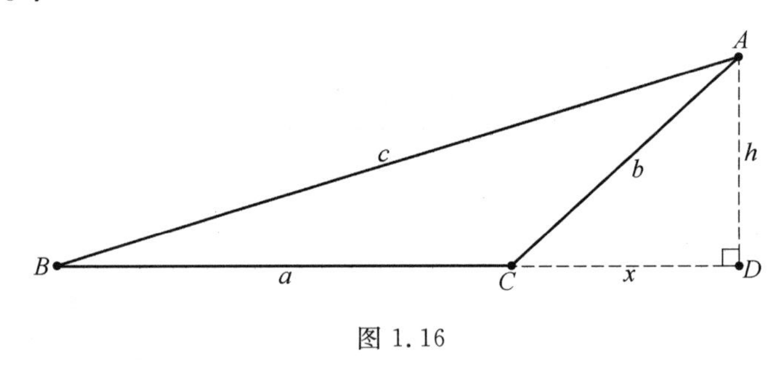

图 1.16

现在证明为什么$c^2=a^2+b^2+2ax$成立. 如图 1.16，(先对$\triangle ABD$) 应用毕达哥拉斯定理：$c^2=(a+x)^2+h^2=a^2+x^2+2ax+h^2=a^2+(x^2+h^2)+2ax$. 但是对$\triangle ABD$应用毕达哥拉斯定理，得到$b^2=x^2+h^2$. 于是$c^2=a^2+b^2+2ax$，这就是我们在上面提到的.

对于锐角三角形，如图 1.17，我们有$c^2=a^2+b^2-2ax$. 这可以用与上面类似的方法判定$c^2<a^2+b^2$这在前面已经谈到过.

毕达哥拉斯定理可以使我们得到三角形的许多有趣的关系. 例如，贝尔伽的阿波罗尼斯(Apollonius，约前 262—190) 就做出了贡献. 他说，对中线为AD的$\triangle ABC$，有$AB^2+AC^2=2(BD^2+AD^2)$(图 1.18)[5].

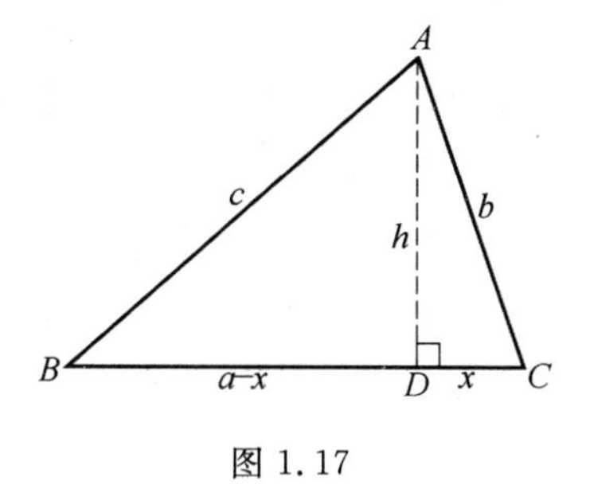

图 1.17

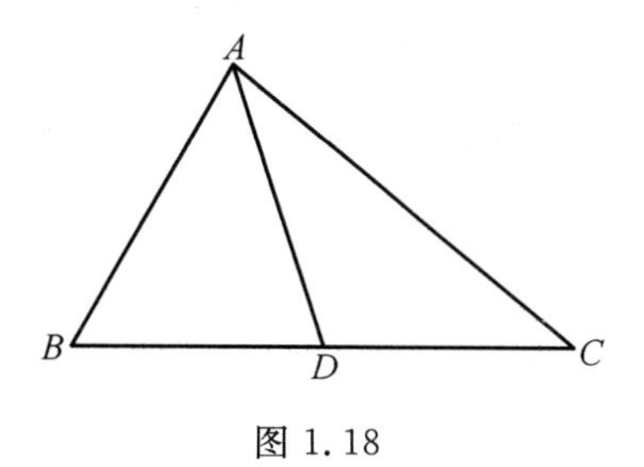

图 1.18

§4 三角形的面积

确定三角形的面积的方法有很多,采用何种方法要根据所给出的三角形的条件而定.如果给出的三角形的一边的长和这边上的高,那么,我们就能用熟知的面积公式:底和高的乘积的一半.用符号表示是 $S_{\triangle ABC}=\frac{1}{2}bh$(图 1.19).

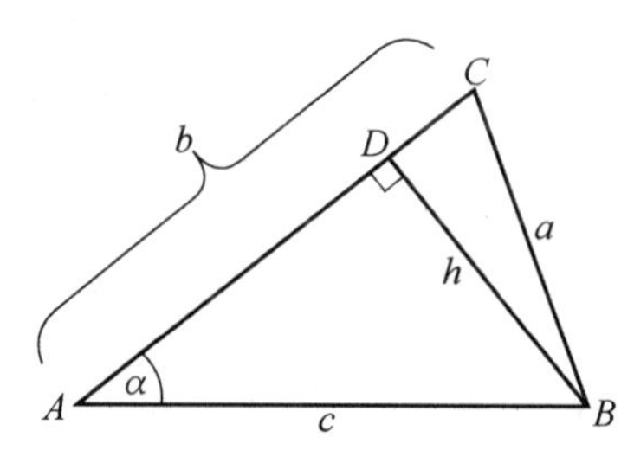

图 1.19

如果给定一个角的大小,例如 $\triangle ABC$ 的 $\angle A=\alpha$,夹这个角的两边为 b,c,那么我们有另一个求 $S_{\triangle ABC}$ 的公式,用符号表示为 $S_{\triangle ABC}=\frac{1}{2}bc\cdot\sin\angle A=\frac{1}{2}bc\cdot\sin\alpha$.

已知 $\triangle ABC$ 的三边的长 a,b,c,求面积也是可能的:用海伦公式[6] $S_{\triangle ABC}=\sqrt{s(s-a)(s-b)(s-c)}$,这里 $s=\frac{1}{2}(a+b+c)$ 是 $\triangle ABC$ 的半周长.

在第 7 章中我们将探索另一些与三角形面积有关的内容.

§5 三角学和三角形

毕达哥拉斯定理实际上是所有三角学的基础[7],因此,毕达哥拉斯定理的现存的证明方法超过四百种，我们不用三角学的方法，否则就成了循环论证.（记住你不能用依赖于所要证明的定理的一个关系证明一个定理！）然而，随着三角学的出现，就有了许多与三角形有关的有用的关系. 每个关系都以三个基本的三角函数命名，这三个三角函数是：正弦、余弦和正切.

首先我们来复习一下用于直角三角形的三个基本函数，然后再将它们用到一般三角形中. 对于 Rt$\triangle ABC$（图 1.20），对 $\angle A$ 定义的三个三角函数

$$\sin \angle A=\frac{a}{c}$$

$$\cos \angle A=\frac{b}{c}$$

$$\tan \angle A=\frac{a}{b}$$

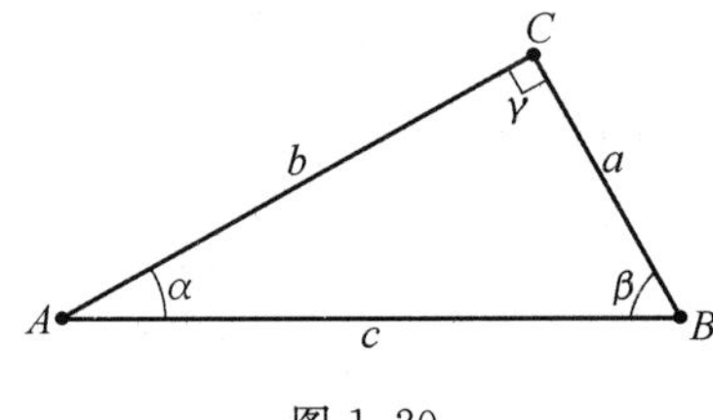

图 1.20

把这些三角函数推广到一般三角形，我们有下列关系，如正弦定理

$$\frac{a}{\sin \angle A}=\frac{b}{\sin \angle B}=\frac{c}{\sin \angle C}$$

有意思的是从上面提到的基本的正弦函数很容易推出这一关系. 我们先考虑底 $AB(=c)$ 上的高是 $CD(=h_c)$ 的 $\triangle ABC$，CD 把三角形分割成两个直角三角形，$\triangle ACD$ 和 $\triangle BCD$.（图 1.21）

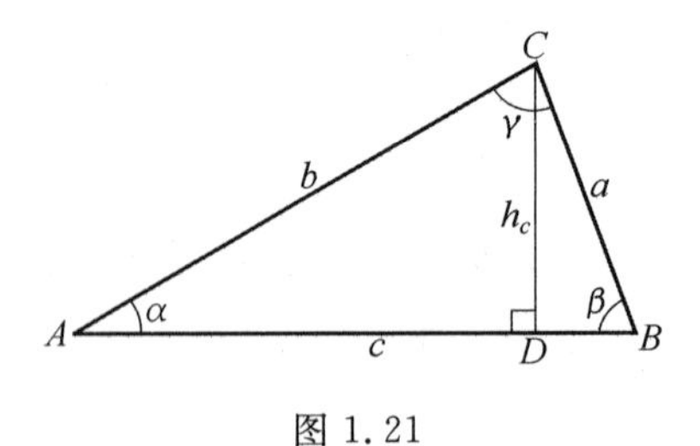

图 1.21

在 Rt$\triangle ACD$ 和 Rt$\triangle BCD$ 中，我们可以用正弦函数如下

$$\sin \alpha=\sin \angle A=\frac{CD}{AC}=\frac{h_c}{b}$$

$$\sin \beta=\sin \angle B=\frac{CD}{BC}=\frac{h_c}{a}$$

于是，$h_c=b\cdot\sin\angle A=a\cdot\sin\angle B$，或$\frac{a}{\sin\angle A}=\frac{b}{\sin\angle B}$.（也可写作$\frac{a}{\sin\alpha}=\frac{b}{\sin\beta}$.）

如果我们原来就不选取 h_c，而选取 h_a 或 h_b，则将得到我们要证明的下列关系，即正弦定理

$$\frac{a}{\sin\angle A}=\frac{b}{\sin\angle B}=\frac{c}{\sin\angle C}$$

也可写成

$$\frac{a}{\sin\alpha}=\frac{b}{\sin\beta}=\frac{c}{\sin\gamma}$$

对于余弦函数，我们有余弦定理

$$a^2=b^2+c^2-2bc\cdot\cos\angle A$$ [8]

或写成另一种形式

$$\cos\angle A=\frac{b^2+c^2-a^2}{2bc}$$

或

$$\cos\alpha=\frac{b^2+c^2-a^2}{2bc}$$

对于正切函数，我们有正切定理

$$\frac{a-b}{a+b}=\frac{\tan\frac{1}{2}(\angle A-\angle B)}{\tan\frac{1}{2}(\angle A+\angle B)}$$

也可写成

$$\frac{a-b}{a+b}=\frac{\tan\frac{\alpha-\beta}{2}}{\tan\frac{\alpha+\beta}{2}}$$

虽然后两个关系的证明与正弦定理的证明相比有点复杂，但在大多数高中教科书中能够找到.

§6 黄金三角形

随着我们结束三角形概述这一章的时候，我们将展现给读者一个最美的三角形：黄金三角形，它自始至终与黄金比[9] 有关. 这就是顶角是 36°，两个底角是

72° 的等腰三角形(图 1.22).

$\triangle ABC$ 称为黄金三角形. 我们作 $\angle ABC$ 的角平分线,就得到两个相似三角形 $\triangle ABC \backsim \triangle AQB$,如图 1.22 所示. 这使我们能建立以下比例式

$$\frac{AC}{AB}=\frac{AB}{AQ} \text{ 或 } \frac{b+c}{c}=\frac{c}{b}$$

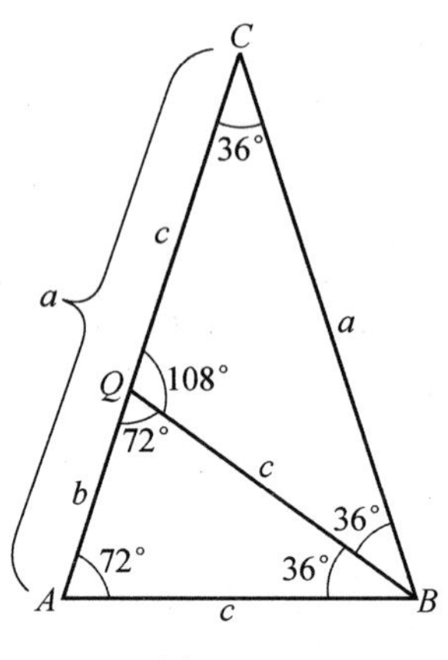

图 1.22

这就是黄金比(常指 ϕ),点 Q 把边 AC 黄金分割. 你可以看到:$\frac{b+c}{c}=\frac{c}{b}=\frac{\sqrt{5}+1}{2}=\phi$;或写成另一种形式,$\phi:1$ 或 $\frac{a}{c}=\frac{\phi}{1}=\phi$.

在图 1.22 中,我们有三个黄金三角形[10]:两个三角形的顶角是锐角(等腰 $\triangle ABC$ 和 $\triangle ABQ$),其中腰和底的比是 $\phi:1$ 或 $\frac{a}{c}=\phi$;一个三角形的顶角是钝角(等腰 $\triangle BCQ$),其中腰和底的比是 $1:\phi$,或 $\frac{c}{a}=\frac{1}{\phi}$.

整个下面一章我们将探索各种三角形和许多令人感到惊奇的关系. 当然,我们也将探索另一些几何部分是如何与三角形一起展现一些真正令人赞叹的,的确惊奇的关系. 让我们现在就踏上这个令人惊叹的征途吧!

三角形的共点线

第2章

三角形的直线(线段)和点与它的外接圆或内切圆相结合,对于揭示隐藏在三角形中的许多秘密是至关重要的.本章中我们将提供一些与三角形有关的各部分中最引人入胜和奇妙的关系.在这些关系中有许多是泰勒斯(Thales,约前624—约前546)、毕达哥拉斯(Pythagolas,约前570—约前510),欧几里得(Euclid,约前300—约前275)和阿基米德(Archimedes,约前287—约前212)所未知的,他们是我们在直观的数学领域中的先贤.事实上,欧几里德在其名著《几何原本》中提到了三角形的内切圆的圆心和外接圆的圆心,与此同时还提到了确定这两个圆心的共点线,即分别是该三角形的三个角的平分线和三边的垂直平分线.直到阿基米德才提到了三角形的高和中线.大约到18世纪末叶人们还只知道五个与三角形有关的重要的点,但是到了19世纪,通过约瑟夫-迪阿兹·杰贡纳(Joseph-Diaz Gergonne,1771—1859),雅格布·斯坦纳(Jakob Steiner,1796—1863)、卡尔·威尔姆·费尔巴赫(Karl Wilhelm Feuerbach,1800—1834)、克里斯蒂安·海尔利西·冯纳盖格尔 Christian Herrich von Nagel,1803—1882)、纽瑟夫·简·巴泊梯斯特·钮伯格(Joseph Jean Baptiste Neuberg,1840—1926)等著名数学家的努力,几何才开始日益繁荣.在这些数学家之后,还有许多数学家!同时,目前已有3 600个值得注意的点与三角形有关.关于三角形的各个部分更多的发现不断地以“新发现”出现在专业杂志上.我们希望通过对本章所揭示的内容将进一步激励读者进行探索,也许会有些新的发现.

§1 三角形的高的基本知识

当我们想到与三角形有关的线段时，除了边以外，一般想到的是三角形的高[1]、角平分线[2]和中线[3].

除了定义这些线段所得到的性质以外，这三组线段都共点，这些点中的每一个在三角形中都是重要的点.

在图 2.1 中，我们画了 $\triangle ABC$ 的三条高. 除了这三条高分别垂直于三边以外，我们可以注意到三条高的公共点 H—— 称为三角形的垂心 —— 把每一条高分成两条线段，对于三角形的三条高，这两条线段之积都相等. 也就是说，在图 2.1 中，对于 $\triangle ABC$，$AH \cdot DH = CH \cdot FH = BH \cdot EH$. 这是从图 2.1 中的相似三角形推出的. 由于

$$\triangle AFH \backsim \triangle CDH, \frac{AH}{FH} = \frac{CH}{DH}$$

得出

$$AH \cdot DH = CH \cdot FH$$

类似地

$$\triangle AEH \backsim \triangle BDH, \frac{AH}{EH} = \frac{BH}{DH}$$

得出

$$AH \cdot DH = BH \cdot EH$$

在图 2.2 中，我们用下标重新命名垂足，得到关系式

$$AH \cdot HH_a = BH \cdot HH_b = CH \cdot HH_c$$

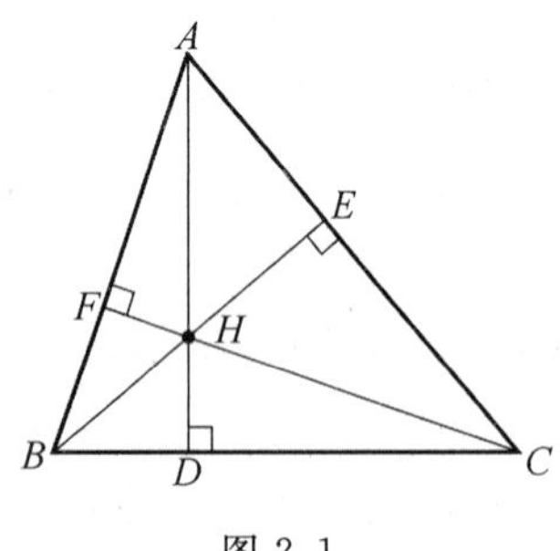

图 2.1

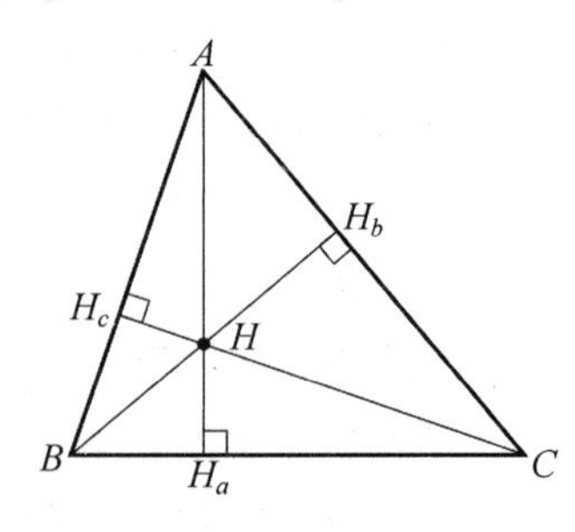

图 2.2

这就推出了三角形中不常见的关系. 如果我们把高被截得的两部分为边构成矩形，我们会发现这样得到的矩形的面积相等，如图 2.3.

在图 2.4 中，我们又一次显示了一个三角形的三条高及其“足”(高与底的

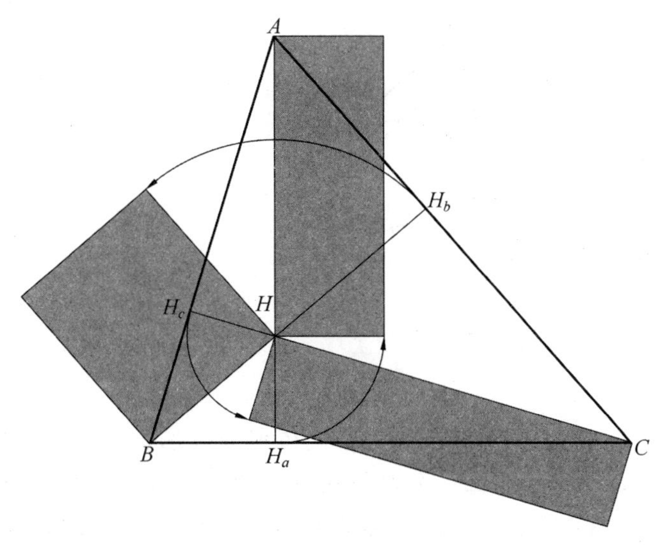

图 2.3

交点）分别记作 H_a，H_b，H_c. 在边上的线段，如 $a_1=BH_a$，$a_2=H_aC$，$b_1=CH_b$，$b_2=H_bA$，$c_1=AH_c$，$c_2=H_cB$. 这就让我们容易叙述由瑞士数学家雅格布·斯坦纳[4]所发现的关系式

$$a_1^2+b_1^2+c_1^2=a_2^2+b_2^2+c_2^2$$

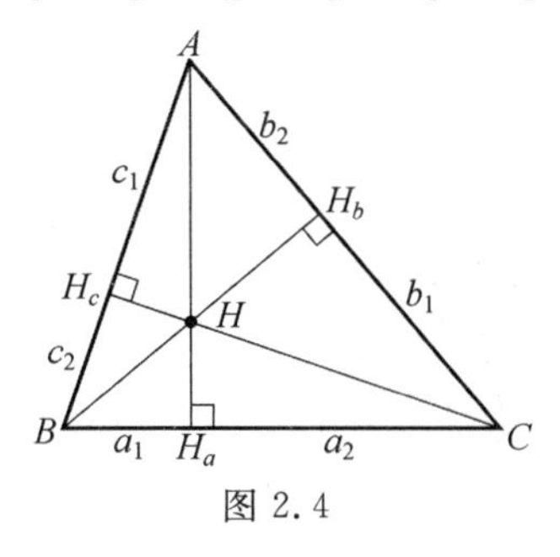

图 2.4

§2 三角形的角平分线的基本知识

三角形的角平分线除了平分三角形的角以外，它们相交于一点，这一点到每一边的距离相等，因此，这一点也是三角形的内切圆的圆心，如图 2.5. 换句话说，该交点 —— 内切圆的圆心或内心 —— 到三角形的三边的（垂直）距离相等：$IP_a=IP_b=IP_c$，这里 P_a，P_b，P_c 是内心到各边的垂足，T_a，T_b，T_c 是角平分线与对边的交点. 注意观察该图的另一种方法是圆与三角形的三边相切. 后面我们将证明该圆的圆心，即内心 I 实际上是角平分线的交点. 我们还注意到 $AP_b=AP_c$，$BP_c=BP_a$，$CP_b=CP_a$.

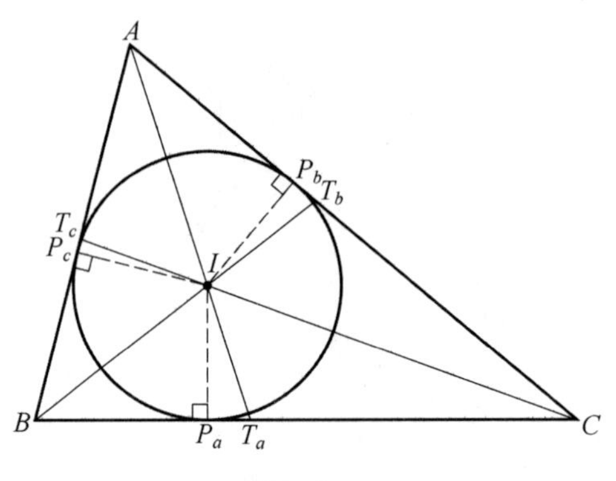

图 2.5

每一个三角形都有一个内切圆(在三角形的内部)和三个旁切圆(在三角形的外部).这四个圆中的每一个都与三角形的三边(所在的直线)相切.对任意三角形,如图 2.6 所示.这四个圆有时称为等距圆.旁切圆的圆心 I_a,I_b,I_c 由两条外角平分线和一条内角平分线确定.

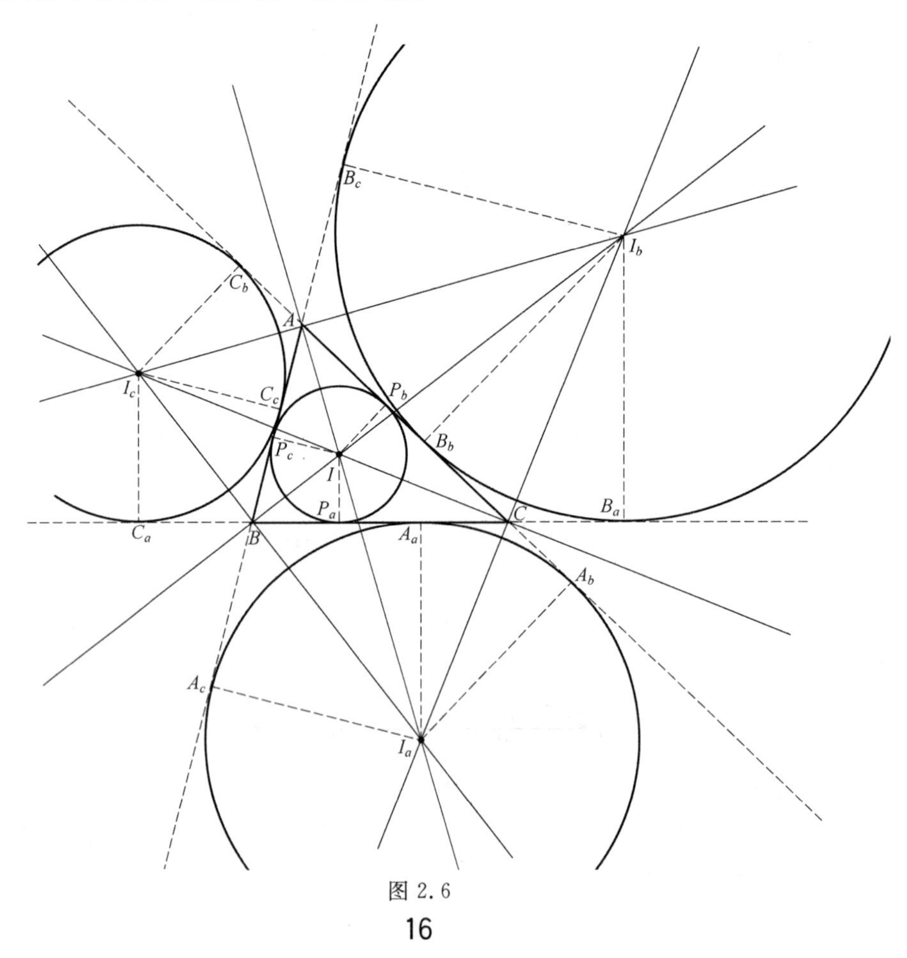

图 2.6

我们又得到内心到三角形的三边的垂足 P_a, P_b, P_c 确定匀称的关系.利用图 2.7 中的记号,即 $a_1 = BP_a, a_2 = P_aC, b_1 = CP_b, b_2 = P_bA, c_1 = AP_c$ 和 $c_2 = P_cB$,得到

$$a_1^2 + b_1^2 + c_1^2 = a_2^2 + b_2^2 + c_2^2$$

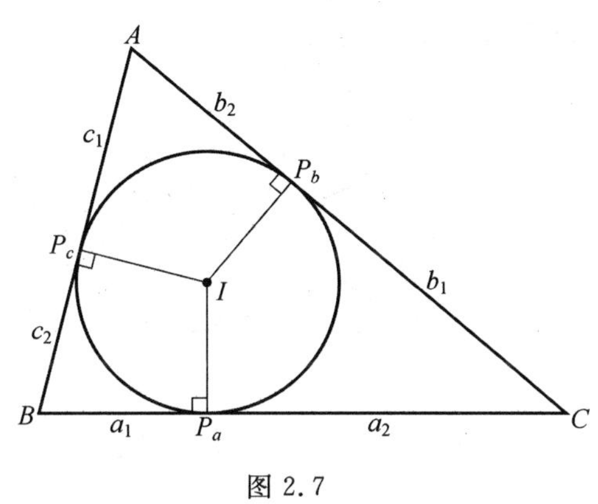

图 2.7

§3　三角形的中线的基本知识

三角形的中线是联结三角形的一个顶点和对边中点的线段,它们共点且互相三等分.即在图 2.8 中,以下等式成立

$$AG = 2 \cdot GM_a$$

$$BG = 2 \cdot GM_b$$

$$CG = 2 \cdot GM_c$$

还有就是点 G 是三角形的重心,即平衡点.如果你有一张三角形的卡片,并且用铅笔顶住它使它平衡,那么使它平衡的这一点就是三角形的重心.

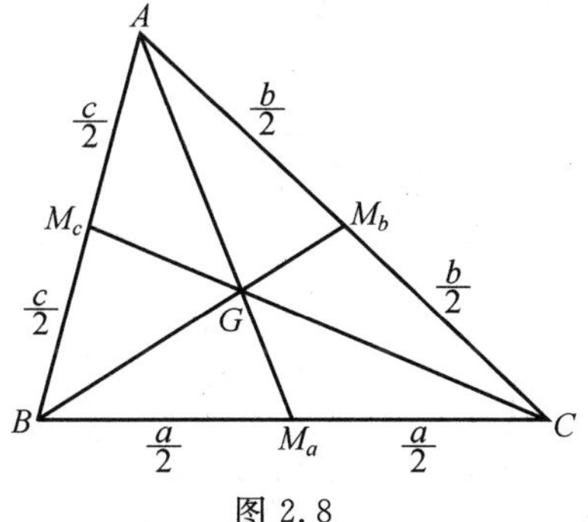

图 2.8

通过高中学到的几何知识我们就能证明三条中线互相三等分.这里我们将提出一种简单可行的方法.但是,知道一些高中以外的知识将会使问题变得很

顺手，我们马上就要讲到这一点.利用初等方法使过程十分简单.

先过点 A, M_b, M_a, B 作 CM_c 的平行线，如图 2.9 所示.

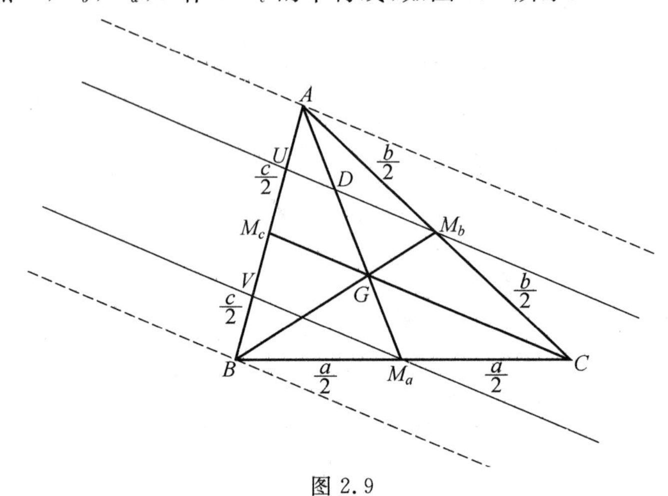

图 2.9

对于 $\triangle ACM_a$，我们有 $AM_b = CM_b$；于是 $AU = UM_c$，类似地，我们必能证明 $AU = UM_c = \frac{c}{4}, BV = VM_c = \frac{c}{4}$.

我们有 $AU = UM_c = M_cV$，于是 $AD = DG = GM_a = \frac{m_a}{3}$. 对其余两条中线重复这个关系，可以确定三条中线相交于三等分点 —— 重心.

§4 三角形的三边的垂直平分线的基本知识

线段 AB 的垂直平分线 p_c 是垂直于 AB 相交于中点 M_c 的直线(图 2.10). AB 的垂直平分线上的每一点 P 与 AB 的两个端点的距离相等，即 $AP = BP$. $\triangle ABC$ 的三边的垂直平分线 p_a, p_b, p_c 共点于 O，这一点就是 $\triangle ABC$ 的外接圆的圆心.

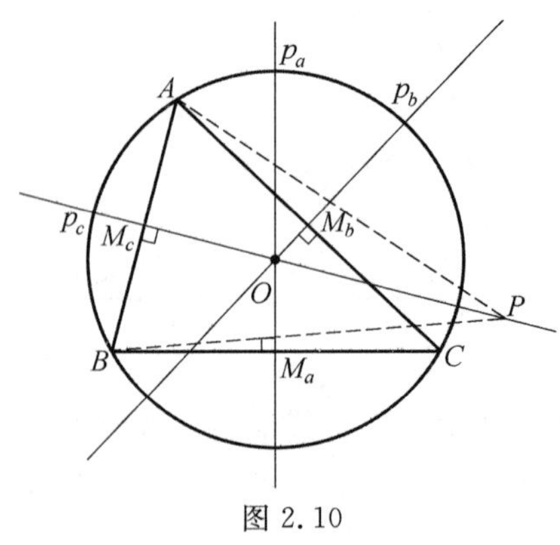

图 2.10

容易判定点 O 是 p_a 和 p_b 的交点(图 2.11). 由线段垂直平分线上的点到线段两端距离相等这一性质得到 $BO=CO$, $AO=CO$. 于是 $AO=BO$. 所以点必定在垂直平分线 p_c 上. 于是三条垂直平分线共点于 O.

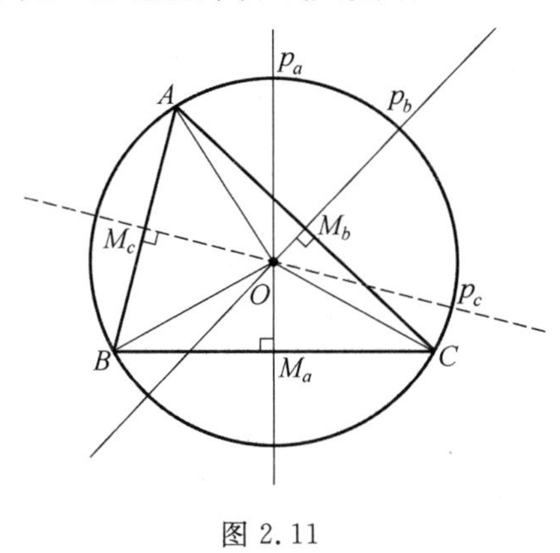

图 2.11

§5 塞瓦定理的基本知识:证明共点的简单方法

当高、角平分线、中线出现在中学的几何教材中时,证明它们共点并不简单. 往往为了方便而忽略了这些证明. 然而,如果你要探索一些超出中学出现过的几何,有一个定理用来证明它们共线就简单得多. 这个十分有力而有用的定理最初出现在由杰奥瓦尼·塞瓦在 1678 年发表的论文《静态结构中神奇的割线》(*De Lineis invicem secantibus statica construction*)中. 塞瓦定理是等价性的 —— 或双条件性的 —— 即逆命题也正确. 要判定它正确需要证明两个命题 —— 原命题和逆命题. 要使我们接受这一定理,应证明它的正确性是有效的. 塞瓦定理叙述如下:

经过 $\triangle ABC$ 的顶点的三条直线(图 2.12)分别与对边相交于点 L, M 和 N,当且仅当 $\frac{AM}{MC}\cdot\frac{BN}{NA}\cdot\frac{CL}{BL}=1$ 时,这三条直线共点.

有许多方法可判定它的正确性,然而我们将只采用一种方法证明这个神奇的定理. 这也许是最容易的方法,先看图 2.12(a),然后再看图 2.12(b) 验证原命题和逆命题都正确. 无论哪种情况,证明中给出的结论对图(a)(b) 都成立.

为证明定理的"仅当"部分,我们考虑图 2.12(a) 的 $\triangle ABC$, SR 经过 A 且平行于 BC 的直线交 CP 的延长线于 S,交 BP 的延长线于 R.

这些平行线使我们建立以下各对相似三角形:

$\triangle AMR\backsim\triangle CMB$,于是

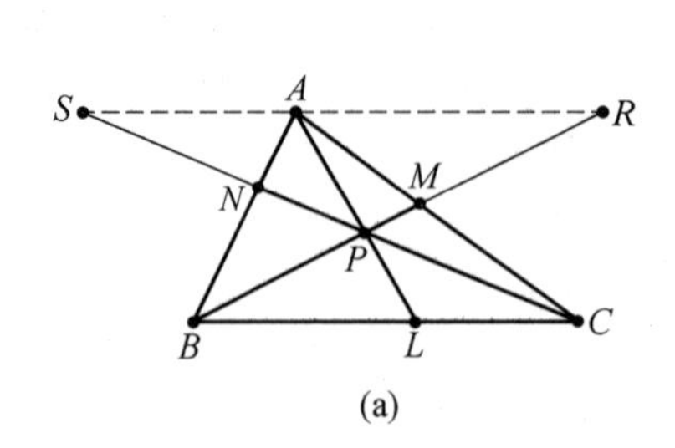

(a)

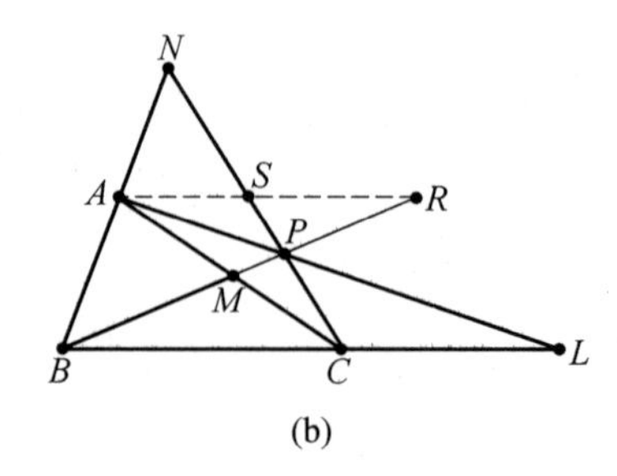

(b)

图 2.12

$$\frac{AM}{MC}=\frac{AR}{CB} \tag{1}$$

$\triangle BNC \backsim \triangle ANS$，于是

$$\frac{BN}{NA}=\frac{CB}{SA} \tag{2}$$

$\triangle CLP \backsim \triangle SAP$，于是

$$\frac{CL}{SA}=\frac{LP}{AP} \tag{3}$$

$\triangle BLP \backsim \triangle RAP$，于是

$$\frac{BL}{RA}=\frac{LP}{AP} \tag{4}$$

由式(3) 和(4)，得到

$$\frac{CL}{SA}=\frac{BL}{RA}$$

改写为

$$\frac{CL}{BL}=\frac{SA}{RA} \tag{5}$$

将式(1)(2)(5) 相乘，得到我们所需要的结果

$$\frac{AM}{MC}\cdot\frac{BN}{NA}\cdot\frac{CL}{BL}=\frac{AR}{CB}\cdot\frac{CB}{SA}\cdot\frac{SA}{RA}=1$$

这也可以写成 $AM\cdot BN\cdot CL=AN\cdot BL\cdot CM$. 记住这个定理的较好的方法是由共点线段(始于三角形的顶点止于对边的塞瓦线) 分三角形的边所得的各间隔线段之积相等(联结三角形的顶点和对边上的点的线段称为塞瓦线).

然而这里所用的这一命题的逆命题具有特殊价值. 也就是说，如果三角形各边上的各间隔线段之积相等，那么确定这些点的塞瓦线必共点.

我们将证明：如果经过 $\triangle ABC$ 的各顶点的直线与对边分别相交于点 L，M 和 N，且有$\frac{AM}{MC}\cdot\frac{BN}{NA}\cdot\frac{CL}{BL}=1$，那么 AL，BM，CN 这三条直线共点.

如图 2.13,假定 BM 和 AL 相交于点 P.作 PC 交 AB 于点 N'.则 AL,BM,CN' 共点,用刚证过的塞瓦定理的一部分,得到$\frac{AM}{MC}\cdot\frac{BN'}{N'A}\cdot\frac{CL}{BL}=1$.但已知$\frac{AM}{MC}\cdot\frac{BN}{NA}\cdot\frac{CL}{BL}=1$,所以$\frac{BN'}{N'A}=\frac{BN}{NA}$,于是 N 和 N' 必重合,于是这三线共点.

为方便起见,我们将这一关系叙述如下:

如果 $AM\cdot BN\cdot CL=MC\cdot NA\cdot BL$,那么这三线共点.

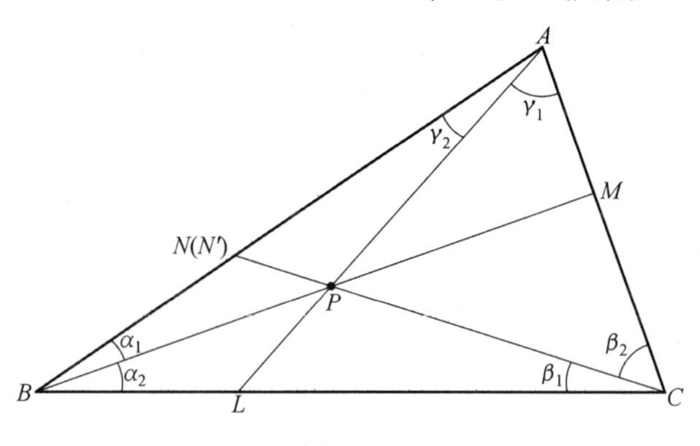

图 2.13

著名的塞瓦定理有一个有趣的变式,这是法国数学家拉扎尔·卡诺(Lazare Carnot,1753—1823)发现的.三条共点的塞瓦线各把顶角分成两个角.在图 2.13 中我们有塞瓦线 AL,MB,CN 分别把 $\angle A$ 分成 γ_1 和 γ_2,把 $\angle B$ 分成 α_1 和 α_2,把 $\angle C$ 分成 β_1 和 β_2.

当且仅当$\frac{\sin\alpha_1}{\sin\alpha_2}\cdot\frac{\sin\beta_1}{\sin\beta_2}\cdot\frac{\sin\gamma_1}{\sin\gamma_2}=1$时,这三条直线相交于公共点 P[5].只要多次利用正弦定理即可证明这一结论,在各种几何书中都可找到[6],这就留给读者了.

§6 利用塞瓦定理证明一些熟知的共点线问题

正如我们刚才提到的那样,塞瓦定理并不是高中教材中的典型的内容,然而它提供给我们一个证明共点线的强有力的也是简单的工具.正如我们现在证明先前遇到过的基本的共点线,然而证明非常简短,那就是利用塞瓦定理.

§7　三角形的三条高共点

我们可以利用塞瓦定理证明 $\triangle ABC$ 的高共点.

在 $\triangle ABC$ 中，AH_a，BH_b，CH_c 是高[7]：

$\triangle AH_cC \backsim \triangle AH_bB$，得

$$\frac{AH_c}{H_bA}=\frac{AC}{AB} \tag{1}$$

$\triangle BH_aA \backsim \triangle BH_cC$，得

$$\frac{BH_a}{H_cB}=\frac{AB}{BC} \tag{2}$$

$\triangle CH_bB \backsim \triangle CH_aA$，得

$$\frac{CH_b}{H_aC}=\frac{BC}{AC} \tag{3}$$

将式(1)(2)(3) 相乘，得

$$\frac{AH_c}{H_bA}\cdot\frac{BH_a}{H_cB}\cdot\frac{CH_b}{H_aC}=\frac{AC}{AB}\cdot\frac{AB}{BC}\cdot\frac{BC}{AC}=1$$

或

$$AH_c\cdot BH_a\cdot CH_b=H_bA\cdot H_cB\cdot H_aC$$

根据塞瓦定理，这表示三条高共线.

§8　三角形的三条角平分线共点

利用塞瓦定理证明三角形的三条角平分线共点，我们必须依赖于中学几何课本中的角平分线关系，但是也在附录里证明了关于角平分线的一个关系，那就是三角形的角平分线把对边分成两部分的比等于两邻边的比.

在图 2.5 中，对于角平分线 AT_a，有$\frac{AC}{AB}=\frac{CT_a}{T_aB}$；

对于角平分线 BT_b，有$\frac{AB}{BC}=\frac{AT_b}{T_bC}$；

对于角平分线 CT_c，有$\frac{BC}{AC}=\frac{BT_c}{T_cA}$；

将以上三式相乘，得$\frac{CT_a}{T_aB}\cdot\frac{AT_b}{T_bC}\cdot\frac{BT_c}{T_cA}=\frac{AC}{AB}\cdot\frac{AB}{BC}\cdot\frac{BC}{AC}=1$.

根据塞瓦定理，我们得出角平分线共点的结论.

§9　三角形的三条中线共点

利用塞瓦定理证明三角形的三条中线共点是最简单不过的了.我们可以从每条边被分成两条相等的线段来看,被分割的各线段之积相等.从图 2.14(a)可以看出 $AM_c=M_cB$,$BM_a=M_aC$,$CM_b=M_bA$.

由于 $AM_c \cdot BM_a \cdot CM_b=M_cB \cdot M_aC \cdot M_bA$,所以我们可以得出结论说三角形的三条中线共点.

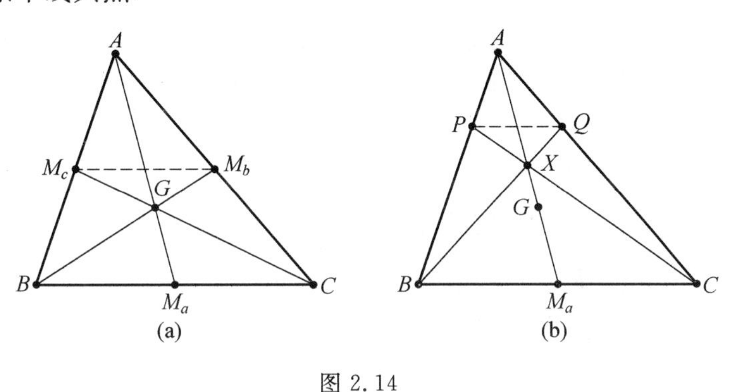

图 2.14

§10　探索另一些共点线

三角形中可以找到的共点线几乎是无穷多的,我们只是开始接触一些皮毛.我们从 $\triangle ABC$ 的中线开始探索,如图 2.14(a),并注意到 M_cM_b 平行于 BC.假定将 M_cM_b 向点 A 滑动,但保持平行于 BC,P,Q 分别是与 AB 和 AC 的交点,如图 2.14(b).利用塞瓦定理,可以证明 BQ,CP,AM_a 三条线段也共点(于 X).

我们已经有 $PQ \parallel BC$.于是

$$\frac{AP}{PB}=\frac{AQ}{QC},\text{或}\frac{AP}{PB}\cdot\frac{QC}{AQ}=1 \tag{1}$$

由于 AM_a 是中线,$BM_a=M_aC$.于是

$$\frac{BM_a}{M_aC}=1 \tag{2}$$

将式(1) 和式(2) 相乘,得

$$\frac{AP}{PB}\cdot\frac{QC}{AQ}\cdot\frac{BM_a}{M_aC}=1$$

于是由塞瓦定理,得 AM_a,QB,PC 共点.

当我们继续探索三角形中的共点线时，将考虑以下最简单，然而也是奇妙的关系.联结三角形的每一个顶点和内切圆与对边的切点(图 2.15).这一最简单的关系是法国数学家约瑟夫－迪阿兹·杰贡纳首先发现的.由于杰贡纳在1810年第一期《纯数学和应用数学年鉴》(*Annales des mathématiques pures et applicqués*)关于分形中的初始元的论文而在数学史上保持着与众不同的地位.该杂志曾以《杰贡纳年鉴》(*Annales del Gergonne*)而闻名，每月出版一期，直至1832年.该杂志在发行期间，杰贡纳大约发表了二百篇论文.《杰贡纳年鉴》对射影几何与代数几何的建立起了重要的作用，因为杂志给不同时期的人以最大的智慧，有机会分享信息.我们将考虑由杰贡纳建立的相当简单的定理，因为该定理出现共点线，利用塞瓦定理是很容易证明的，证明如下：

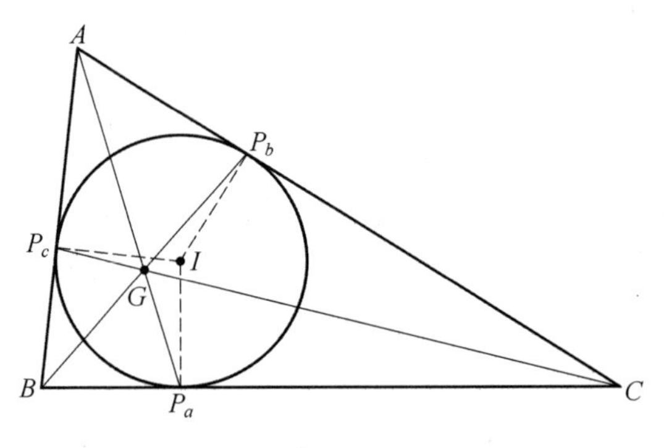

图 2.15

在图 2.15 中，圆 I 分别切 BC，AC 和 AB 于点 P_a，P_b，P_c.由此得 $AP_b=AP_c$，$BP_a=BP_c$，$CP_a=CP_b$.这三个等式可写成

$$\frac{AP_c}{AP_b}=1,\frac{BP_a}{BP_c}=1,\frac{CP_b}{CP_a}=1$$

将这三个分式相乘，得

$$\frac{AP_c}{AP_b}\cdot\frac{BP_a}{BP_c}\cdot\frac{CP_b}{CP_a}=1$$

或

$$AP_c\cdot BP_a\cdot CP_b=AP_b\cdot BP_c\cdot CP_a$$

有了上式，根据塞瓦定理，得到 AP_a，BP_b，CP_c 三线共点.这一点称为 $\triangle ABC$ 的杰贡纳点.假定我们联结内切圆与三角形三边的切点就得到一个三角形，这个 $\triangle P_aP_bP_c$ 称为杰贡纳三角形.像所有的三角形一样，杰贡纳三角形自然有许多“心”.其中之一，或者说是三线的公共点有其特殊性，它把杰贡纳三角形与原三角形联系了起来.如果我们取 $\triangle ABC$ 的三边的中点 M_a，M_b，M_c，并

过这三点分别作 DM_a,EM_b,FM_c 垂直于杰贡纳三角形的三边,令人惊奇的是我们发现这三条垂线共点于 P,可见图 2.16.

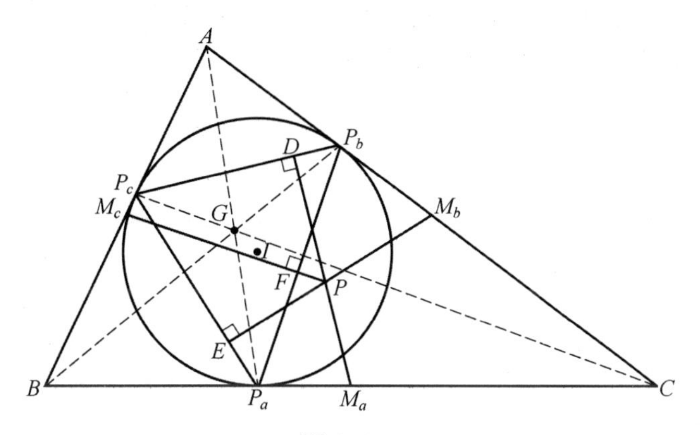

图 2.16

现在我们可将这一结论向前推进一步,在这个几何图形中找出更多的共点线.如图 2.17,除了原三角形的三边的中点(M_a,M_b,M_c)以外,再分别取外接圆的弧$\overset{\frown}{BC}$,$\overset{\frown}{CA}$和$\overset{\frown}{AB}$ 的中点 D,E,F.然后分别联结这三条弧的中点和内切圆与三边的切点 P_a,P_b 和 P_c(即杰贡纳三角形的三个顶点).令人惊奇的是我们发现三条直线 DP_a,EP_b,FP_c 共点于Q.作为额外的性质,这三条线的公共点 Q 和原三角形的内心 I,外心 O 位于同一直线上.奇迹不断出现!

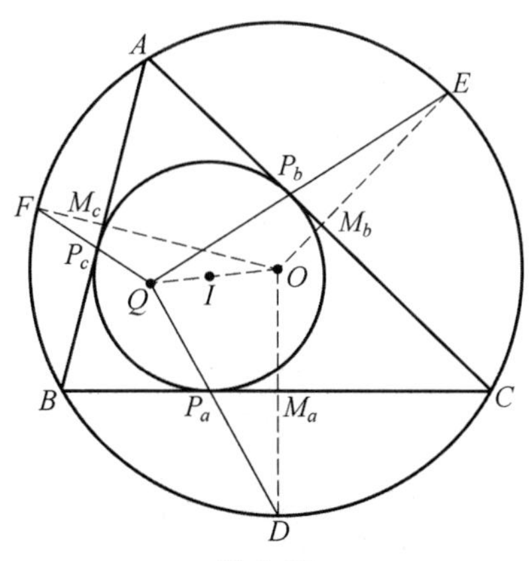

图 2.17

似乎这还不够,我们还注意到另一个共线点,我们将用以下方法寻找.先过 P_a,P_b,P_c 这三个切点中的每一点作内切圆的直径(垂直于各边),分别与内切圆(其圆心是在 P_a,P_b,P_c 处的垂线的交点)交于 D,E,F.然后联结这三点中的每一点与原三角形的最近的顶点(图 2.18),我们再一次得到共点线.这一次是 AE,BD,CF 共点于 S.

当我们在画这三条直径时，由于内部有一些对称性，所以结果似乎有点道理. 但如果我们向另一个方向推进，从切点(P_a，P_b，P_c) 出发任意画三条共点线与内切圆相交，我们就得到像以前那样的类似的共点线，这实在令人惊叹. 在图2.19中，当DP_b，EP_a，FP_c共点于R时，AE，BD，CF共点于T.

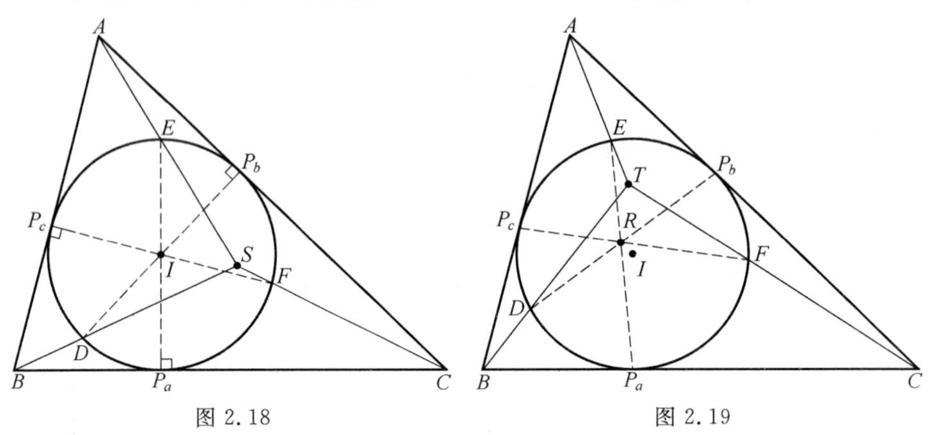

图 2.18　　图 2.19

为了进一步说明在似乎意想不到的位置上如何出现共点线的，我们考虑$\triangle ABC$的共点于P的塞瓦线AD，BE，CF，作$\triangle DEF$及其内切圆. 切点分别是D'，E'，F'，如图2.20. 够奇怪的是当我们联结这三个点(D'，E'，F') 与最近的顶点时，我们又一次得到三线共点，即AD'，BE'，CF'共点于P'.

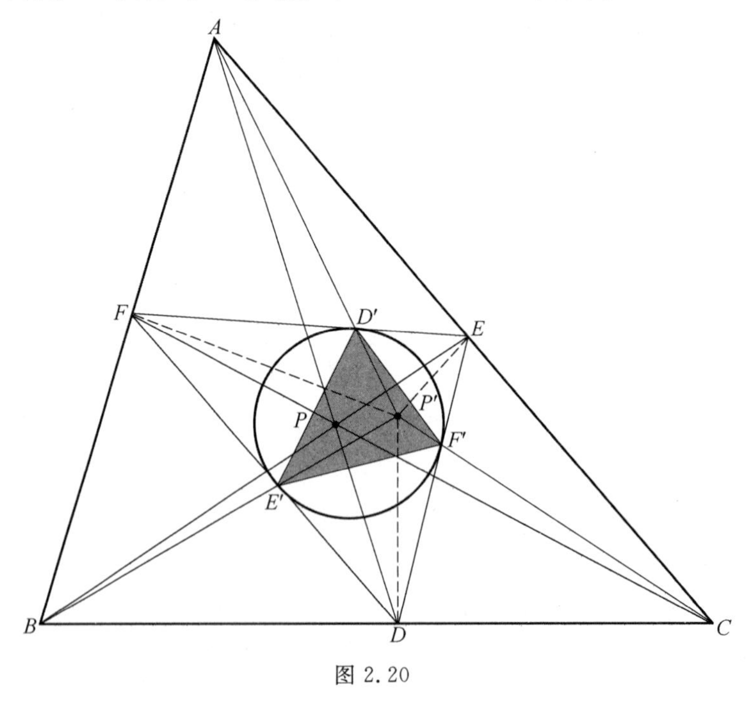

图 2.20

§11 一些共圆点

众所周知，不共线的三点确定唯一的圆. 当超过三点在同一个圆上时，有一个使我们喜欢的点集，我们称之为共圆点. 当我们在经过三角形的杰贡纳点 G 作平行于杰贡纳三角形的边(图 2.21 中，$DE \parallel P_cP_b$，$FJ \parallel P_cP_a$，$HK \parallel P_bP_a$)时，这种情况发生了.

十分出人意料的是这些平行线与 $\triangle ABC$ 的边相交得到的六个交点在同一个圆上，更出人意料的是这个圆与三角形的内切圆是同心圆. 这个令人注目的圆是德国数学家卡尔·亚当斯(Carl Adams，1811—1849) 在 1843[8] 年首先发现的，因此这个圆以他的名字命名，称为亚当斯圆[9].

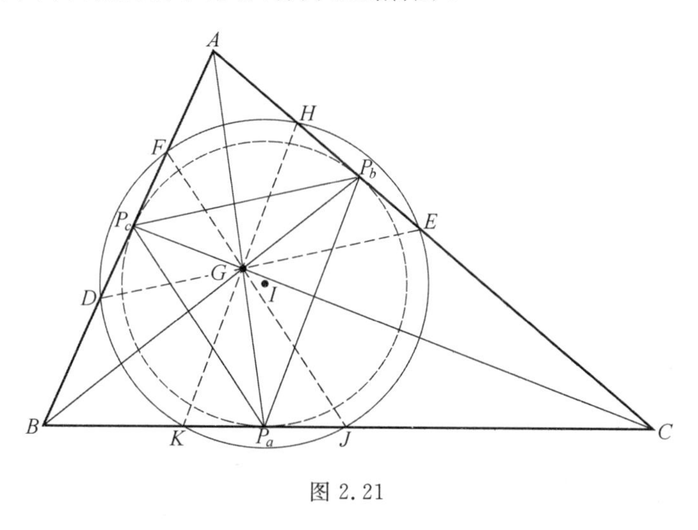

图 2.21

§12 更多的共点线

回忆一下我们是用三角形的内切圆的切点得到杰贡纳三角形的. 在图2.22中，有 $\triangle ABC$ 的三个旁切圆. 这三个圆中的每一个都与三角形的三边(所在的直线) 相切，但是在三角形外. 如同杰贡纳点那样，联结切点和相对的顶点的直线共点于 N. 所以你可以看到三角形的内切圆与同一个三角形的旁切圆之间自然有相似之处 —— 在这种情况下是由杰贡纳点的性质所联系的.

这与德国数学家克里斯蒂安·海尔利西·冯·纳盖尔发现的点没有什么区别. 我们可以用以下方法标出 $\triangle ABC$ 的纳盖尔点 N：

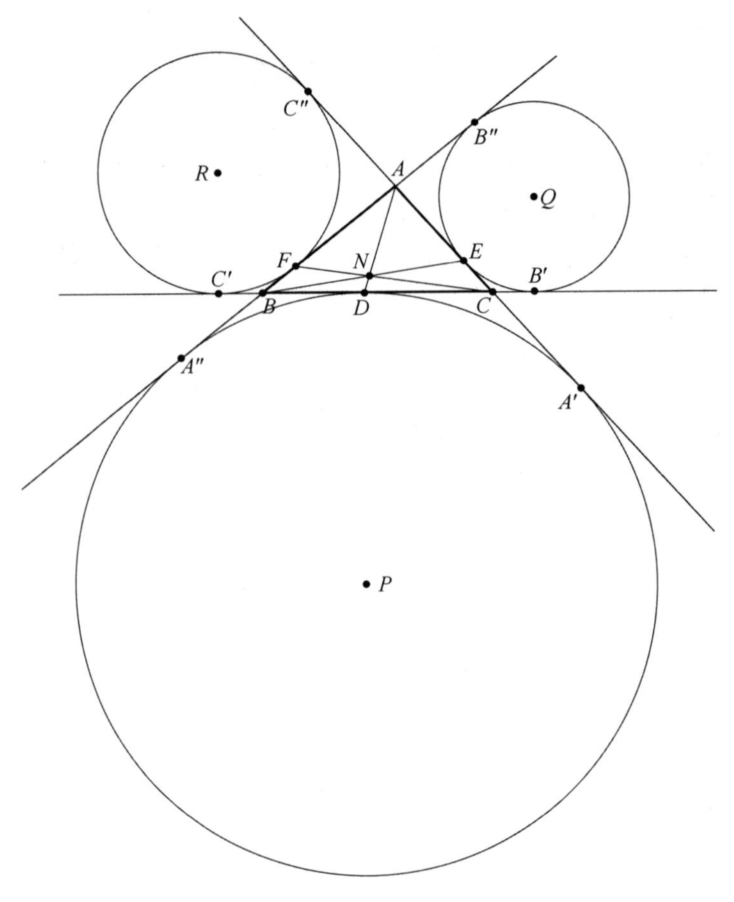

图 2.22

点 P 在 BC 上，使 $AB+BP=AC+CP$（图 2.23）；

点 Q 在 AC 上，使 $BC+CQ=AB+AQ$（图 2.24）；

点 R 在 AB 上，使 $BC+BR=AC+AR$（图 2.25）；

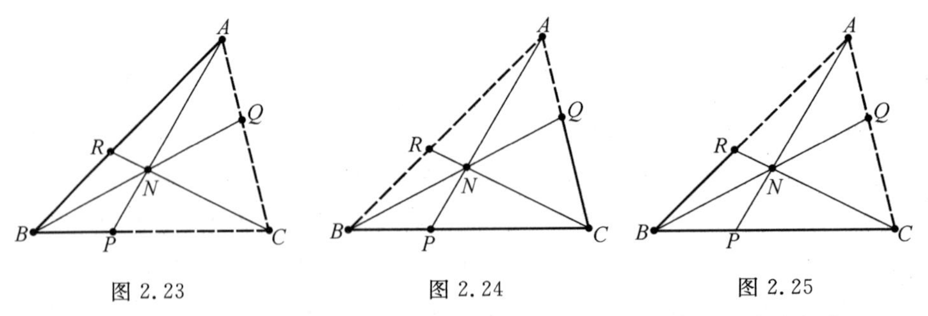

图 2.23　　图 2.24　　图 2.25

于是我们可以推得 AP，BQ，CR 共点. 这个点就称为 $\triangle ABC$ 的纳盖尔点 N. 我们注意到这与我们在图 2.22 中用旁切圆的切点的确定这一点方法类似.

当我们考虑三角形的旁切圆时，还要重视旁切圆给我们另一个共线点 S，这一点常常称为三角形的中点(middle point，或德语 mittenpunkt). 这是由联结旁切圆的圆心和所切的三角形的边的中点得到的三条直线确定的.

在图 2.26 中，点 M_a，M_b，M_c 是 $\triangle ABC$ 三边的中点. 直线 PM_a，QM_b，RM_c 共点于点 M，这一点就是 $\triangle ABC$ 的中心. 中点和 $\triangle ABC$ 的纳盖尔点 N 并不相同.

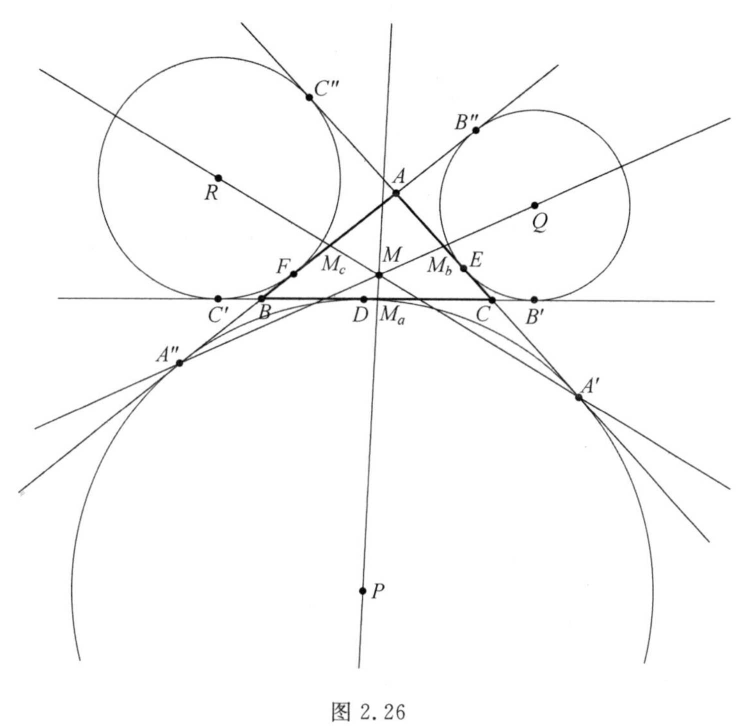

图 2.26

§13　确定另一些共线点的共线点

现在我们踏上探索隐藏在三角形内的秘密的另一条道路. 我们先任意画三条共点的塞瓦线，再利用这个共线点求出另一个共线的点. 这不仅是意想不到的，而且还显示出三角形的一些性质是如何缠绕在一起的.

从 $\triangle ABC$ 开始，画三条塞瓦线 AD，BF，CE，使它们共点于 P，如图2.27. 然后考虑过点 D，E，F 的圆，该圆也与三角形相交于 D'，E'，F'. 利用塞瓦定理可以证明 AD'，BF'，CE' 也共点于 Q.

图 2.28 表示一些类似的情况，图中 $\triangle ABC$ 中有共点于 P 的塞瓦线 AL，BM，CN. 前面是用经过这些塞瓦线的端点的圆来确定这个关键点的，现在我

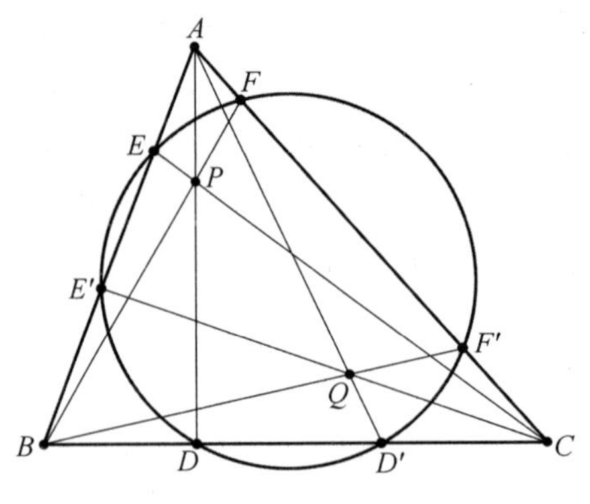

图 2.27

们不用这个方法，而是作平行线. 作 $NR \parallel AC$，$LS \parallel AB$，$MT \parallel BC$ 确定点 R，S，T. 这些新确定的点还将确定另一个塞瓦线的共线点，即 AR，BS，CT 共点于 Q.

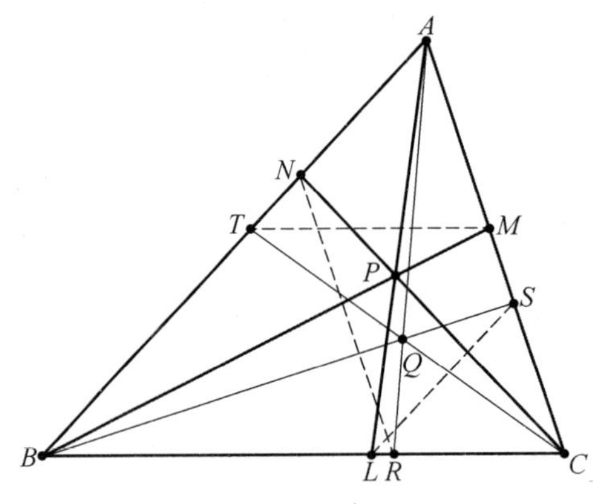

图 2.28

过原共点的线（塞瓦线 AL，BM，CN）的端点在其余两边中选择一边作平行线能得到类似的情况，例如过点 L 作直线平行于 AC，而不是平行于 AB；过点 M 作直线平行于 AB，而不是平行于 BC，过点 N 作直线平行于 BC，而不是平行于 AC. 实际上，按照这一方案，我们可以利用每一组新的共点的塞瓦线生成另一组共点的塞瓦线，得到更多的共点的塞瓦线. 读者可以进一步探索出这些共点线.

同样的理由还将产生另一些相当意想不到的共点线. 假定一个圆与随机选的三角形的三边中的每一边都相交两次，但是过圆的三个交点（D，E，F）与三角形的边的垂直的直线共点（于 P）（见图 2.29）. 在这种情况下，我们发现过圆的另三个交点（K，L，M）与三角形的边的垂直的直线共点（于 Q）.

似乎这还不够奇怪，要注意，当我们考虑联结这两点的线段的中点时发生

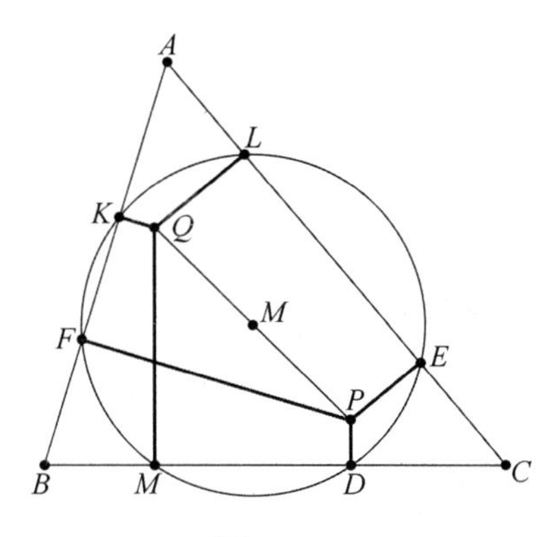

图 2.29

的是什么情况.事实上,这个中点就是经过这六个垂足的圆的圆心.

我们还将考虑一个更为复杂的图形 —— 任意选择的三角形的各边的中点以及该三角形的共点的塞瓦线的中点.这六个中点将神奇地产生另一组共点的塞瓦线.

在 $\triangle ABC$ 中(图 2.30),塞瓦线 AL,BM,CN 共点于 P.这使人想到这些塞瓦线是 $\triangle ABC$ 的任意的共点的塞瓦线.现在我们分别取 AL,BM,CN 的中点 D,E,F.再取 $\triangle ABC$ 的三边的中点 M_a,M_b,M_c.利用塞瓦定理能证明 DM_a,EM_b,FM_c 共点于 Q,这很出人意料.

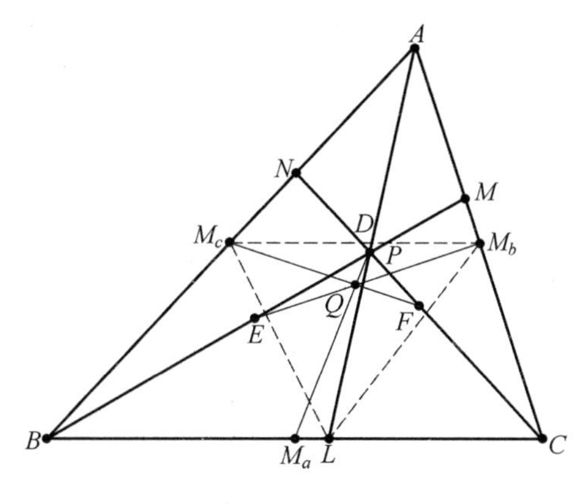

图 2.30

能生成另一组共点的塞瓦线的一组塞瓦线总是相当奇妙.考虑 $\triangle ABC$ 的共点于 P 的塞瓦线 AL,BM,CN,如图 2.31.点 F,D,E 分别是线段 LM,MN,NL 的中点.令人惊奇的是(利用塞瓦定理)线段 AD,BE,CF 共点于 Q.$\triangle DEF$ 将帮助有兴趣的读者判断这一令人注目的关系.

为了生成另一组难以预料的共点线,我们可以扩展前面的方案.还是从

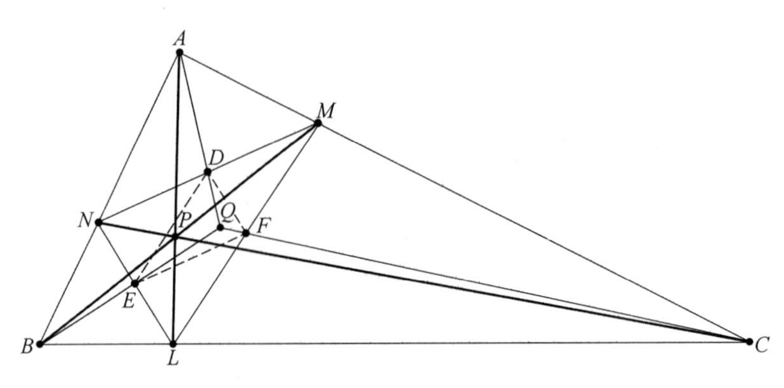

图 2.31

$\triangle ABC$ 开始，AL，BM，CN 是 $\triangle ABC$ 的共点于 P 的塞瓦线. 如图 2.32，假定点 D，E，F 不(必)分别是线段 NM，LN，LM 的中点，而只是确定共点于 R 的塞瓦线 LD，ME，NF 的 $\triangle LMN$ 的边上的点. 令人惊讶的是 D，E，F 这三点也生成类似的共点线，就像在前面构成的情况. 也就是说，利用塞瓦定理可以证明直线 AD，BE，CF 共点于 Q.

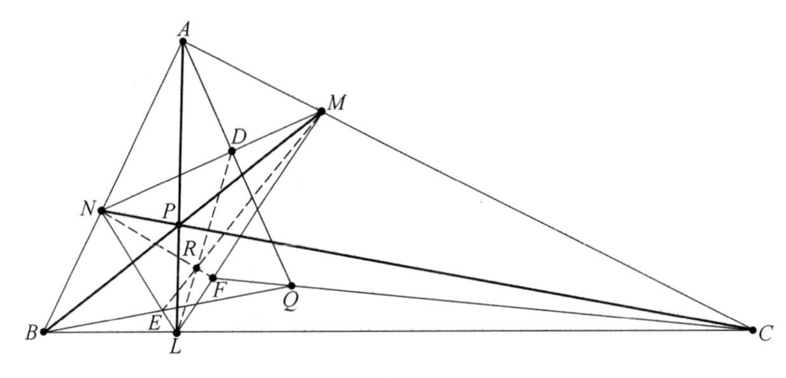

图 2.32

三角形中的共点线似乎是没完没了的. 更多这样的共点线有待发现，在下面各章中我们将遇到更多的共点线. 但是，这一点上有兴趣的读者在继续阅读前可以去探求另一些共点的直线.

三角形中的重要的点

第3章

到目前为止，我们已经展示了共点线决定了三角形中的一些有意义的点.

三角形的角平分线的共点给了我们三角形的内切圆的圆心. 三角形的三边的垂直平分线的共点给了我们三角形的外接圆的圆心. 三角形的高的共点给了我们三角形的垂心. 三角形的中线的交点给了我们三角形的重心. 随着我们进一步寻求三角形的一些有意义的点，我们可以列出三角形内的点，三边对于这一点的张角相等. 例如，在图 3.1 中点 P 就处于使 $\angle APB = \angle BPC = \angle CPA$ 的位置. 难以预料的是这一点与三角形内到三个顶点的距离之和最小的点是同一点. 也就是说，$AP + BP + CP$ 小于三角形内任何其他一点到各顶点的距离之和. 三角形内一个十分重要的点的这两个性质提供给我们另一些十分惊奇的结果. 跟着走吧！

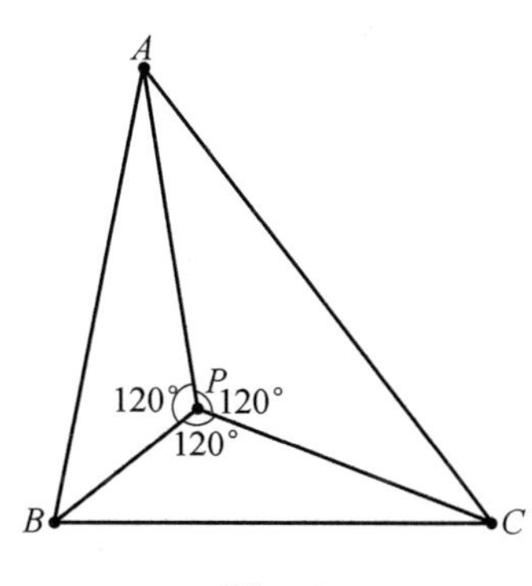

图 3.1

现在我们开始对三角形中一个具有特殊意义的点进行相当有趣的探索.考虑 $\triangle ABC$,在其每一边上作各一个等边三角形,如图 3.2. 然后联结 AA', BB', CC'. 利用几何中的基础知识就容易证出这三条线段相等. 只要证明各对三角形全等即可. 虽然我们说“容易”,然而对于大部分想要证明三条线段相等的高中学生——通常是先给出教材中证明三角形全等的一些练习题——还是有困难的. 这只是因为要判定线段相等就要证明三角形全等. 一旦判定了三角形全等,证明就变得十分简单了. 也就是说,要证明 $AA' = CC'$,只要证明 $\triangle AA'B \cong \triangle BC'C$,如图 3.3(由 SAS 判定). 同理,要证明 $AA'=BB'$,同样只要证明 $\triangle AA'C \cong \triangle B'BC$.

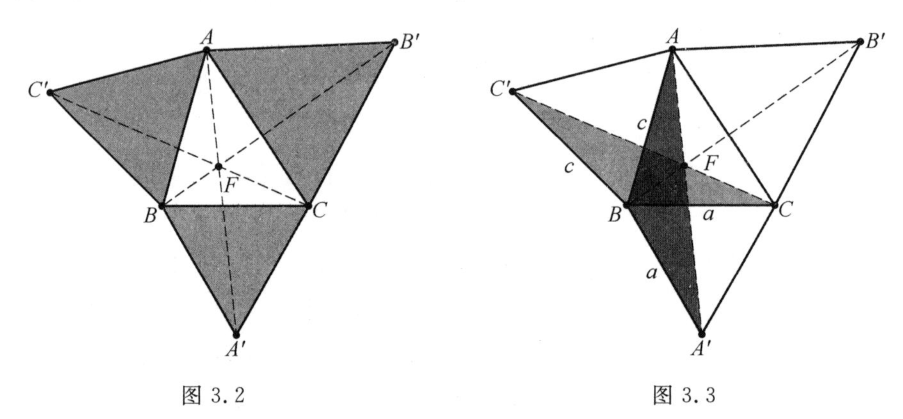

图 3.2　　　　图 3.3

判定了线段 AA', BB', CC' 相等后,我们感兴趣的是这三条线段共点. 这一点称为费马点,是以法国数学家皮埃尔·德·费马(Pierre de Fermat, 1607—1665)命名的.

为了证明共点,我们作这三个等边三角形的外接圆,再证明这三个圆有公共点 F,如图 3.4.

现在让我们考虑三个等边 $\triangle BCA'$, $\triangle ACB'$, $\triangle ABC'$ 的外接圆,圆心分别是 P, Q, R. 我们在图 3.4 中证明它们共点. 设圆 Q 和圆 R 的交点分别是 F 和 A. 我们要证明的是点 F 也在圆 P 上.

由于 $\overset{\frown}{AC'B} = 240^\circ$,我们知道圆周角 $\angle AFB = \frac{1}{2}\overset{\frown}{AC'B} = 120^\circ$.

同理 $\angle AFC = \frac{1}{2}\overset{\frown}{AB'C} = 120^\circ$. 于是 $\angle BFC = 120^\circ$,这是因为一个周角是 360°.

由于 $\overset{\frown}{BA'C} = 240^\circ$, $\angle BFC$ 是圆周角,于是点 F 必在圆 P 上. 因此可以看出三个圆共点于 F.

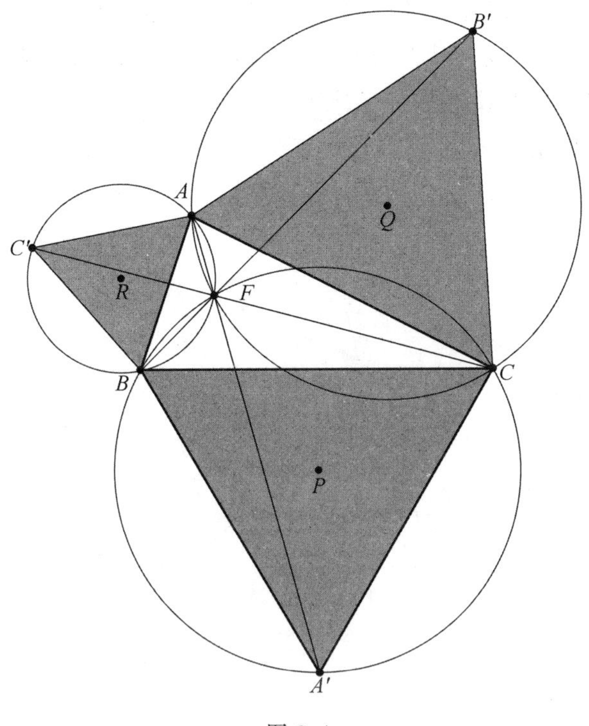

图 3.4

将 F 分别与点 A,B,C,A',B',C' 联结，我们发现 $\angle B'FA=\angle AFC'=\angle C'FB=60°$，所以 $B'FB$ 是一直线. 同理 $C'FC,A'FA$ 也是一直线. 于是直线 AA',BB',CC' 共点. 这样我们确定了三角形内的这个点，三边对于这点的张角相等. 因为 $\angle AFB=\angle AFC=\angle BFC=120°$，所以点 F 也称为 $\triangle ABC$ 的等角点.

§1 拿破仑定理

在这一节里，我们着手准备几何中的一个相当著名的定理，该定理归功于拿破仑·波纳巴(Napoleon Bonaparte，1769—1821). 拿破仑除了作为一位军事强人在法国历史上闻名之外，他在中学，再到后来在巴黎军事学校也都是数学一流的学生，成了法兰西学院的成员. 他以自己的数学天赋，特别是在几何方面的天赋引以为傲. 然而这一至今还用他的名字命名的定理最初是由 W. 罗斯福博士(Dr. W. Rutherford) 于 1825 年刊登在《女士日记》(*Ladies'Dairy*) 上的，此时拿破仑已去逝四年了. 直至今日，还不能确定拿破仑是否知道我们将研究的这一关系.

为了证明拿破仑定理,我们考虑在 $\triangle ABC$ 的边上的三个等边三角形的外接圆的圆心(图 3.5).这三个圆心确定一个等边 $\triangle PQR$,即拿破仑三角形.拿破仑三角形显示出 $\triangle PQR$ 的边长正比于线段 AA',BB',CC',因此使 $\triangle PQR$ 的三边相等,于是确定它是等边三角形.这个关系的证明在附录中可以找到.

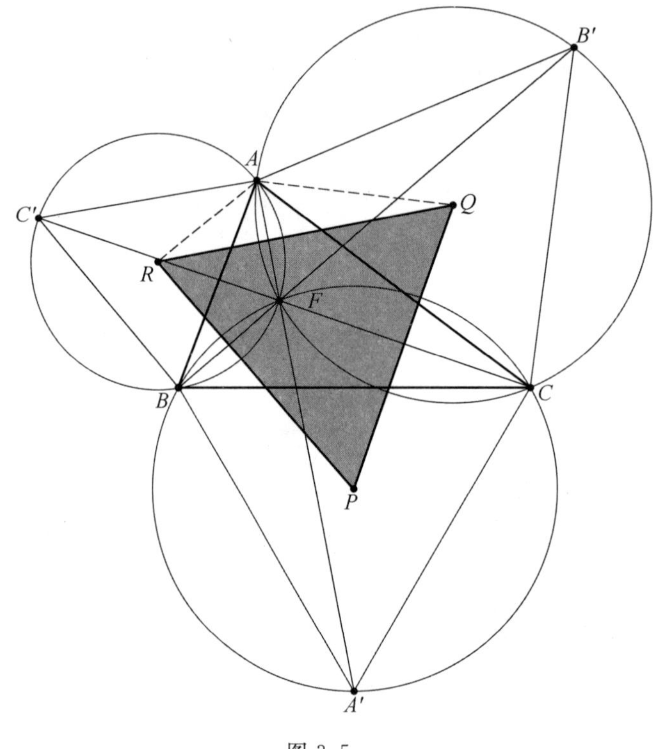

图 3.5

有许多不常用的关系将拿破仑三角形和原三角形联系起来.例如,其中之一就是拿破仑三角形和原三角形有公共的重心.当我们建立这个关系时,我们在这条道路上将会遇到另一些趣事.为了开始探求这一关系,设图 3.6 中点 G 是 $\triangle ABC$ 的重心,点 P 是 $\triangle BCA'$ 的重心.M_a 是 BC 的中点.因为三角形的重心三等分每一条中线,所以有 $AM_a=3GM_a$,$A'M_a=3PM_a$.由于 GP 分 AM_a 和 $A'M_a$ 成比例,所以 $\triangle M_aGP \backsim \triangle M_aAA'$,于是 $AA'=3GP$,或两重心之间的距离是联结原三角形的一个顶点和相关的等边三角形的较远的顶点的线段的长的 $\frac{1}{3}$.

同样可以证明 $CC'=3GR$,$BB'=3GQ$,如图 3.7.由于我们前面证明过 $AA'=BB'=CC'$,所以 $GP=GQ=GR$.由于 $\triangle PQR$ 是等边三角形,且 G 到各个顶点

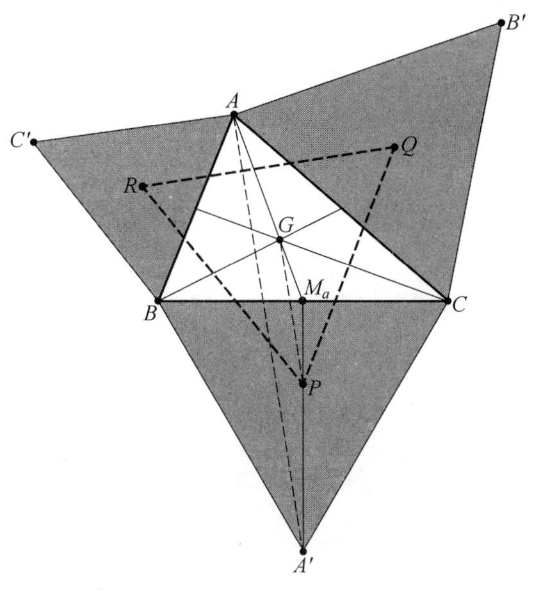

图 3.6

的距离相等,所以 G 也是 $\triangle PQR$ 的重心.由此我们证明了点 G 既是外拿破仑 $\triangle PQR$ 的重心,也是原 $\triangle ABC$ 的重心.

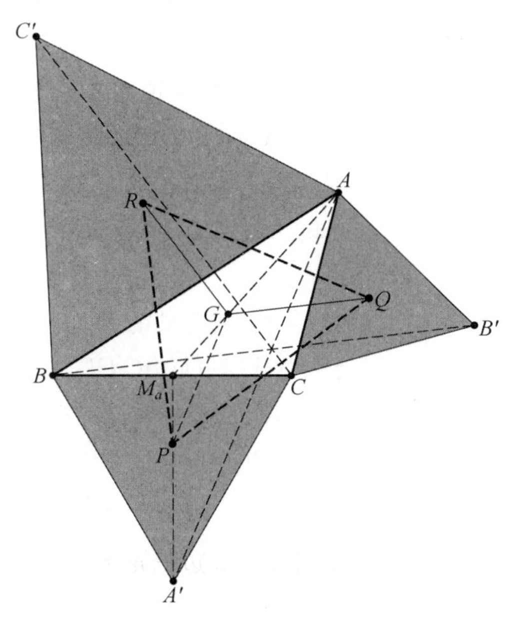

图 3.7

到目前为止我们所说的一切都是关于在任意三角形的边上作的三个等边三角形是在原三角形外的.然而现在可以预料,对于在给定的三角形的边上作的三个等边三角形是在原三角形内，或者说覆盖在原三角形上的情况可做出同样的论断，如图3.8. $\triangle UVW$ 是等边三角形，其重心点 G 也是 $\triangle PQR$ 和 $\triangle ABC$ 的重心.

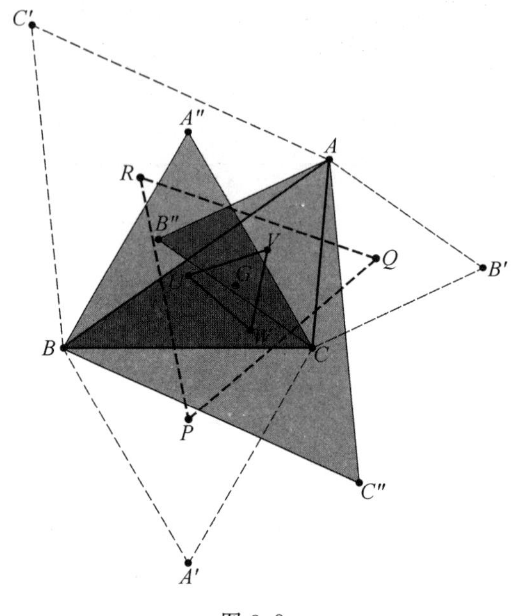

图 3.8

对于前面的一些图形中的任何一个，比如说图3.7，假定我们将 $\triangle BCA'$ 固定，将点 A 移动到不同的位置(甚至移动到 BC 的另一侧)，只要点 A 不落在 B 或 C 上(此时 $\triangle ABC$ 的面积将是零)，上面所说的一切都成立. 这是一个令人惊讶的关系！像 Geometer's Sketchpad® 或 GeoGebra® 这种动态的几何软件就能很好显示这一关系.

似乎图3.2并没有生成足够多的意料之外的等边三角形，但我们还能找出另一个. 我们所需要做的仅仅是作平行四边形 $AC'CD$，如图3.9所示. 我们就能找出一个等边三角形，即 $\triangle AA'D$. 该图形能生成同样大小的等边三角形，因为这三个等边三角形中的每一个对长度相等的 AA'，BB'，CC' 都有用. 事实上，为了判定 $\triangle AA'D$ 是等边三角形，我们能证明 $AD=AA'$，这是因为它们都等于 CC'，以及 $\angle DAA'=60^\circ$，它与 $\angle AFC'=60^\circ$ 是内错角，这里 F 是费马点. 也就是说 $\triangle AA'D$ 是有一个角是 60° 的等腰三角形，因此是等边三角形.

将这三个等边三角形中的每一个的顶点与拿破仑三角形的最近的顶点联结，我们就能找到这些线段共点于 $\triangle ABC$ 的外心 O，如图3.10.

我们还没有结束内容丰富的等边三角形的图形，需要再次聚焦于费马点

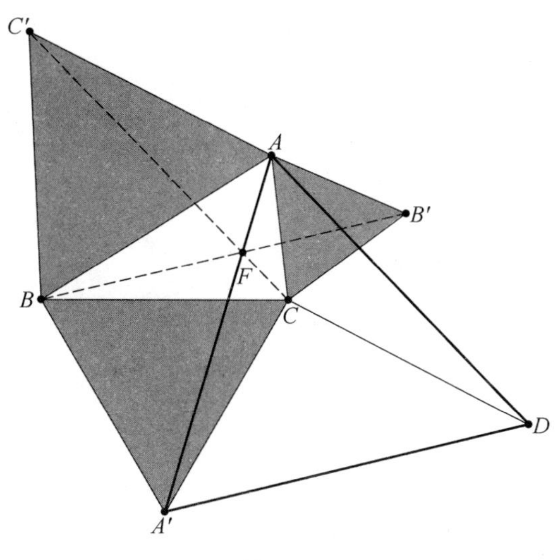

图 3.9

F. 点 F 不仅是等角点,而且还是以前所说的到 $\triangle ABC$ 的顶点的距离之和最小的点,也就是说,这一点到三角形的顶点的距离之和小于三角形内任何其他点到三角形的顶点的距离之和. 换言之,这一点有两个重要的性质:该三角形的距离最小的点和等角点.

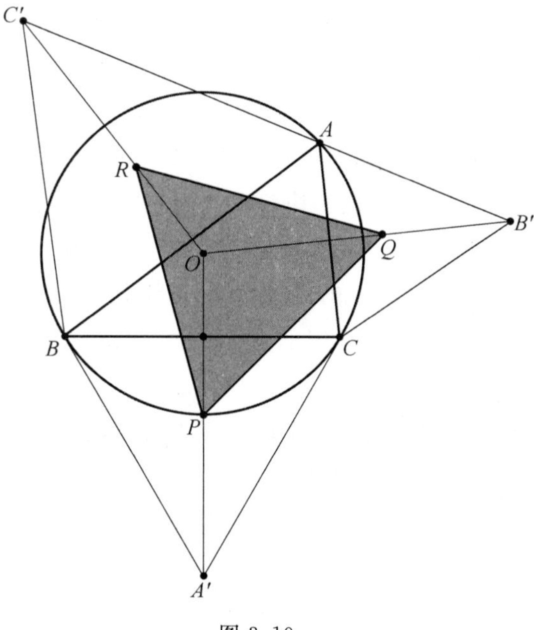

图 3.10

我们来研究如何证实最后一个断言. 我们考虑，没有角大于 120° 的 $\triangle ABC$，如图 3.11.

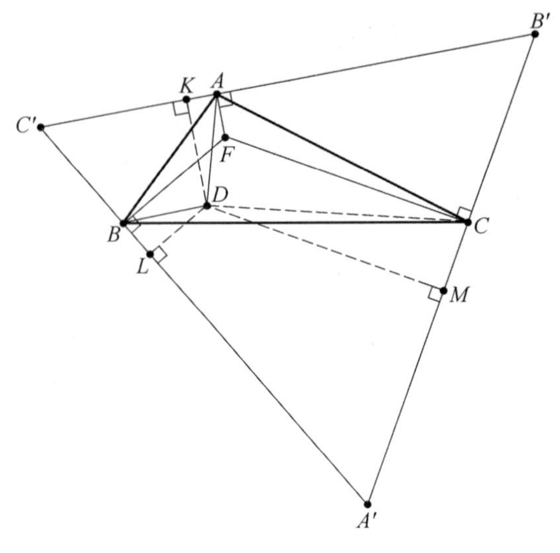

图 3.11

为证明点 F 到 $\triangle ABC$ 的每一个顶点的距离之和小于任何其他点到 $\triangle ABC$ 的每一个顶点的距离之和. 我们任取另一点 D，证明点 D 到 $\triangle ABC$ 的每一个顶点的距离之和大于 F 到 $\triangle ABC$ 的每一个顶点的距离之和. 这一关系的证明十分有趣，与其他的几何证明有些不同. 跟着走，你将会发现这是值得的！

设 F 是 $\triangle ABC$ 内的等角点，即 $\angle AFB = \angle BFC = \angle AFC = 120^\circ$.

过 A，B，C 分别作直线垂直于 AF，BF，CF. 它们相交后形成另一个等边 $\triangle A'B'C'$.（要证明 $\triangle A'B'C'$ 是等边三角形，注意到它的每个角都是 60°. 例如，只要看四边形 $AFBC'$. 由于 $\angle C'AF = \angle C'BF = 90^\circ$，$\angle AFB = 120^\circ$，所以 $\angle A\,C'B = 60^\circ$）. 设 D 是 $\triangle ABC$ 内任意其他点，于是必须证明 F 到 $\triangle ABC$ 的每一个顶点的距离之和小于任意选定的点 D 到 $\triangle ABC$ 的每一个顶点的距离之和.

我们可以很容易证明等边三角形内一点到各边的距离之和是一个常数，即高的长. 让我们稍微回顾一下我们在第一章中见到的维维阿尼定理.

考虑等边 $\triangle ABC$，其中 $PQ \perp AB$，$PR \perp BC$，$PS \perp AC$，$CD \perp AB$. 作线段 PA，PB，PC（图 3.12）

$$S_{\triangle ABC} = S_{\triangle APB} + S_{\triangle BPC} + S_{\triangle CPA}$$
$$= \frac{1}{2}AB \cdot PQ + \frac{1}{2}BC \cdot PR + \frac{1}{2}AC \cdot PS$$

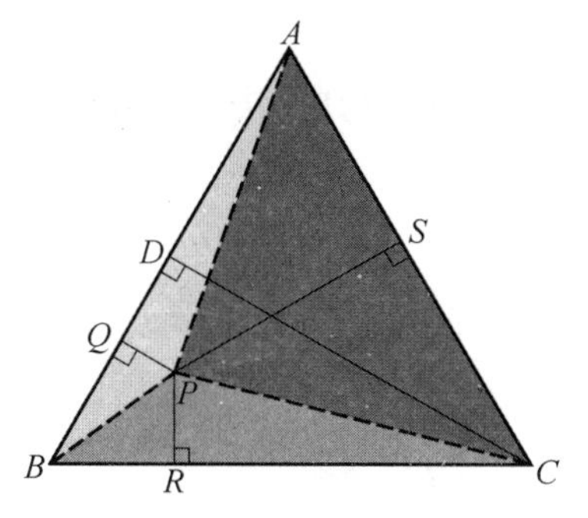

图 3.12

由于 $AB = BC = AC$，所以 $S_{\triangle ABC} = \frac{1}{2}AB \cdot (PQ + PR + PS)$.

但是 $S_{\triangle ABC} = \frac{1}{2}AB \cdot CD$. 于是和式 $PQ + PR + PS = CD$ 对给定的三角形是一个常数.

现在利用这一常数关系，在图 3.11 中，$FA + FB + FC = DK + DL + DM$（这里 DK，DL，DM 分别垂直于 $B'KC'$，$A'LC'$，$A'MB'$）.

但是 $DK + DL + DM < DA + DB + DC$.（直线外一点到直线的最短距离是过这点的垂直于该直线的线段）. 代入后得：$FA + FB + FC < DA + DB + DC$.

你也许会怀疑为什么我们要把讨论限制在每一个角都小于 120° 呢？如果你试图在一个角等于 150° 的三角形中作点 F，我们作出限制的原因将变得明显了. 在图 3.13 中，$\angle BAC > 120°$，我们发现假定的最小距离点在 $\triangle ABC$ 外. 当 $\angle BAC = 120°$ 时，如图 3.14 所示，最小距离点在点 A 上. 于是，在没有角大于 120° 的三角形内的最小距离点是等角点，即三角形的边对的张角相等).

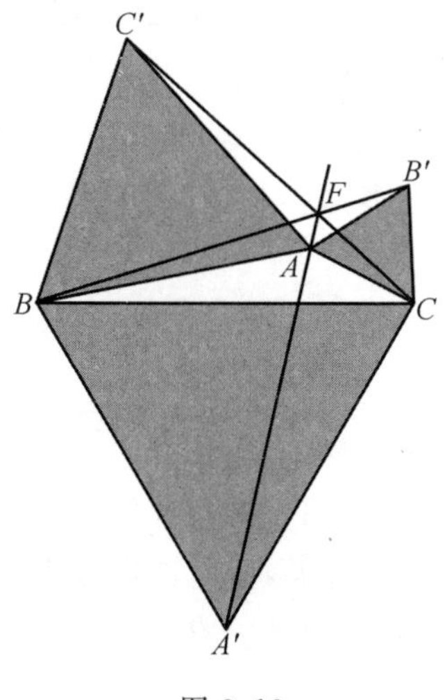

图 3.13

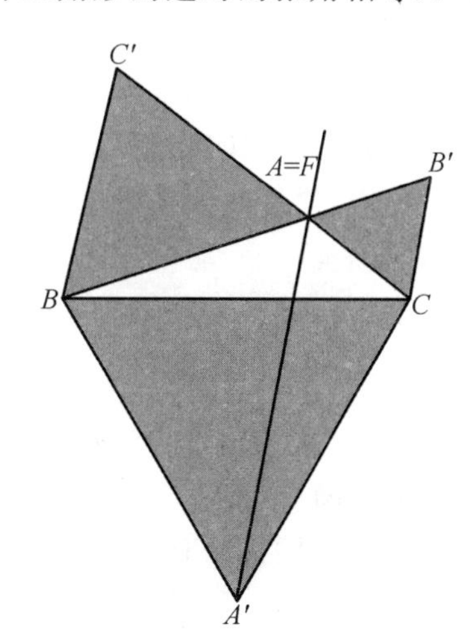

图 3.14

§2　三角形的边上的正方形

当三个等边三角形放在任意三角形的边上时，我们有了另一些发现的可能，如我们作出的图 3.2. 当我们在三角形的每一条边上作一个正方形时，如图 3.15，也有一些令人惊讶的结果.

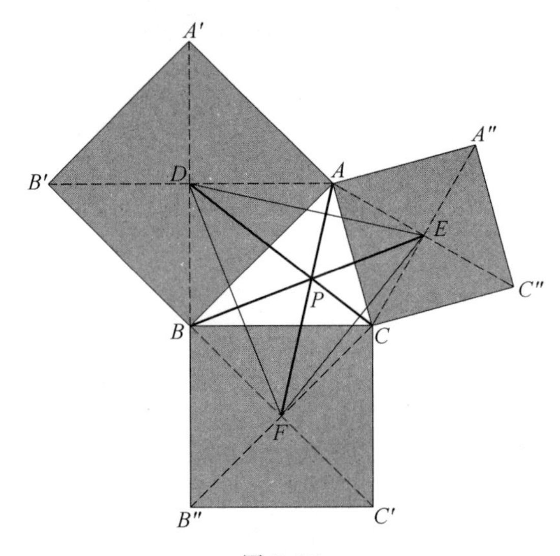

图 3.15

我们先来观察图 3.15 中联结各正方形的中心与 $\triangle ABC$ 的较远的顶点的线段. 现在你可能已经猜到这些线段共点. 那么我们还发现这些共点的线段垂直于由联结三个正方形的中心所形成的三角形的一边. 你也许会说这三条共点的线段 AF，BE，CD 覆盖 $\triangle DEF$ 的高. 更进一步说，这三条共点的线段 AF，BE，CD 都与 $\triangle DEF$ 的边长相等，并且分别垂直于这三条边. 即 $AF = DE$，$BE = DF$，$CD = EF$. 你可以预期在这个图形中找到更多这样的宝贝. 有更多的内容促使你开始研究

$$AC^2 + AB''^2 = AB^2 + AC'^2$$
$$A'A''^2 + BC^2 = 2(AB^2 + AC^2)$$
$$AB''^2 + CA'^2 + BC''^2 = AC'^2 + CB'^2 + BA''^2$$

但是要注意在图 3.15 中的 $\triangle DEF$ 未必是你所期望的那样的等边三角形. 在图 3.16 中，我们仍然有正方形在 $\triangle ABC$ 的三条边上，适当选择点 P 和点 Q，使 $PB'BB''$ 和 $QC'CC''$ 是平行四边形. 于是令人惊奇的是 $\triangle PAQ$ 居然是等腰直角三角形，即 $AP = AQ$，且 $\angle PAQ$ 是直角.

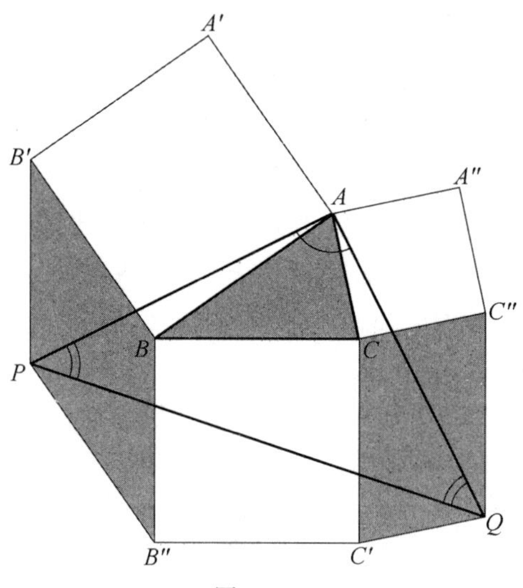

图 3.16

卢森堡数学家约瑟夫·纽伯格(Joseph Neuberg,1840—1926)发现了以下定理,该定理的确描述了三角形中的一个重要的点. 在图 3.17 中,在任意 $\triangle ABC$ 的边上(在形外)作三个正方形. 这三个正方形的中心 D,E,F 形成 $\triangle DEF$. 现在,在 $\triangle DEF$ 的边上再作三个正方形,但覆盖 $\triangle DEF$. 我们发现这三个正方形的中心是原 $\triangle ABC$ 的各边的中点. 这的确是一个值得引人注目的关系!

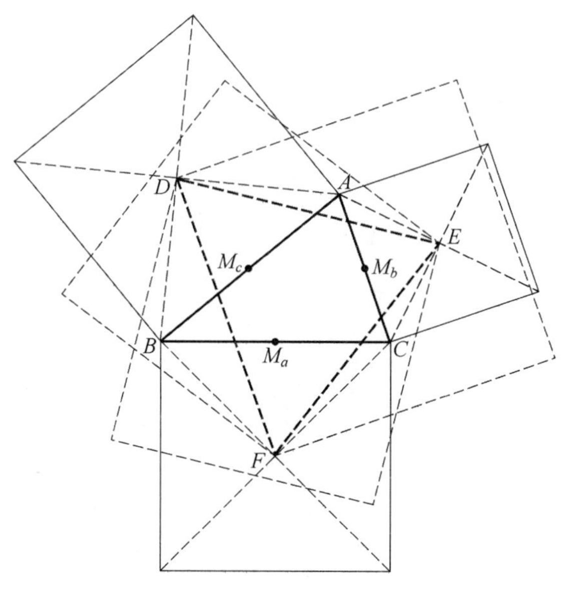

图 3.17

为了证明这一命题的正确性，我们只需证明 BC 的中点 M_a 是 DE 上的正方形的中心，即 M_aD 和 M_aE 相等，并互相垂直(图 3.18).

将 $\triangle A'AC$ 旋转 $90°$，它将与 $\triangle BAA''$ 重合，即 $A' \to B, A \to A, C \to A''$，这表明 $A'C$ 和 BA'' 相等并垂直. 由于 D 和 M_a 分别是 $\triangle BA'C$ 的两边的中点，我们发现 DM_a 必须平行于第三边 $A'C$，长度是 $A'C$ 的一半. 同样 $EM_a \mathbin{/\!/} BA''$，长度也是 BA'' 的一半. 由于 $A'C$ 和 BA'' 相等并垂直，所以 DM_a 和 EM_a 也相等并垂直. 这就是说，M_a 是 $\triangle DEF$ 的 DE 边上的(覆盖的) 正方形的对角线的交点.

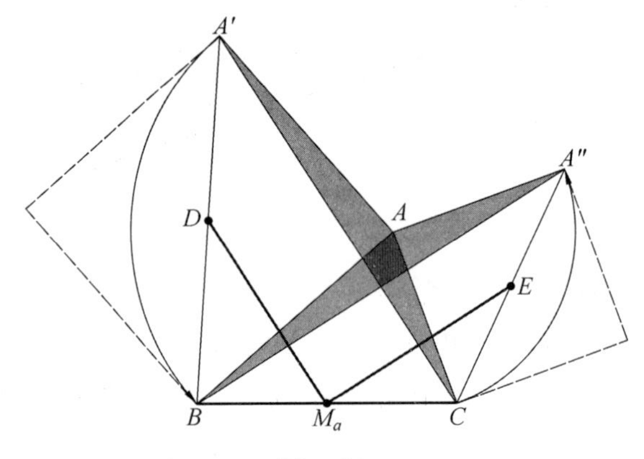

图 3.18

对这张图——任意三角形的边上的正方形——稍作变化就带给我们这一真正预料不到的关系. 在图 3.19 中，我们在任意 $\triangle ABC$ 的边上各作一个正方

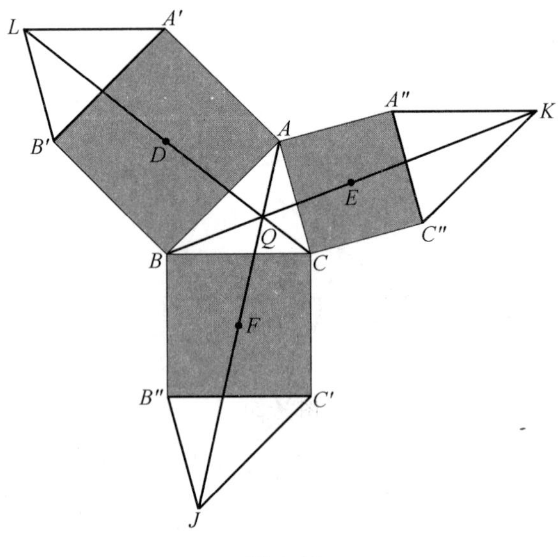

图 3.19

形. 巧妙的地方来了：在每个正方形的较远的边上各作一个三角形，且每一边平行于原 $\triangle ABC$ 的边. 即

对 $\triangle A'B'L$，$A'L \parallel BC$，$B'L \parallel AC$，$A'B' \parallel AB$；

对 $\triangle A''C''K$，$A''K \parallel BC$，$C''K \parallel AB$，$A''C'' \parallel AC$；

对 $\triangle B''C'J$，$C'J \parallel AB$，$B''J \parallel AC$，$B''C' \parallel BC$.

当我们联结这三个三角形的顶点与原三角形的顶点时，你将会发现这三条线段共点于 Q. 这就是图 3.19.

现在将任意三角形边上的正方形再推进一步，考虑两个正方形之间的平行四边形. 在图 3.20 中，这三个平行四边形是：

平行四边形 $A_1AA_2A_3$ 的中心为 G；

平行四边形 $B_1B_3B_2B$ 的中心为 H；

平行四边形 $C_1C_3C_2C$ 的中心为 I.

联结每一个平行四边形的中心和相对的正方形的中心，得到共点于 R 的线段. 我们又得到一个相当难以预料的结果.

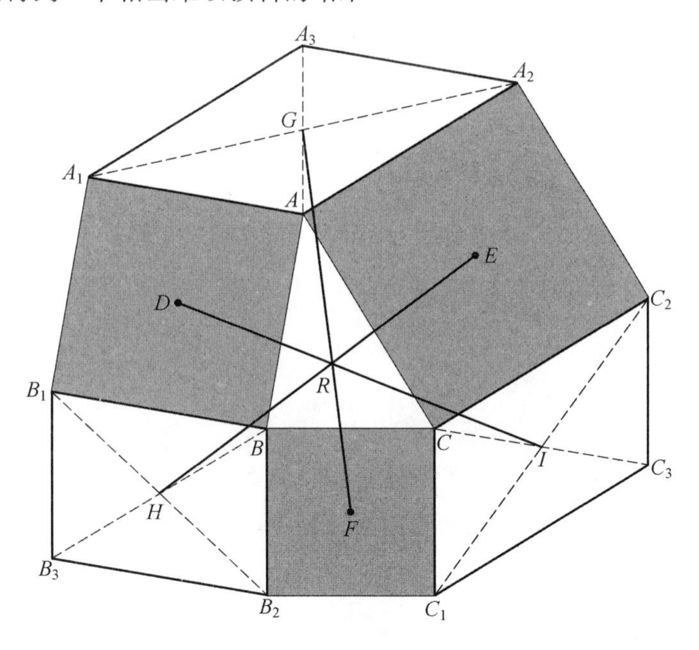

图 3.20

这一图形生成一系列新增的共点线，在下面几个图形中我们将会看到这一点. 在图 3.21 中，我们注意到联结原三角形的边的中点和相对的平行四边形的中心所得的线段共点于 S.

在图 3.22 中，我们注意到两个正方形之间的平行四边形的对角线的延长

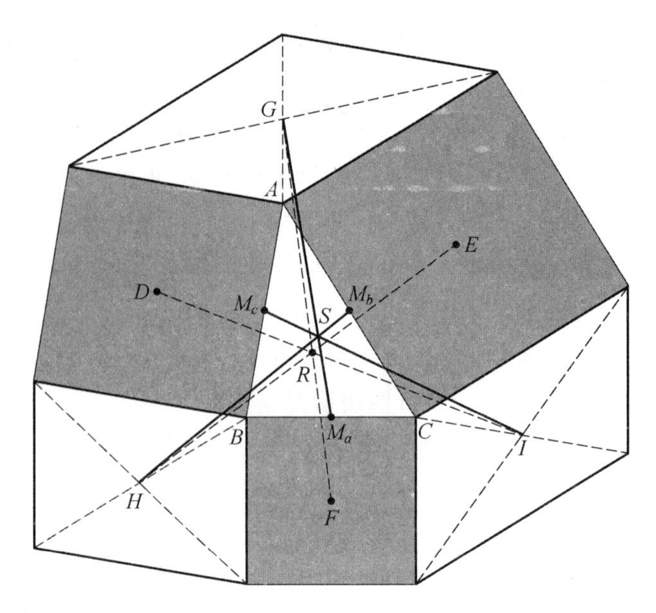

图 3.21

线共点(于 T).因此我们发现这一图形中的第二个共点(于U)的线段是由联结每一个正方形的中心和相对的平行四边形的较远的顶点形成的.

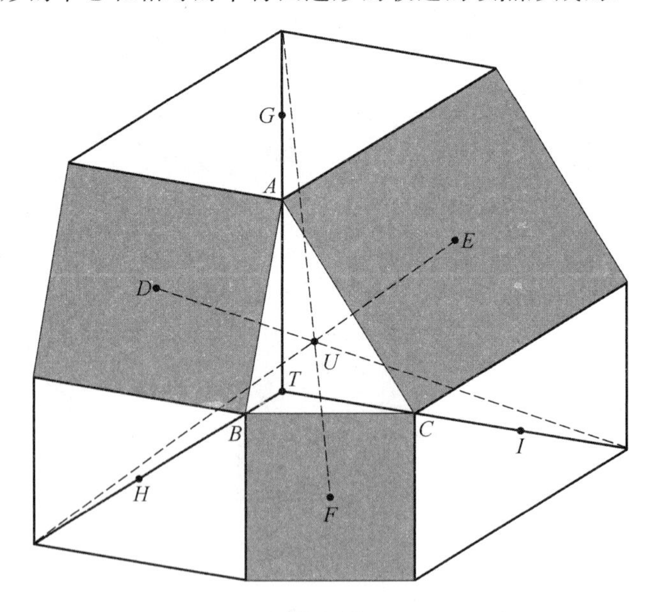

图 3.22

这一图形的确有更多的共点线,如图 3.23.这次我们将联结每一个正方形的外面一条边的中点和相对的平行四边形的较远的顶点.所得到的线段共点于 V.

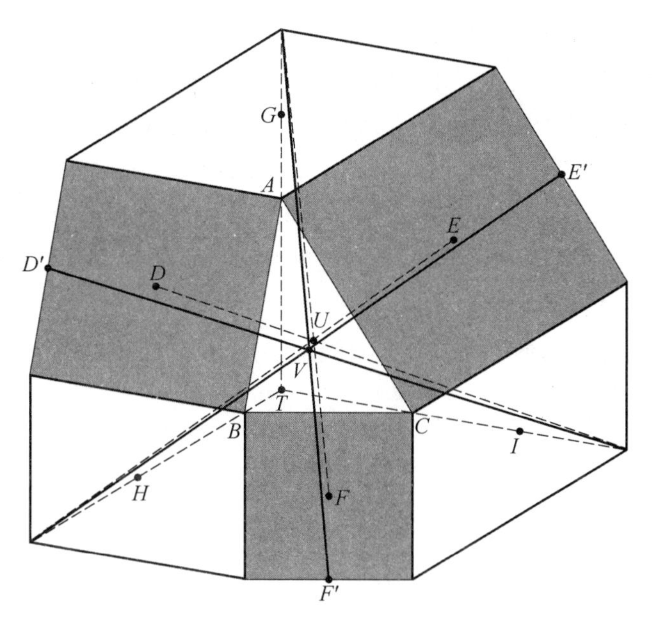

图 3.23

当我们联结原三角形的每一个顶点和对边上的正方形的较远的边的中点时，还得到另一共点（于 W）的线段，如图 3.24.

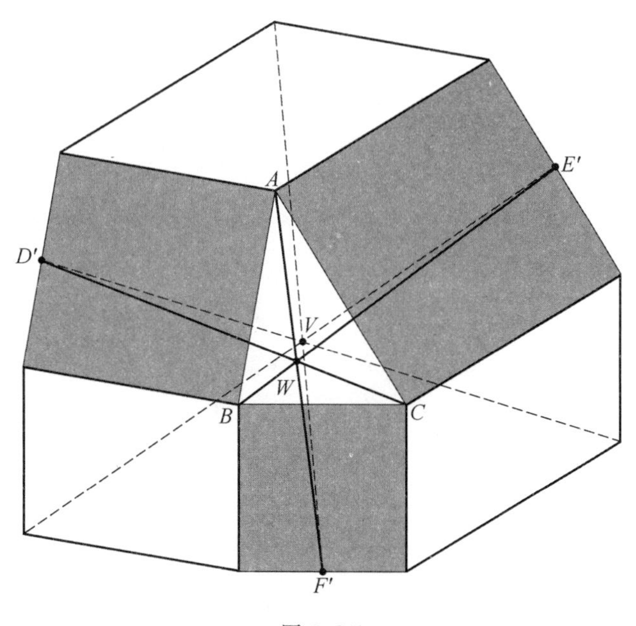

图 3.24

虽然我们在这个图形中已经展现了许多共点线，但还有诸多这样的关系有待发现.希望你鼓起勇气去寻求.利用动态的几何软件，如 Geometer's Sketchpad 或GeoGebra会有助于你的探索.有兴趣的读者可在互联网上搜索“三角形中心百科全书”——ETC(The Encyclopedia of Triangules Centers) 将会发现这是很有魅力的.网址是 http://faculty.evansville.edu/ck6/encyclopedia/ETC.html. 克拉克·金伯林(Clark Kimberling) 成功地对超过 3 600 个三角形的中心定了位，并显示了这些中心是如何被找到的.

这些都是与三角形有关的三条直线的共点，也许在今后将会促使你进一步研究其他一些共点线.

三角形中的共点圆

第4章

作为我们已经讨论过的等角点(或费马点 F) 的同伴,三角形中还有两个由法国数学家亨利·布罗卡特(Henri Brocard,1845—1922) 作出的重要的点. 在我们能标出这两个点之前,必须首先搞清楚如何作(当然只能用一把没有刻度的直尺和一个圆规) 一个经过一个已知点,且与一条(不经过该点的) 已知直线相切的圆,因为我们将利用这一作图确定这个新出现的点.

§1 一个必要的作图

考虑点 A 和直线 l,如图 4.1. 我们将显示如何作一个经过点 A,且与直线 l 相切的圆. 首先在平面内取一点 B,过 B 作 l 的垂线. 然后作 AB 的垂直平分线交刚才作的直线于点 O. 再以 O 为圆心,以 OA 为半径作圆,该圆就是我们需要的圆. 我们要用几次这样的作图来确定三角形中这一神奇的点,即布罗卡特点.

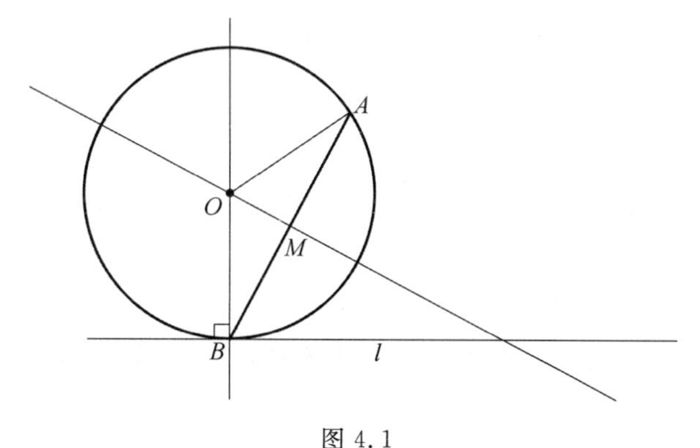

图 4.1

§2 布罗卡特点

现在我们准备确定三角形的布罗卡特点的位置.考虑：

在图 4.2 中我们将会找出按照上面的方法作出的三个圆.其中每一个都与 $\triangle ABC$ 的其中一边相切,并经过三角形的顶点.即：

圆 P 与边 CA 相切于 C,并经过顶点 B,圆 Q 与 AB 边相切于 A,并经过顶点 C,圆 R 与 BC 边相切于 B,并经过顶点 A.

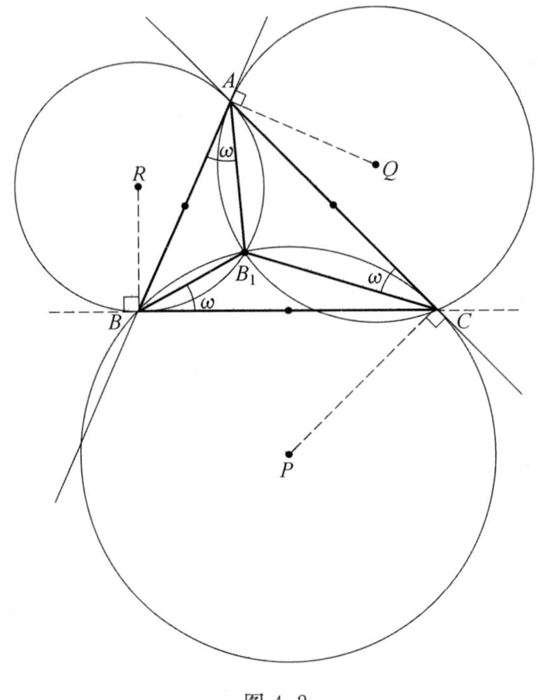

图 4.2

在作图中发生了两件令人惊讶的事情:第一,这三个圆共点于第一个布罗卡特点 B_1;第二,从点 B_1 出发的角有以下关系:$\angle B_1AB=\angle B_1BC=\angle B_1CA=\omega$.

用这三个圆共点也能在 $\triangle ABC$ 中找到第二个布罗卡特点 B_2,如图 4.3：

圆 S 与 AB 边相切于 B,并经过顶点 C,圆 T 与 BC 边相切于 C,并经过顶点 A,圆 U 与 AC 边相切于 A,并经过顶点 B.

布罗卡特点导出不少进一步的关系,这已经有点超出本书的范围,虽然这些关系所呈现出性质并不常见,但是也值得欣赏.

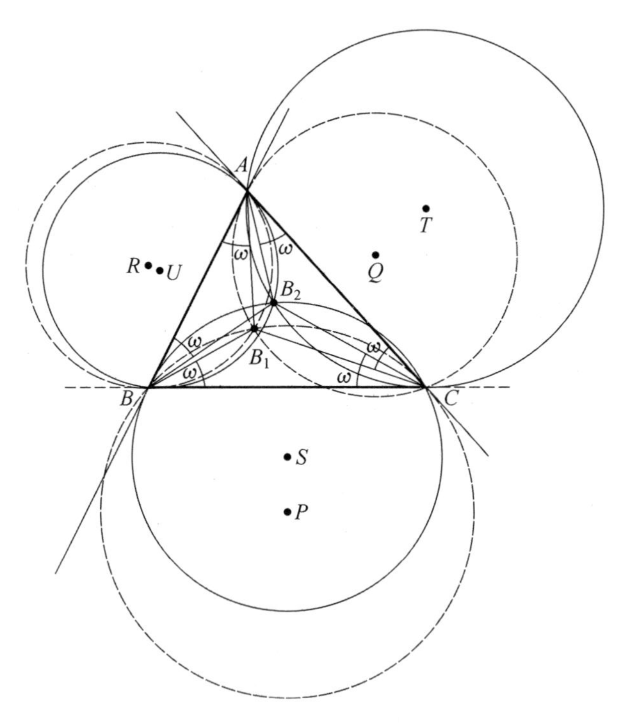

图 4.3

还有一次就是一个共点产生另一个共点，这刚才见到了. 在图 4.4 中，三条线段 AP，BP，CP 共点于 P. 如果我们取三条线段，它们与三角形的邻边形成相等的角，使得 $\angle QAC=\angle PAB=\rho$，$\angle QBC=\angle PBA=\sigma$，$\angle QCA=\angle PCB=\tau$，那么 QA，QB，QC 共点. 这个十分惊奇的结果是不容易预料的，然而它继续揭示隐藏在三角形内的美的秘密.

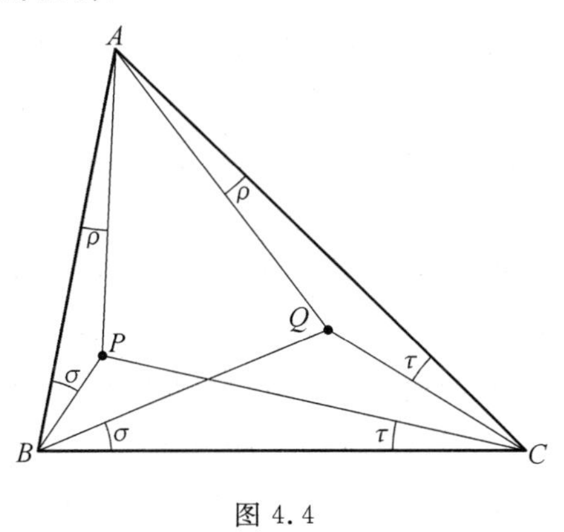

图 4.4

§3 密克尔点

布罗卡特点基于共点圆. 圆和三角形也决定另一个有趣的共点圆. 考虑任意 $\triangle ABC$ 以及分别在三角形的每一边上任取点 D,E,F，如图 4.5. 再作三个圆，每一个圆都经过三边上的点中的两点以及一个顶点. 瞧！这三个圆有一个公共点 M，即三圆共点. 这一点称为密克尔点，是以法国数学家奥古斯特·密克尔（Auguste Miquel）命名的，他在 1838 年《刘维尔杂志》（*Liouville's Journal*）上发表了这一定理[1]. 然而，就像数学界经常发生的情况那样，有一个强有力的证据表明别人已经知道这个神奇的关系了. 例如，苏格兰数学家威廉姆·华莱士（William Wallace，1768—1843），瑞士数学家雅格布·斯坦纳.

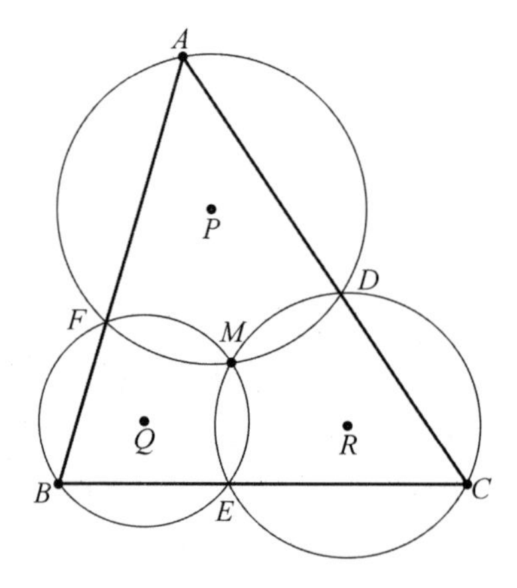

图 4.5

如果回忆一下圆内接四边形的对角互补就很容易证明这三个圆共点了.

考虑点 M 在 $\triangle ABC$ 内的情况，如图 4.6.（记住点 M 在 $\triangle ABC$ 外的情况有类似的论断）. 点 D,E,F 分别是边 AC,BC,AB 上的任意的点. 设圆 Q 和圆 R 分别由点 F,B,E；C,D,E 确定，两圆相交于 M.

为证明这一共点，我们在图 4.6 中作 FM,EM 和 DM. 在圆内接四边形 $BFME$ 中，有 $\angle FME = 180^\circ - \angle B$，这是由于圆内接四边形的对角互补，即对角之和是 180°. 类似地，在圆内接四边形 $CDME$ 中，$\angle DME = 180^\circ - \angle C$. 相加得，$\angle FME + \angle DME = 360^\circ - (\angle B + \angle C)$. 因此，$\angle FMD = \angle B + \angle C$. 但是在 $\triangle ABC$ 中，$\angle B + \angle C = 180^\circ - \angle A$. 于是 $\angle FMD = 180^\circ - \angle A$，四边形 $AFMD$ 是圆内接四边形. 因此点 M 在这三个圆上.

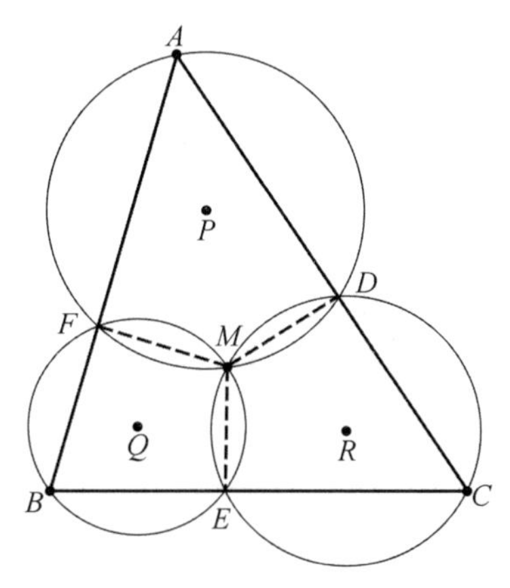

图 4.6

在图 4.7 中,我们看到对于当点 M 在原 $\triangle ABC$ 外时,密克尔定理也成立.

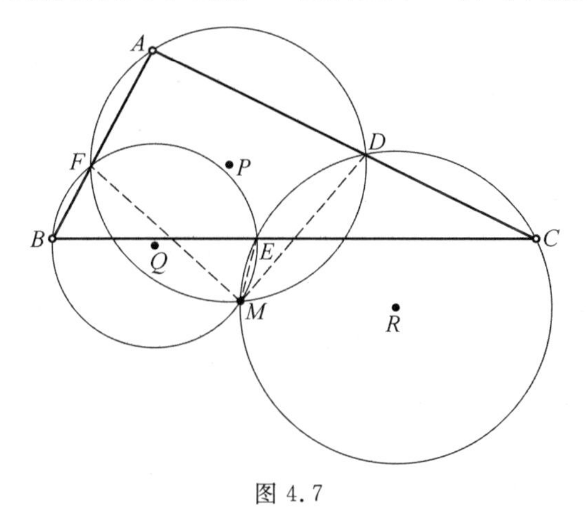

图 4.7

§4　密克尔三角形

这里所说的关于这三个圆共点的一切就已经使我们得到一个漂亮的结论.但是,正如你可以预料的那样,在图形中可以找到更多的宝藏.在图 4.8 中,$\triangle DEF$ 称为密克尔三角形.现在考虑:联结三角形的密克尔点和密克尔三角形的顶点的线段与原三角形对应的边形成的角相等.这就意味着,在图 4.8 中,$\angle AFM=\angle CDM=\angle BEM=\mu$,同样 $\angle ADM=\angle CEM=\angle BFM=180^\circ-\mu$.

这很容易证明.因为四边形 $AFMD$ 是圆内接四边形(图 4.8),$\angle AFM$ 与 $\angle ADM$ 互补.但 $\angle ADM$ 与 $\angle CDM$ 互补,所以 $\angle AFM=\angle CDM$,因此,$\angle BFM=\angle ADM$.由此对其他圆内接四边形用同一论断可得到其余等式.

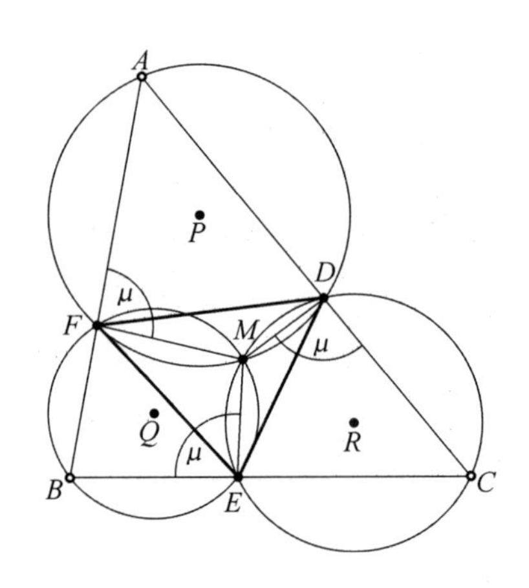

图 4.8

我们说如果第一个三角形的每一个顶点都在第二个三角形的边上，那么称这个三角形内接于第二个三角形. 于是我们可叙述以下的密克尔点的进一步的应用：内接于同一个三角形，并具有共同的密克尔点的两个三角形相似. 我们用以下方法证明这一点.

在图 4.9 中，我们将证明有同一个密克尔点 M 的 $\triangle DEF$ 和 $\triangle D'E'F'$ 相似，因为我们已经有 $\angle MFB=\angle MDA$，$\angle MF'A=\angle MD'C$，所以 $\triangle MF'F\backsim\triangle MD'D$，$\triangle MD'D\backsim\triangle ME'E$. 于是 $\angle FMF'=\angle DMD'=\angle EME'$. 相加后，得 $\angle F'MD'=\angle FMD$，$\angle F'ME'=\angle FME$ 和 $\angle E'MD'=\angle EMD$.

由上面的相似三角形的结果可得到 $\dfrac{MF}{MF'}=\dfrac{MD}{MD'}=\dfrac{ME}{ME'}$. 我们知道两对对应边成比例、夹角相等的两个三角形相似. 这里我们有以下各对相似三角形

$$\triangle F'MD'\backsim\triangle FMD$$
$$\triangle F'ME'\backsim\triangle FME$$

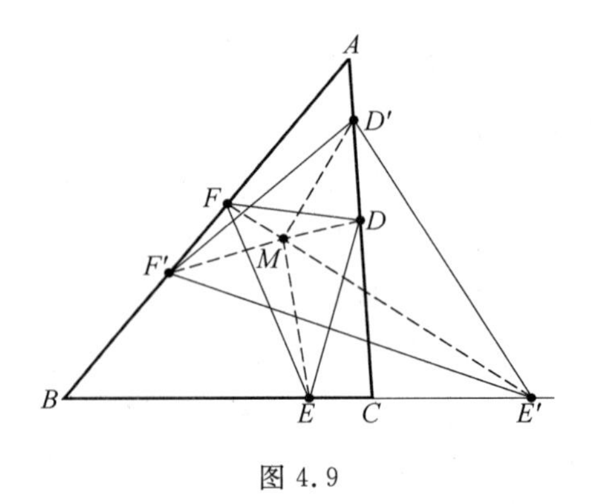

图 4.9

和 $$\triangle E'MD' \backsim \triangle EMD$$

于是$\dfrac{F'D'}{FD}=\dfrac{F'M}{FM}$和$\dfrac{F'E'}{FE}=\dfrac{F'M}{FM}$,所以$\dfrac{F'D'}{FD}=\dfrac{F'E'}{FE}$. 同样有$\dfrac{E'D'}{ED}=\dfrac{F'E'}{FE}$. 因为三组对应边成比例,所以就证明了 $\triangle DEF \backsim \triangle D'E'F'$.

从密克尔三角形出发可以再显示出另外一个漂亮的关系. 也就是说,一个给定的三角形的密克尔圆的圆心确定一个与给定的三角形相似的三角形,证明又是相当直接的.

作公共弦 FM,EM 和 DM 可证明这一关系,如图 4.10 所示. 设 PQ 与圆 Q 相交于点 N,RQ 与圆 Q 相交于点 L. 由于两圆的连心线是公共弦的垂直平分线,所以 PQ 垂直平分 FM,于是$\overset{\frown}{FN}=\overset{\frown}{NM}$. 因为 QR 平分$\overset{\frown}{EM}$,所以$\overset{\frown}{ML}=\overset{\frown}{LE}$.

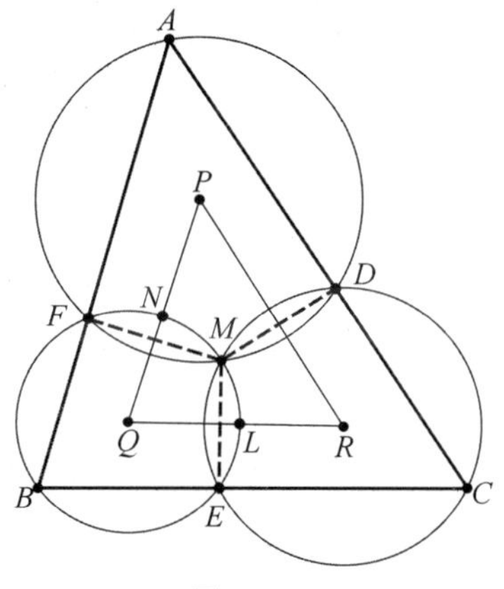

图 4.10

由于圆心角 $\angle NQL=(\overset{\frown}{NM}+\overset{\frown}{ML})=\dfrac{1}{2}\overset{\frown}{FE}$,圆周角 $\angle FBE=\dfrac{1}{2}\overset{\frown}{FE}$,所以 $\angle NQL=\angle FBE$.

用类似的方法可以证明 $\angle QPR=\angle BAC$. 因为对应角相等,于是 $\triangle PQR \backsim \triangle ABC$.

也许你想去研究等边三角形的密克尔点,或者直角三角形的密克尔点,因为它们产生一些有趣的性质.

§5 共 圆 点

奥古斯特·密克尔对涉及圆的交点的另一个真正令人惊讶的关系也有贡献. 我们从任意画的(非正的) 五角星开始,如图 4.11. 然后作外面五个三角形(阴影部分) 的外接圆. 令人惊讶的是这些圆的交点(A,B,C,D,E) 在同一个圆

(虚线圆)上[2].我们就说这样的点为共圆点.

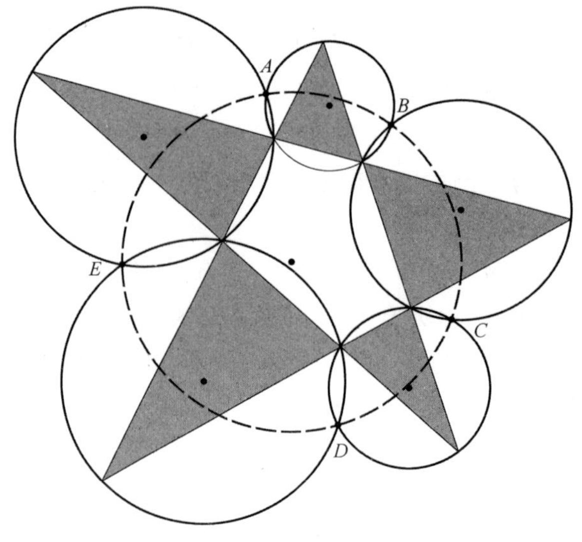

图 4.11

还有一个类似的“五圆定理”.说的是如果五个连续相交的圆的圆心在同一个圆上,并且两个相邻的圆的两个交点之一也在同一个圆上,再依次联结其余的交点,得到一个五边形,再形成一个五角星 $PQRST$(不必是正的),那么五角星 $PQRST$ 的每一个顶点位于五个圆中的一个圆上,如图 4.12.

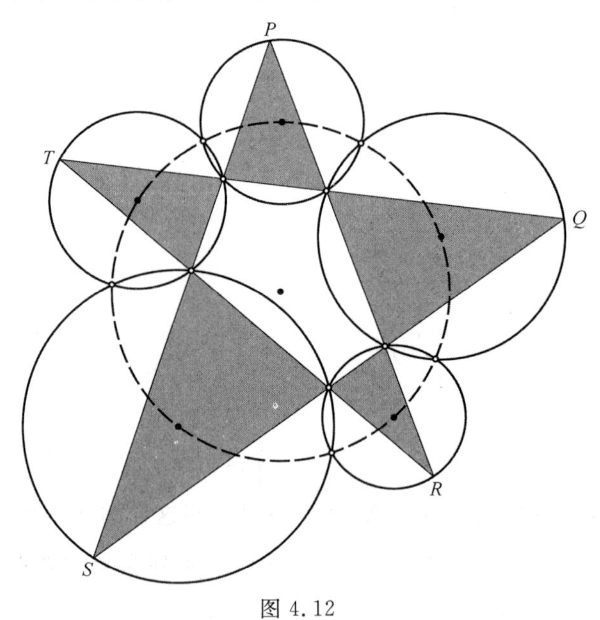

图 4.12

§6 更多的共点圆

在我们结束这一章之前,我们将欣赏给我们打开了进一步通往研究这类图形的大门的另一个图形.在图4.13中,我们任意画一个$\triangle ABC$,在$\triangle ABC$的边上各作一个$\triangle ABC$的反射三角形.于是这四个三角形都全等($\triangle ABC \cong \triangle A'BC \cong \triangle AB'C \cong \triangle ABC'$).首先,我们注意到这三个反射三角形的外接圆共点于Y.其次,我们发现联结每个圆的圆心和原三角形的较远的顶点的线段共点于X.

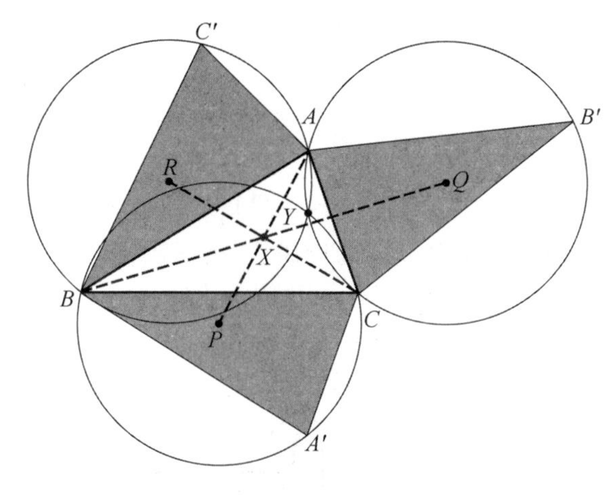

图4.13

这里的美在于生成共点圆的图形只限于人们的想像.假定我们将原$\triangle ABC$绕各边的中点(M_a,M_b,M_c)旋转$180°$,于是得到三个深色阴影的三角形:$\triangle A''BC$,$\triangle AB''C$,$\triangle ABC''$,如图4.14所示.每一个旋转后的(有阴影的)三角形的外接圆共点于Y.

再进一步说,分别联结这三个圆中的每一个圆心P,Q,R和顶点A'',B'',C''得到的线段也共点于这个点Y.

此外,像上面的例子那样,联结这些圆中的每一个圆的圆心和$\triangle ABC$的较远的顶点所得的线段也共点于X.我们将另一些这样的共点线留给读者发现.

在结束关于共点圆的本章时,还要谈谈一系列漂亮的共点圆和点,这是美国数学家罗杰尔·A.约翰森(Roger A. Johnson,1890—1954)[3]首先发表的:对于一个给定的三角形,作三个共点的等圆,其中每一个圆都经过三角形的两个

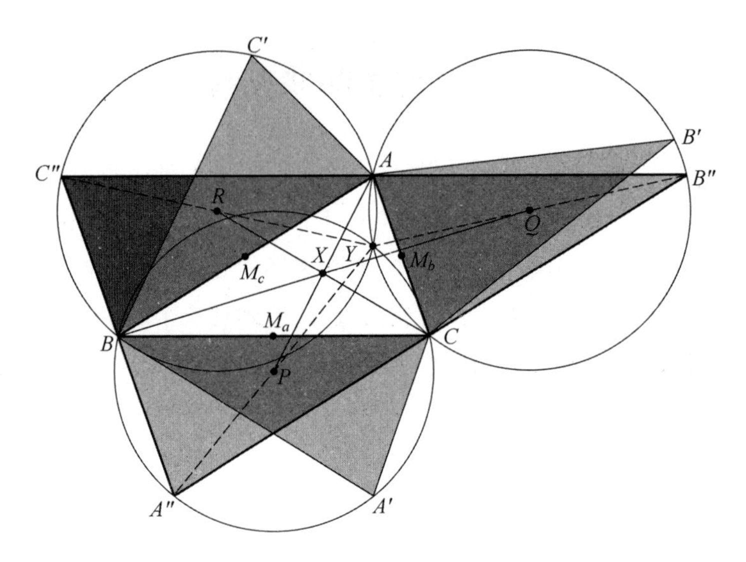

图 4.14

顶点. 在图 4.15 中，有三个共点的等圆，其圆心分别是 J_a，J_b，J_c，每一个圆都经过 $\triangle ABC$ 的两个顶点. 以下各惊奇的性质成立：

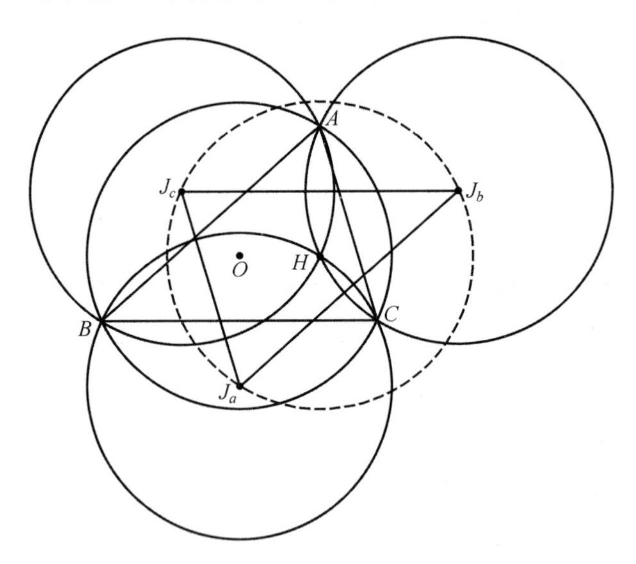

图 4.15

① 这三个共点圆是唯一的，且相等.

② 这三个共点的约翰森圆的半径与原 $\triangle ABC$ 的外接圆半径相同，圆心 J_a，J_b，J_c 位于一个圆上，该圆的半径与这三个共点圆的半径相同.

③ 这三个共点的约翰森圆的交点是原 $\triangle ABC$ 的垂心 H（高的交点）.

④ 共点圆的圆心组成的 $\triangle J_aJ_bJ_c$（约翰森三角形）全等于原 $\triangle ABC$.

我们用这一令人惊叹的关系作为结束本章关于共点圆的内容是一种很好的方式.

三角形的特殊直线

第5章

在本章中，我们将重新观察三角形的特殊直线. 同时，我们将揭示许多令人惊讶的关系，进一步显示出三角形是如何隐藏许多秘密的，这些秘密不断被数学家和业余数学爱好者发现，他们酷爱研究欧几里得几何，其目的是力图能够发现三角形及其部分意料之外的性质.

§1　三角形的角平分线

我们在前面证明过三角形的三条角平分线共点这一重要性质(第15页). 让我们考察一下三角形的角平分线的另外一些性质. 例如，三角形的两条角平分线的相交形成的角等于直角加上第三个角的一半，如图5.1.

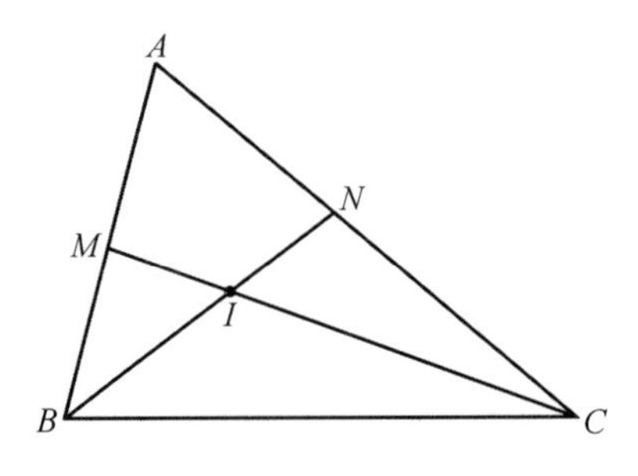

图5.1

在图5.1中，角平分线BN，CM相交于I. 证明$\angle BIC = 90^\circ + \frac{1}{2}\angle A$是相当容易的. 先考虑$\triangle BIC$，$\angle BIC = 180^\circ - \angle IBC - \angle ICB$.

于是 $\angle BIC = 180^\circ - \frac{1}{2}\angle ABC - \frac{1}{2}\angle ACB$.

但是 $\angle ABC + \angle ACB = 180^\circ - \angle A$，随后，$\frac{1}{2}\angle ABC + \frac{1}{2}\angle ACB = 90^\circ - \frac{1}{2}\angle A$.

将该式代入前面的式子就得到所需的结果.

首先，$\angle BIC = 180^\circ - (90^\circ - \frac{1}{2}\angle A)$，由此得到 $\angle BIC = 90^\circ + \frac{1}{2}\angle A$.

这一关系可推广到三角形的外角平分线.两条外角平分线所形成的一个角等于直角减去三角形的第三个角的一半.在图 5.2 中外角平分线 BJ，CJ 相交于 J.

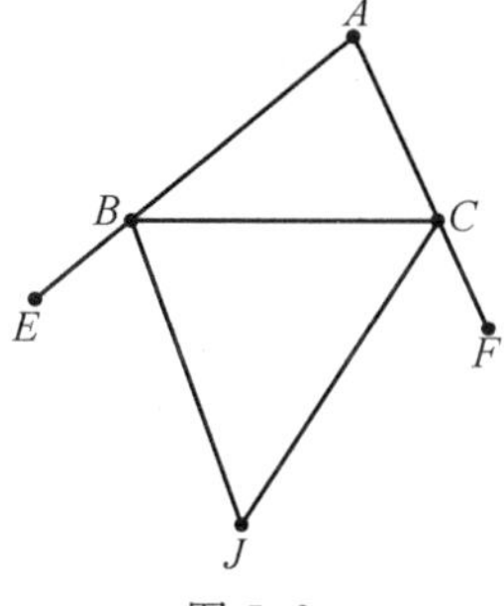

图 5.2

与上面得到的关系进行类似的处理.首先

$$\begin{aligned}\angle BJC &= 180^\circ - \frac{1}{2}\angle EBC - \frac{1}{2}\angle FCB \\ &= 180^\circ - \frac{1}{2}(180^\circ - \angle ABC) - \frac{1}{2}(180^\circ - \angle ACB) \\ &= 180^\circ - 90^\circ + \frac{1}{2}\angle ABC - 90^\circ + \frac{1}{2}\angle ACB \\ &= \frac{1}{2}(\angle ABC + \angle ACB) = \frac{1}{2}(180^\circ - \angle A)\end{aligned}$$

于是 $\angle BJC = 90^\circ - \frac{1}{2}\angle A$.

角平分线不仅平分角，而且也把对边分成两部分与邻边成比例.即在图5.3 中 AD 是 $\angle BAC$ 的角平分线，则$\frac{c}{b} = \frac{m}{n}$.

证明上式成立要有点小技巧，必须添一些辅助线：作 BE 平行于 AD，交 CA（的延长线）于 E.图 5.3 中标有$\frac{\alpha}{2}$ 的角都相等.这样，因为 $\triangle AEB$ 是等腰三角形，所以 $AE=AB=c$. 对 $\triangle BCE$，有$\frac{AE}{CA}=\frac{BD}{CD}$，或$\frac{c}{b}=\frac{m}{n}$.

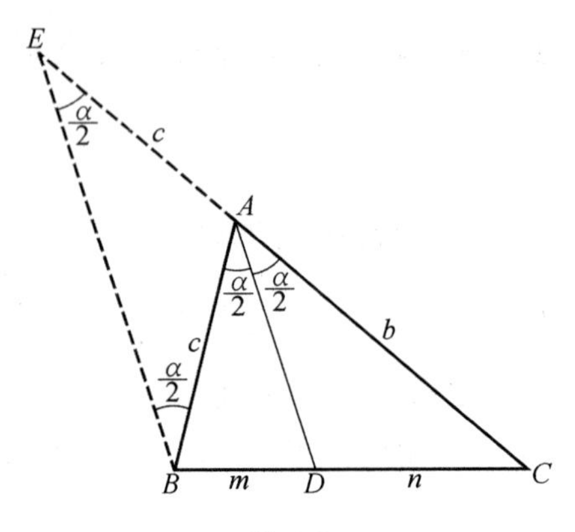

图 5.3

求三角形的高的长相对容易（通过利用毕达哥拉斯定理），求三角形的角平分线的长就不那么容易了. 有一个十分有用的关系可用来求三角形的角平分线的长.

在图 5.4 中，AD 是 $\triangle ABC$ 的 $\angle BAC$ 的角平分线，用 t_a 表示. 延长 AD 交 $\triangle ABC$ 的外接圆于E. 联结 BE. 由于 $\angle BAD=\angle CAD$，$\angle E=\angle C$（同弧上的圆周角相等），所以

$$\triangle ABE \backsim \triangle ADC, \frac{AC}{AD}=\frac{AE}{AB}$$

或

$$AC \cdot AB=AD \cdot AE=AD \cdot (AD+DE)=AD^2+AD \cdot DE \quad (1)$$

但是

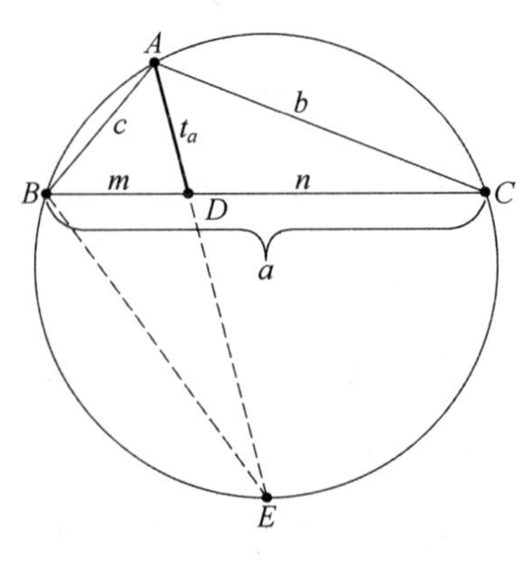

图 5.4

$$AD \cdot DE = BD \cdot DC \tag{2}$$

这是因为 AE 和 BC 是同一个圆的两条相交的弦.

把(2) 代入(1),得到 $AD^2 = AC \cdot AB - BD \cdot DC$,这就是我们要寻求的关系.然而,利用图 5.3 中的字母,能写成比较简洁的形式:$t_a^2 = bc - mn$,或 $t_a = \sqrt{bc - mn}$.

我们还为有兴趣的读者提供只已知三角形的三边的长求角平分线的长的公式

$$t_a = \frac{2\sqrt{bcs(s-a)}}{b+c}, t_b = \frac{2\sqrt{cas(s-b)}}{c+a}, t_c = \frac{2\sqrt{abs(s-c)}}{a+b}$$

其中

$$s = \frac{1}{2}(a+b+c)$$

§2　三角形的对称中线

像前面那样,我们再一次在任意 $\triangle ABC$ 的每一边上各作一个正方形,如图 5.5.但是这次我们延长正方形的较远的边得到 $\triangle A'B'C'$.联结新形成的正方形的每一个顶点和原 $\triangle ABC$ 较近的顶点的所得到的线段,我们发现这三条线段共点于 K.

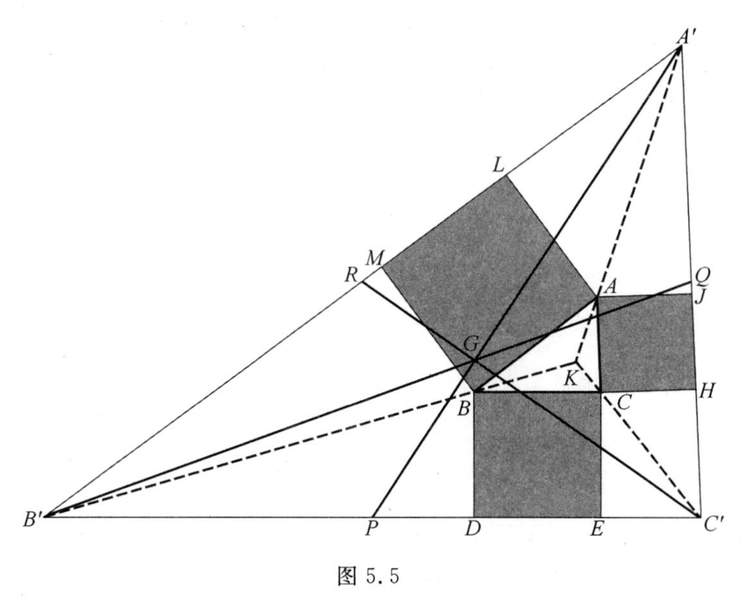

图 5.5

但是这三条直线 $A'AK$，$B'BK$，$C'CK$ 及其交点 K 具有另一些特殊的性质. 为见到其中一个性质，先作 $\triangle A'B'C'$ 的三条中线 $A'P$，$B'Q$，$C'R$ 相交于 G. 三条直线 $A'AK$，$B'BK$，$C'CK$ 中的每一条与 $\triangle A'B'C'$ 的每一个角的一边形成的角等于中线与三角形的每一条边的另一边形成的角，即

$$\angle B'A'K=\angle C'A'G, \angle A'B'K=\angle C'B'G \text{ 和 } \angle B'C'K=\angle A'C'G$$

于是，这三条直线 $A'AK$，$B'BK$，$C'CK$ 称为对称中线，在某种意义上说，它们与三角形的三条中线对称.

这些对称中线与它们的公共点 K 有许多有趣的性质. 例如，有一个难以预料的性质：这一公共点（也称对称中线点[1]）到对边的距离与对边的边长成比例. 即 $\frac{KW}{KV}=\frac{A'B'}{A'C'}$，$\frac{KV}{KU}=\frac{A'C'}{B'C'}$，$\frac{KW}{KU}=\frac{A'B'}{B'C'}$（图 5.6）.

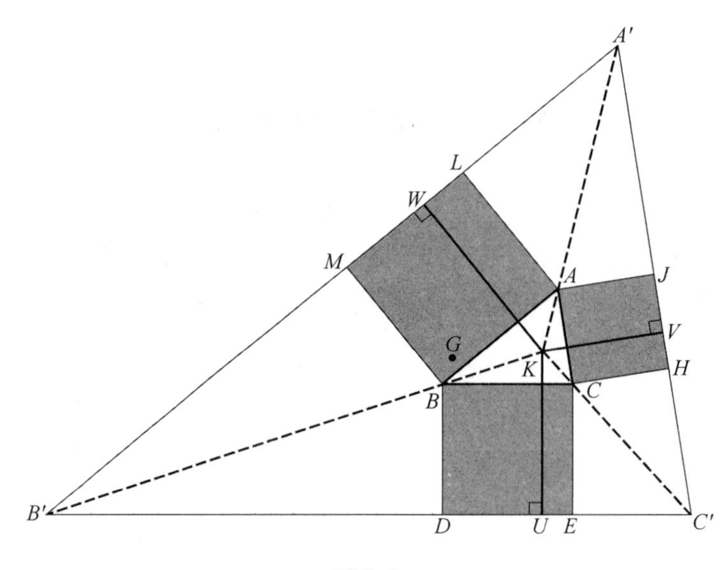

图 5.6

当我们考虑三角形的边 $B'C'$ 的中点 P 到另两边的距离时，得到的是反比例. 由于三角形的中线把三角形分成两个相等的面积，如图 5.7，所以 $S_{\triangle A'PB'}=S_{\triangle A'PC'}$，即 $\frac{1}{2}A'B'\cdot PR=\frac{1}{2}A'C'\cdot PQ$.

于是 $\frac{PR}{PQ}=\frac{A'C'}{A'B'}$，这就是由对称中线点确定的反比例关系.

我们将会注意到 $\triangle A'B'C'$ 的对称中线点（图 5.6 中的 K）有许多非常有趣的性质，其中之一是对称中线点到三角形的三边的距离的平方和是一个最小值. 也就是说，在图 5.6 中，对称中线点 K 到 $\triangle A'B'C'$ 的三边的距离的平方和

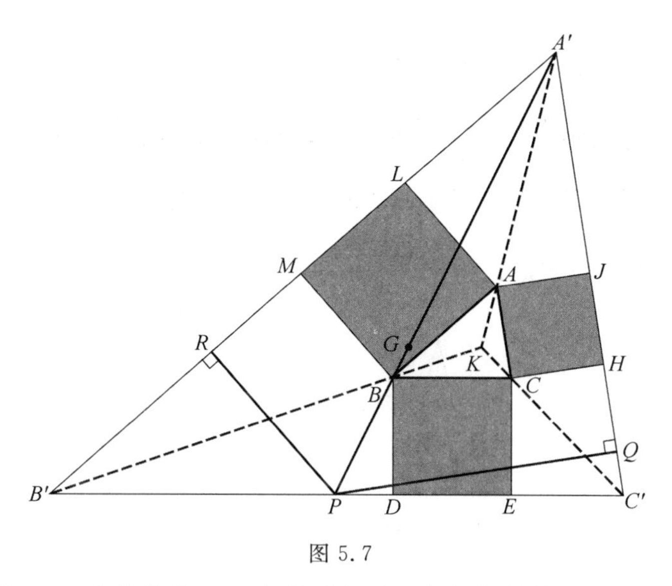

图 5.7

$KU^2+KV^2+KW^2$ 的值小于三角形所在平面内任何其他点到三角形的三边的距离的平方和.

对称中线点也可用其他方法确定. 在图 5.8 中，我们发现联结高 $A'Q$ 的中点 R 和 $\triangle A'B'C'$ 的边 $B'C'$ 的中点 P 的线段经过对称中线点 K. 于是如果我们对其他高也进行同样的处理，那么我们就会找到公共交点，即对称中线点.

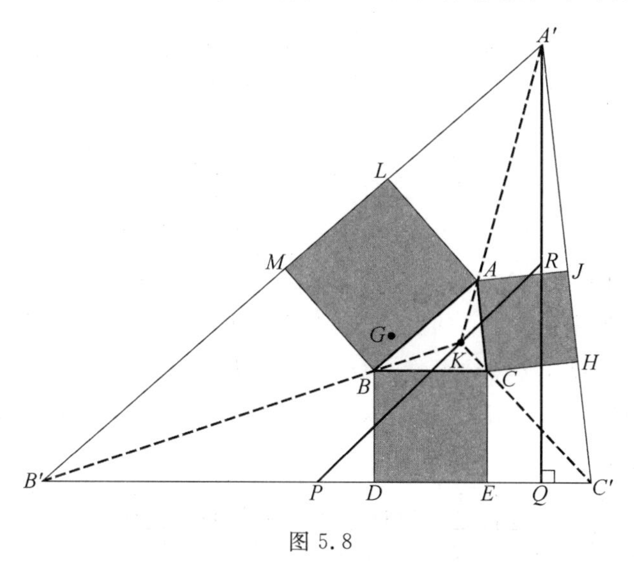

图 5.8

前面已经证明过角平分线分对边的比等于夹这个角的两边的比(第 22 页)，在图 5.9 中，现在有另一点 K_a 确定一个比，这个比等于三角形的两边的比. 点 K_a 就是对称中线与三角形的边 a 的交点. 这一点到两邻边的距离的比等于这两边的比. 在图 5.9 中，我们有$\frac{K_aD}{K_aE}=\frac{AB}{AC}$.

这个比的平方$\left(\frac{AB}{AC}\right)^2$也与三角形的对称中线有关. 三角形的对称中线把三角形的一边分成的比等于其余两边的比的平方. 在图 5.9 中，$\triangle ABC$ 的对称中线为 AK_a. 容易证明$\frac{BK_a}{K_aC}=\left(\frac{AB}{AC}\right)^2$.

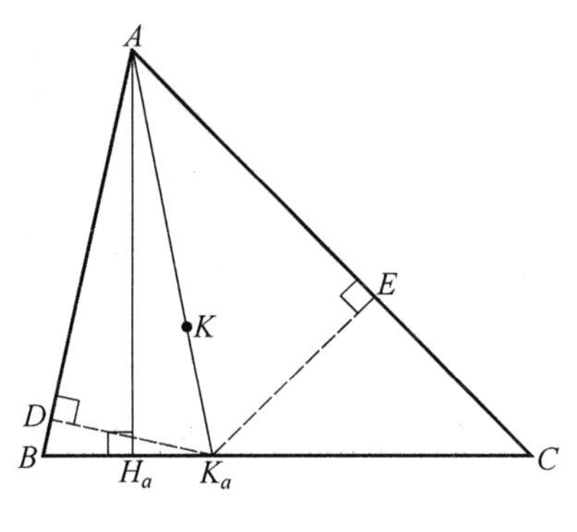

图 5.9

现在开始证明这一结论，注意到两个三角形的面积的比与对称中线分原三角形的比等于三角形的底上的两线段的比，这是因为它们有公共的高 AH_a. 于是$\frac{BK_a}{K_aC}=\frac{S_{\triangle ABK_a}}{S_{\triangle AK_aC}}=\frac{\frac{1}{2}}{\frac{1}{2}}\cdot\frac{AB}{AC}\cdot\frac{K_aD}{K_aE}=\frac{AB}{AC}\cdot\frac{K_aD}{K_aE}$. 我们可以得到

$$\frac{BK_a}{K_aC}=\frac{AB}{AC}\cdot\frac{AB}{AC}=\left(\frac{AB}{AC}\right)^2$$

我们还可以说直角三角形的一条高和一条中线是对称的. 在图 5.10 中，考虑 Rt$\triangle ABC$ 的斜边 BC 上的高 AH_a. 联结高 AH_a 的中点 M 和顶点 B 的直线是该三角形的对称中线 BK_b. 回忆一下，BMK_b 作为对称中线必须使 $\angle ABM=\angle ABK_b=\angle CBM_b$，这容易用 $\triangle ABH_a\backsim\triangle CBA$ 证明，因为它们都是直角三角形，且有一个公共角 $\angle ABC$. 于是这两个相似三角形的中线和对应的直角边分别形成相等的角.

三角形中的三线的公共点之间是相互关联的，我们在本章中将会不断看到这种情况. 三角形的对称中线点是其垂足三角形的重心就是一个这样的例子. 从一个定点向三角形的每一边作垂线，联结三个垂足就得到该三角形的垂足三角形.（垂足就是垂线和垂直于它的直线的交点）. 在图 5.11 中，点 K 就是 $\triangle ABC$ 的对称中线点. $\triangle A'B'C'$ 就是点 K 的垂足三角形.

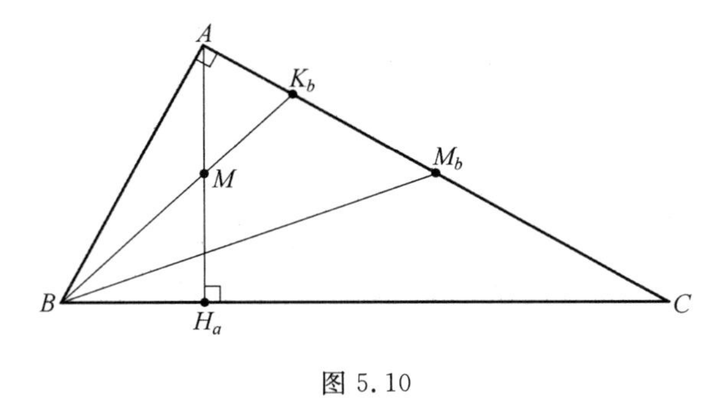

图 5.10

由于 $\triangle A'B'C'$ 的中线经过点 K，所以点 K 是该垂足三角形的重心. 这里 D,E,F 是边 $B'C'$，$A'C'$ 和 $A'B'$ 的中点.

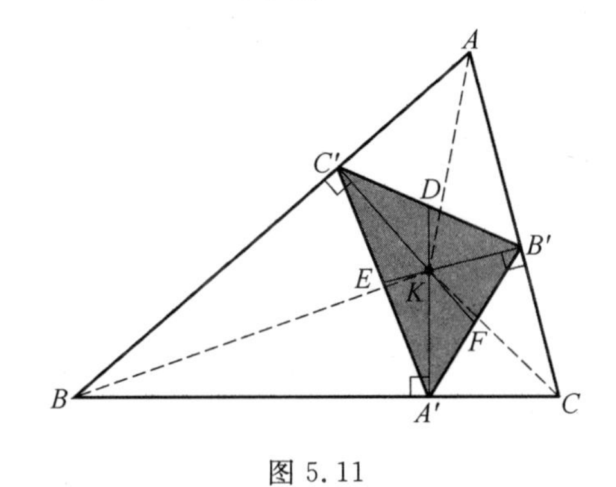

图 5.11

回忆一下三角形的杰贡纳点(图 2.15). 在图 5.12 中，线段 AP_a，BP_b，CP_c 确定 $\triangle ABC$ 的杰贡纳点 G^2. 并且是杰贡纳 $\triangle P_aP_bP_c$ 的对称中线点. 这一结论的证明留给读者.

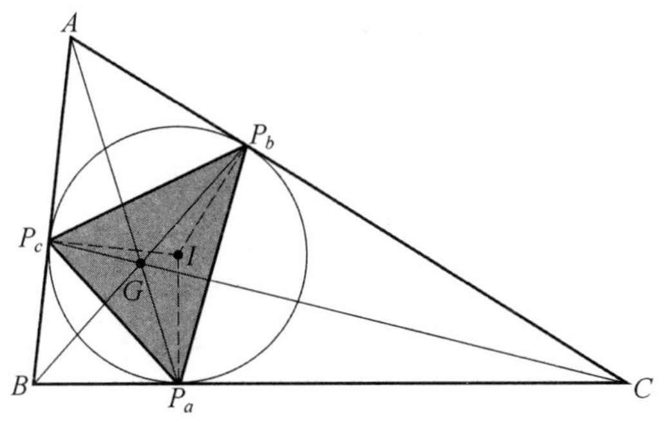

图 5.12

§3　三角形的高

前面我们已经证明了三角形的三条高共点，这个点称为三角形的垂心. 联结高的垂足就得到原三角形的垂足三角形. 这个令人惊讶的结论是三角形的高是垂足三角形的角平分线. 在图 5.13(a) 和图 5.13(b) 中，高 AH_a，BH_b，CH_c 是垂足 $\triangle H_aH_bH_c$ 的角平分线.

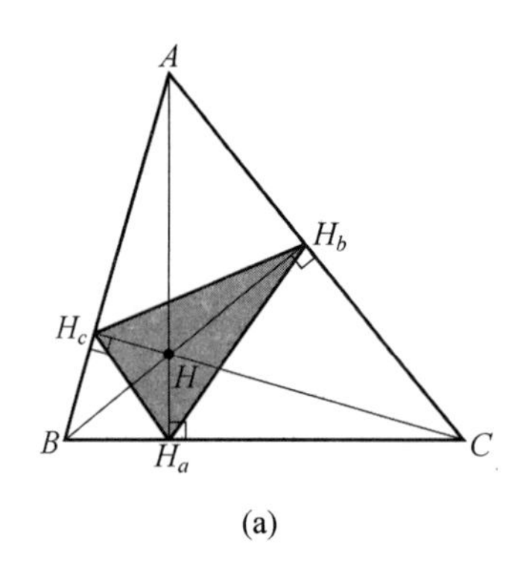

(a)

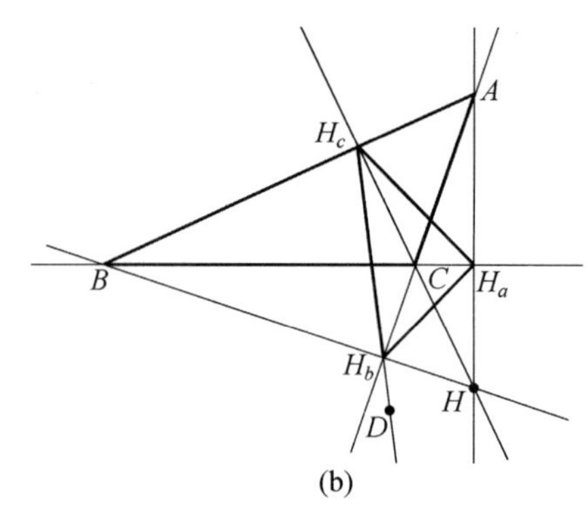

(b)

图 5.13

由垂足 H_a，H_b，H_c 构成的垂足三角形将原三角形分割出三个小三角形，每个小三角形都相似于原三角形. 即对图 5.13，有

$$\triangle ABC \backsim \triangle AH_bH_c \backsim \triangle H_aBH_c \backsim \triangle H_aH_bC$$

这种垂足三角形有一个独特的性质：在顶点落在三角形的各边上的所有三角形中，它的周长最小. 例如，在图 5.14 中，我们在 $\triangle ABC$ 中画另一个"内接三角形"$\triangle XYZ$. $\triangle XYZ$ 的周长大于 $\triangle H_aH_bH_c$ 的周长.

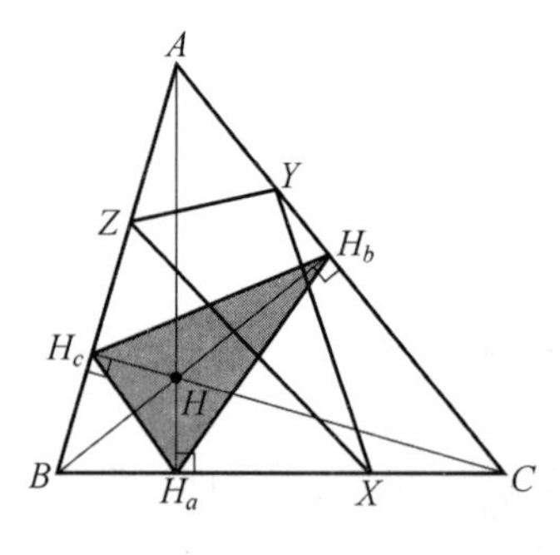

图 5.14

延长三角形的三条高分别与三角形的外接圆相交. 一个难以预料的结果是这三条高的延长线与外接圆的交点确定的弧被原三角形的顶点平分. 在图5.15

中可以看到,P,Q,R 是高的延长线与 $\triangle ABC$ 的外接圆的交点. 这三点确定的弧 $\overset{\frown}{PQ}$,$\overset{\frown}{RQ}$,$\overset{\frown}{PR}$ 的中点分别是原三角形的顶点 C,A,B.

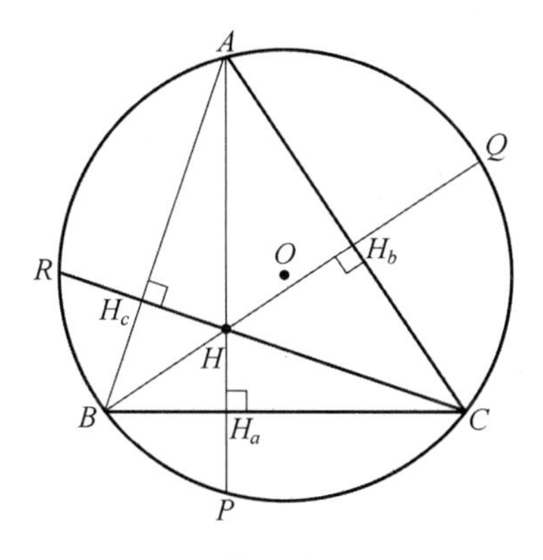

图 5.15

联结 P,Q,R 三点得到 $\triangle PQR$. 可以看出 $\triangle PQR \backsim \triangle H_aH_bH_c$ 并且对应边互相平行(图 5.16).

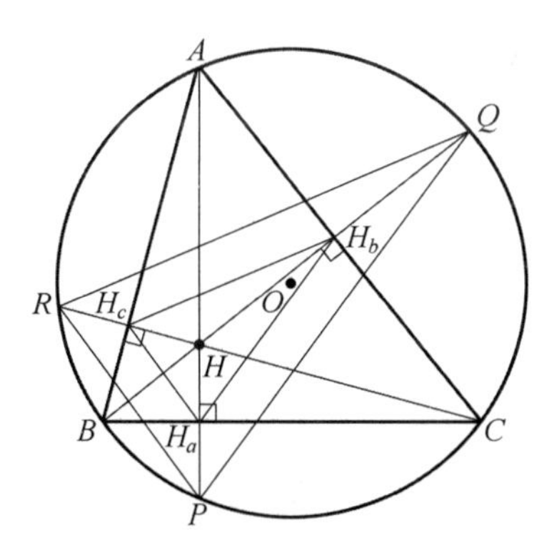

图 5.16

当我们考虑垂足三角形 $H_aH_bH_c$ 的内切圆的切点 X,Y,Z(图 5.17) 时,可以发现垂足三角形的许多性质. 延长 XY 交 AH_a 于 P,延长 YZ 交 CH_c 于 R,于是得到平行四边形 PH_bRY,此外,我们可以证明 $PY=PZ$,PY 平行于 AB,RY 平行于 BC.

此外,这个图形中还有 P,H_b,R,Z,H 和 X 六点共圆,如图 5.18.

虽然我们本章中还将重新观察垂足三角形,但这一图形中还有更多的性质有待发现,例如外接圆的半径和垂足三角形之间的关系. 我们将这些留给读者去发现.

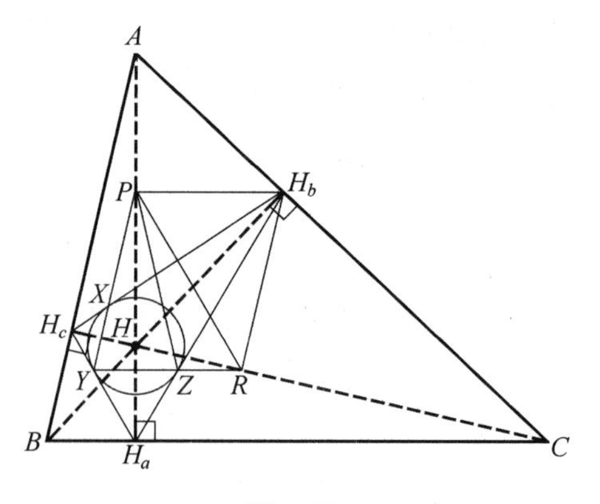

图 5.17

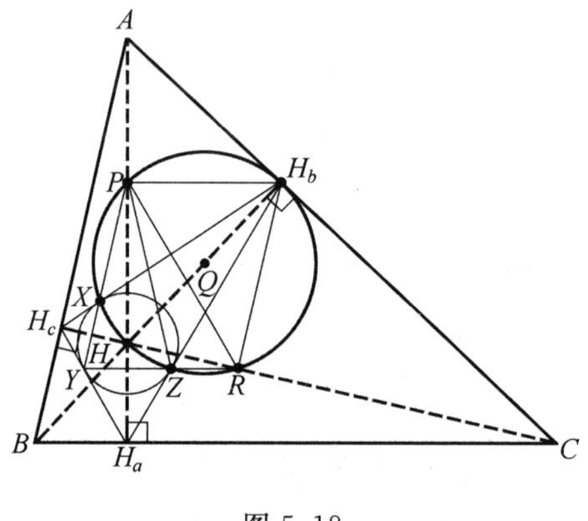

图 5.18

§4　一般的塞瓦线

只寻找任意塞瓦线的长，但不必是角平分线或高的长的问题，长期以来被认为是不可能的. 但是这一问题是著名的苏格兰几何学家罗伯特·西姆松(Robert Simson，1687—1768)首先解决的，他在讲义中介绍了这一内容. 但同意将笔记让他的优秀学生马修·斯台沃特(Mathew Stewart，1717—1785)在其著名的出版物《数学前沿中相当有用的一般定理》(*Generel Theorems of Considerable Use in the Higher Parts of Mathematics*)(爱丁堡，1746)中使用. 西姆松慷慨的动机是迫切希望见到斯台沃特在爱丁堡大学中拥有数学的一席之地. 他成功了. 有趣的是注意到一个西姆松并不了解的定理是如何归功于自己的(第 77 页)，然而一个值得归功于他的定理却没有归功于他. 我们还是把这一定理以斯台沃特命名，因为这一定理最初出现在他的书中.

实际上,该得到特别注意的是西姆松的权威性的著作《欧几里得的几何原本》(格拉斯哥,1756),该书是一切后续研究欧几里得的《几何原本》,包括现今美国高中几何教程在内的基础,出版了 150 多年.

虽然斯台沃特定理的出现一波三折,但当我们求三角形的任意塞瓦线的长,而不仅仅是常见的角平分线、中线或高的长度时,斯台沃特定理是极其有效的. 在用了一些小写字母表示的图 5.19 中,斯台沃特定理对所有三角形有以下关系:$b^2m+n^2c=a(d^2+mn)$,这里 $AD=d$ 是 $\triangle ABC$ 的任意塞瓦线. 尽管这一式子比起我们前面讲的角平分线公式复杂得多,但还是值得知道的,因为它的应用要广泛得多. 其推导过程见附录.

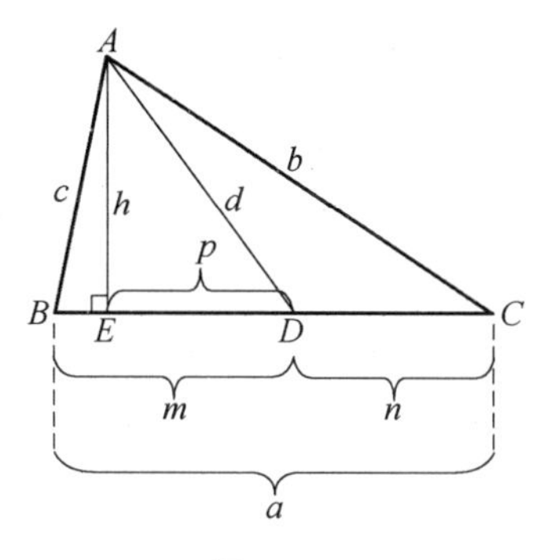

图 5.19

斯台沃特定理可以推出三角形中的许多漂亮的关系. 利用这一定理,我们考虑以下关系:在图 5.20 中,Rt$\triangle ABC$ 顶点 A 到斜边的两个三等分点 D, E 的距离 p,q 的平方和是斜边 a 的平方的$\frac{5}{9}$. 在图 5.20 中就是 $p^2+q^2=\frac{5}{9}a^2$.

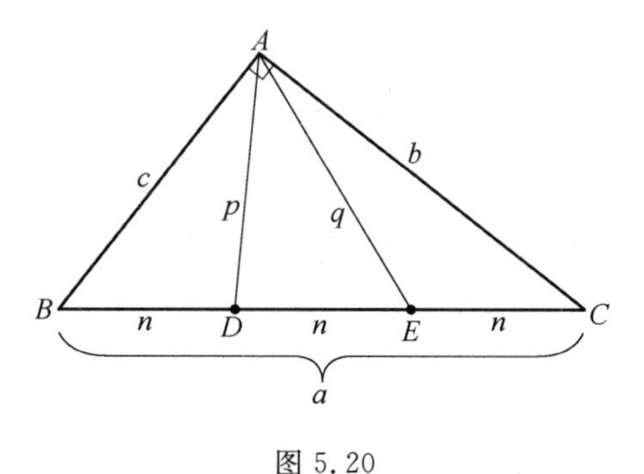

图 5.20

为证明这一关系,我们先对图 5.20 两次使用斯台沃特定理. 第一次,将 p 作为内部线段,得到

$$b^2n+2c^2n=a(p^2+2n^2) \tag{1}$$

这里 $p=AD$ 是 $\triangle ABC$ 的塞瓦线.

然后将 q 作为内部线段,得到

$$2b^2 n + c^2 n = a(q^2 + 2n^2) \tag{2}$$

将(1)(2) 两式相加,得到 $3n(b^2 + c^2) = a(p^2 + q^2 + 4n^2)$.

对 $\triangle ABC$ 应用毕达哥拉斯定理,得到 $b^2 + c^2 = a^2$,然后代入上式,得到 $3na^2 = a(p^2 + q^2 + 4n^2)$.

因为 $3n = a$,所以 $a^2 = p^2 + q^2 + 4n^2$.

但是 $2n = \frac{2}{3}a$,于是 $p^2 + q^2 = a^2 - 4n^2 = a^2 - (2n)^2 = a^2 - \frac{4}{9}a^2 = \frac{5}{9}a^2$.

简单地说,我们得到的结果就是我们要证明的:$p^2 + q^2 = \frac{5}{9}a^2$.

§5 重观三角形的中线

我们知道三角形的三条中线联结三角形的顶点和对边的中点.在前面也证明过三角形的三条中线共点,实际上,这一点就是三角形的重心[3],且位于该点到对边中点的距离的三分之二处.中线的一些不熟知的性质展示了其神秘的宝藏.

三角形的中线涉及在给定的三角形的中线的长的平方之间的一些美妙的关系.为此我们回顾一下斯台沃特定理,并应用于中线为 AM_a 的 $\triangle ABC$(图 5.21).

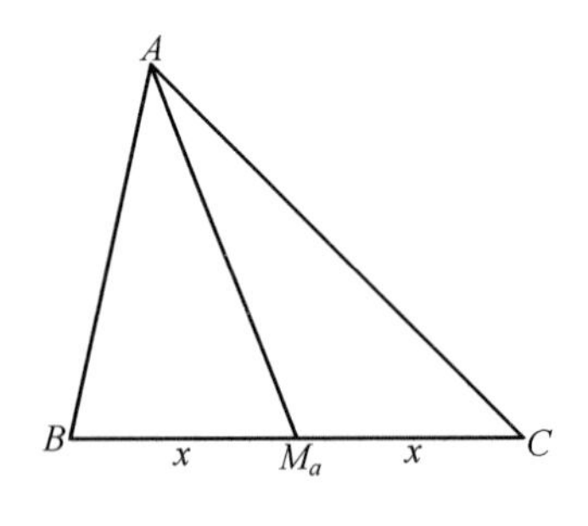

图 5.21

首先,我们将证明三角形的中线的长的平方的两倍等于其两侧的边的长的平方和减去第三边的长的平方的一半.也许这听起来有点复杂,但它帮助我们寻找三角形的中线的平方和的关系.下面我们先用斯台沃特定理,然后进行一些基本的代数化简工作.

对 $\triangle ABC$ 用斯台沃特定理,得到以下式子

$$AC^2 \cdot BM_a + AB^2 \cdot M_aC = (BM_a + M_aC) \cdot (AM_a^2 + BM_a \cdot M_aC)$$

为了化简上述的讨论,我们设 $x = BM_a = M_aC \ (= \frac{a}{2})$,这使我们能化简这一复杂的等式. 于是我们能以更易操作的形式重写上式

$$AC^2 \cdot x + AB^2 \cdot x = (x + x) \cdot (AM_a^2 + x^2)$$

两边除以 x,得

$$AC^2 + AB^2 = 2(AM_a^2 + x^2)$$

$$2AM_a^2 = AC^2 + AB^2 - 2x^2$$

因为 $x = \frac{BC}{2} = \frac{a}{2}$,我们得到所需要的结果

$$2AM_a^2 = AC^2 + AB^2 - \frac{BC^2}{2}$$

或

$$2m_a^2 = b^2 + c^2 - \frac{a^2}{2}$$

类似地,我们有 $2m_b^2 = a^2 + c^2 - \frac{b^2}{2}$ 和 $2m_c^2 = a^2 + b^2 - \frac{c^2}{2}$.

我们发现这一关系好像有点难,然而它能帮助我们证明三角形的中线的一些相当有用且有趣的性质,例如:

三角形的三条中线的长的平方和等于三角形的三边的平方和的四分之三.

将我们新得到的上述关系用于 $\triangle ABC$ 的每一条中线(图 5.22),得到

$$2m_a^2 = b^2 + c^2 - \frac{a^2}{2}$$

$$2m_b^2 = a^2 + c^2 - \frac{b^2}{2}$$

$$2m_c^2 = a^2 + b^2 - \frac{c^2}{2}$$

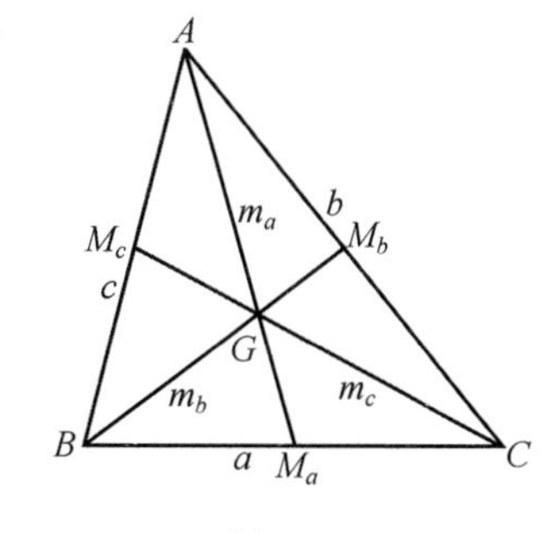

图 5.22

将这三个式子相加,得到

$$2(m_a^2 + m_b^2 + m_c^2) = 2(a^2 + b^2 + c^2) - \frac{1}{2}(a^2 + b^2 + c^2)$$

$$2(m_a^2 + m_b^2 + m_c^2) = \frac{3}{2}(a^2 + b^2 + c^2)$$

$$m_a^2 + m_b^2 + m_c^2 = \frac{3}{4}(a^2 + b^2 + c^2)$$

这就是我们要求的结果.

我们可以直接用这个结果去建立联结重心和顶点的线段的长的平方和与各边的长的平方和之间的关系：

联结重心和顶点的线段的长的平方和等于与各边的长的平方和的三分之一.

由于重心和顶点的线段的长是其所在的中线长的三分之二，所以我们能将这些线段表示为$\frac{2}{3}m_a$，$\frac{2}{3}m_b$，$\frac{2}{3}m_c$. 于是其平方和是

$$(\frac{2}{3}m_a)^2+(\frac{2}{3}m_b)^2+(\frac{2}{3}m_c)^2=\frac{4}{9}(m_a^2+m_b^2+m_c^2)$$

但是，从上面得到的式子，我们有

$$m_a^2+m_b^2+m_c^2=\frac{3}{4}(a^2+b^2+c^2)$$

代入后，得到

$$\frac{4}{9}(m_a^2+m_b^2+m_c^2)=\frac{4}{9}\cdot\frac{3}{4}(a^2+b^2+c^2)=\frac{1}{3}(a^2+b^2+c^2)$$

这就是我们要求的结果.

现在我们把这个结果推进一步以显示三角形内任意一点到三角形的顶点的距离的平方和的情况是如何的. 这里我们有另一些隐藏在三角形内的宝藏.

在图 5.23 中，设点 P 是 $\triangle ABC$ 内的任意一点，G 是重心. 下列等式成立：$AP^2+BP^2+CP^2=AG^2+BG^2+CG^2+3PG^2$. 我们在附录中提供这个奇妙的结果的证明.

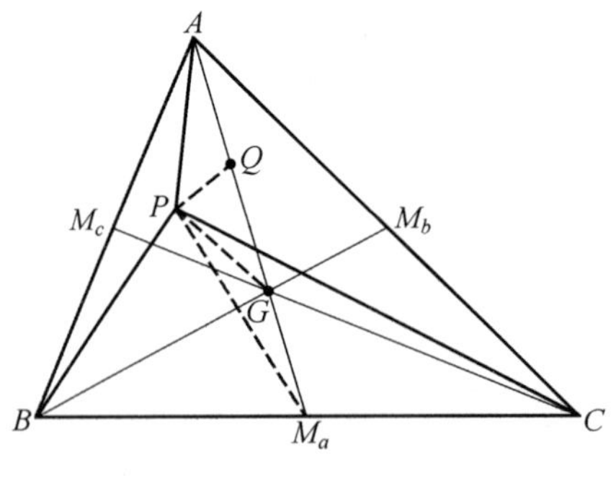

图 5.23

三角形的中线给我们提供了许多有趣的关系，例如在任意三角形中，中线和与其(在三角形内) 相交的中位线互相平分(三角形的中位线是联结三角形的两边的中点的线段).

为了证明这对图 5.24 是正确的，我们需要证明中线 AM_a 和 M_bM_c 互相平分。作中位线 M_bM_c 和 M_aM_b，因为两组对边平行，所以得到平行四边形 $AM_cM_aM_b$。又因为平行四边形的对角线互相平分，所以可以说 AM_a 和 M_bM_c 互相平分。

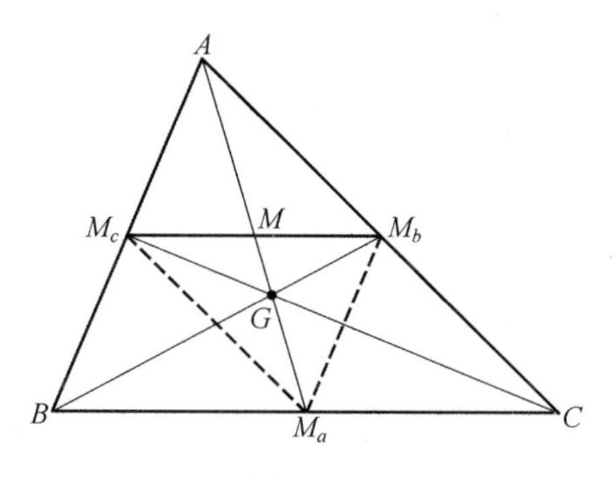

图 5.24

我们以前提到过三角形的重心是三角形的平衡点。也就是说，如果我们取一张三角形硬纸片，把铅笔顶在重心上就能使三角形硬纸片平衡。三角形的重心的这一平衡的特征也可在一个相当不常用的方法中见到。考虑图 5.25 中的 $\triangle ABC$，设 YXZ 是经过重心 G 的任意一条直线，并将 B，C 两点与 A 分置于其两侧。过 $\triangle ABC$ 的每一个顶点向直线 YXZ 作垂线，我们发现 $AX = BY + CZ$。要记住直线 YXZ 是经过三角形的重心的任意一条直线。

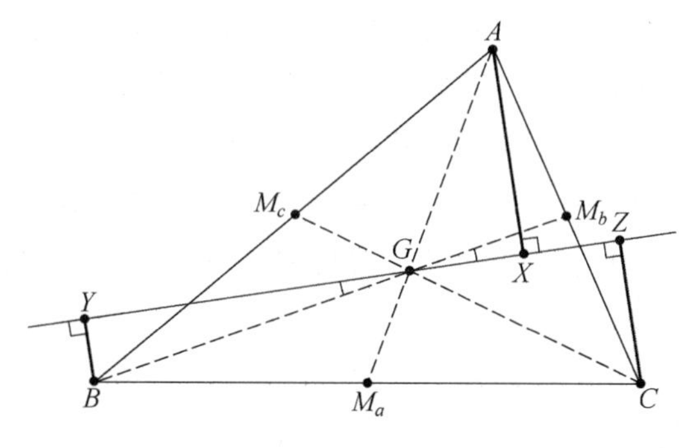

图 5.25

利用如 Geometer's Sketchpad® 或 GeoGebra® 这样动态的几何软件，你可以将直线 YXZ 绕点 G 旋转，当该直线经过重心 G，并将 B，C 两点与 A 置于其两侧时，你会发现关系式 $AX = BY + CZ$ 永远成立。这是重心的性质中十分令人惊讶的一个方面。这一关系的证明可在附录中找到。

我们只是举了许多直线中一个小小的样本，它揭示出与三角形有关的、真正令人感到兴奋的有趣的关系。有更多的关系等待着读者去发现！

有用的三角形定理

第6章

尽管我们在前5章中遇见许多令人惊讶的关系，但是我们发现，还有许多特别值得注意的定理，不仅是因为这些定理使我们在研究三角形的性质时特别有效，而且还揭示出三角形的许多额外的性质. 这些定理中的每一个似乎都提供一个在三角形中十分令人惊讶的关系，并将作为进一步研究三角形的跳板.

§1 梅涅劳斯定理

前面我们遇见过的一个极为重要的关系是由基奥伐尼·塞瓦发现的，这个关系指的是：共点线段（始于三角形的顶点，止于对边的塞瓦线）分三角形的边所得的各间隔线段之积相等. 亚历山大的梅涅劳斯（Menelaus，公元70—140）约于公元100年建立了这样的关系：三角形边上的间隔线段之积相等决定共线的点. 这与塞瓦发现的这一关系类似. 梅涅劳斯定理叙述如下：

如果X,Y,Z三点中有两点在$\triangle ABC$的边上，第三点在该三角形的第三边的延长线上，且$AZ \cdot BX \cdot CY = AY \cdot BZ \cdot CX$，那么$X,Y,Z$三点共线，如图6.1(a)和图6.1(b).

这一定理的证明可以在附录中找到，其逆定理也成立. 也就是说，如果在三角形的边（或延长线）上的三点共线，那么三角形边上的间隔线段之积相等.

我们将把梅涅劳斯定理用来进一步探索三角形的点和直线——特别是当我们在考虑三角形的边上的点共线的时候.

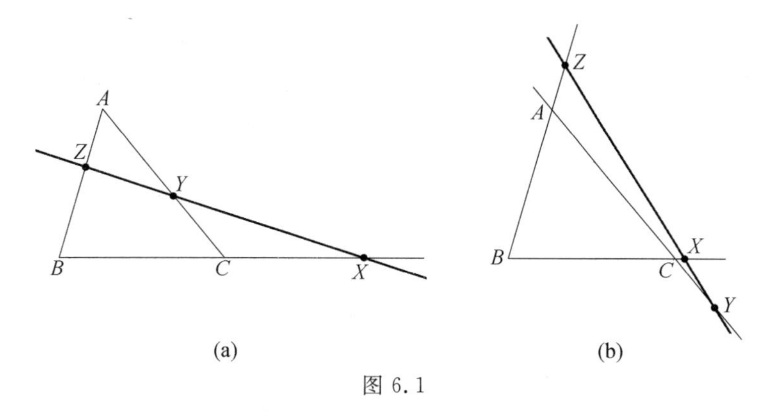

图 6.1

§2　西姆松定理

当我们在考虑三角形中的共点线时，必须知晓西姆松定理. 这一定理是数学史上最大的不公正的案例之一. 这一定理原来是出现在威廉·华莱士(William Wallace，1768—1843)出版的托马斯的《数学仓库》(*Mathematical Repository*)(1799—1800)中，由于漫不经心的误引把这一定理归功于罗伯特·西姆松，后者是著名的欧几里得的《几何原本》(*Elements*)的英文译本的译者——我们以前提起过他，该书是英语世界中研究几何的基础，特别对美国中学几何教材有巨大影响. 按照常规，在本书中我们将参照大家认可的说法，仍称作西姆松定理.

西姆松定理说的是三角形的外接圆上任意一点向三边作垂线，则三个垂足共线. 在图 6.2 中，点 P 是 $\triangle ABC$ 的外接圆上任意一点. 作 $PY \perp AC$ 于 Y，$PZ \perp AB$ 于 Z，$PX \perp BC$ 于 X. 根据西姆松定理，X，Y，Z 共线. 这条直线通常称为点 P 关于的 $\triangle ABC$ 的西姆松线. 要注意的是这一定理的逆定理也成立.

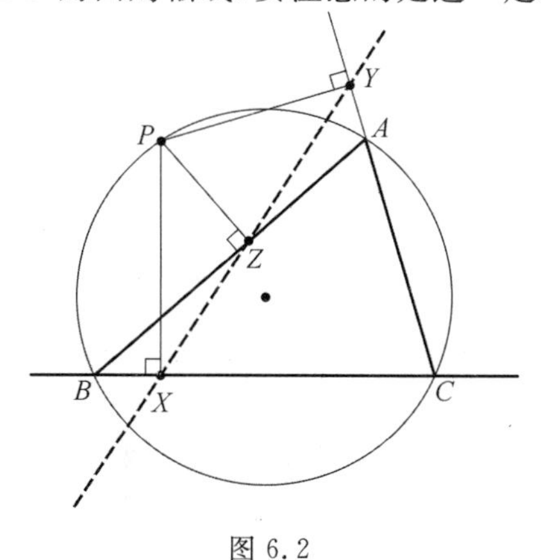

图 6.2

在讨论这一著名直线的各个方面的内容之前，我们将提供该定理的一个证明．虽然梅涅劳斯定理能证明这一定理（见附录），这里我们仍将提供一个更为初等的证明．

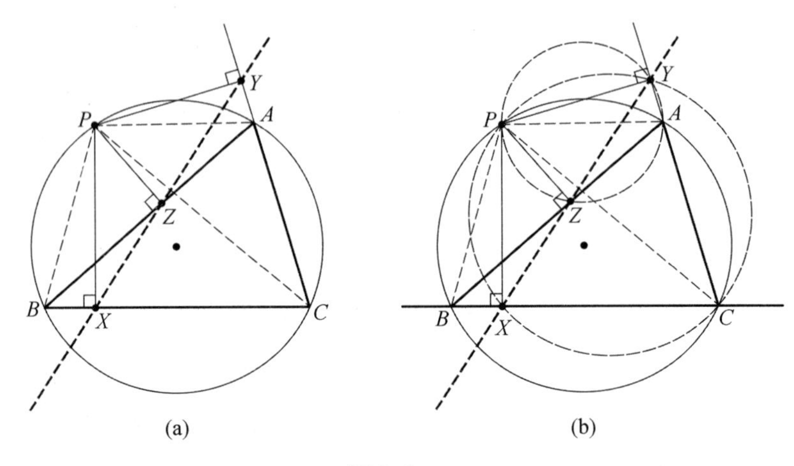

图 6.3

在图 6.3(a) 中，联结 PA，PB，PC．由于 $\angle PYA$ 和 $\angle PZA$ 都是直角，所以这两个角互补，于是四边形 $PZAY$ 是圆内接四边形（图 6.3(b) 显示了共圆的点）．

（回忆一下圆内接四边形是顶点在一个圆上的四边形．）

于是

$$\angle PYZ = \angle PAZ \tag{1}$$

同理，因为 $\angle PYC$ 和 $\angle PXC$ 互补，于是四边形 $PXCY$ 是圆内接四边形

$$\angle PYX = \angle PCB \tag{2}$$

但是，四边形 $PACB$ 也是圆内接四边形，因为它内接于一个给定的外接圆上，所以

$$\angle PAZ = \angle PCB \tag{3}$$

由(1)(2) 和(3)，得 $\angle PYZ = \angle PYX$，于是 X，Y，Z 共线．

当三角形的每一条高的延长线与外接圆的交点所生成的西姆松线时，可以看到这条西姆松线的奇妙之处．这条西姆松线平行于经过引出高的顶点的切线．例如，在图 6.4 中，$\triangle ABC$ 的高 $BD = h_b$ 交外接圆于 P 和 B，于是 $\triangle ABC$ 的关于点 P 的西姆松线平行于圆在 B 处的切线．

这是相当容易证明的．我们知道图 6.4 中的点 D 是西姆松线上的一点．我们还有 PX，PZ 分别垂直于 $\triangle ABC$ 的边 BC 和 AB．于是 X，D，Z 三点决定了点 P 关于 $\triangle ABC$ 的西姆松线．

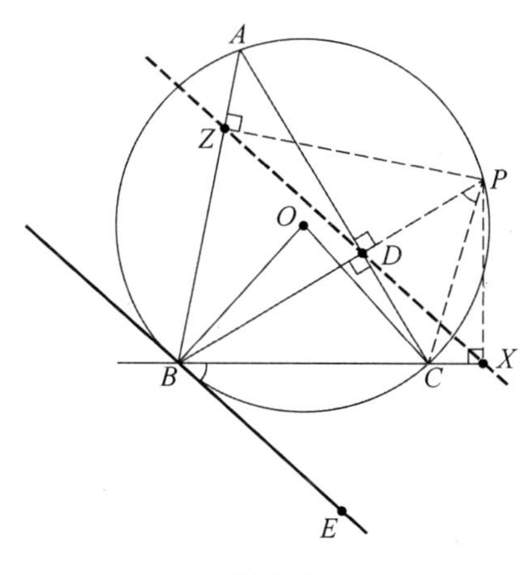

图 6.4

接着，我们联结 PC. 在四边形 $PDCX$ 中，$\angle PDC = \angle PXC = 90°$，这使四边形 $PDCX$ 是圆内接四边形. 圆内接四边形 $PDCX$ 的外接圆的同一条弧$\overset{\frown}{DC}$ 所对的两个圆周角相等.

于是

$$\angle DXC = \angle DPC \tag{1}$$

但是在 $\triangle ABC$ 的外接圆(圆心是 O) 中

$$\angle EBC = \frac{1}{2}\overset{\frown}{BC}, \angle DPC\ (= \angle BPC) = \frac{1}{2}\overset{\frown}{BC}$$

于是

$$\angle EBC = \angle DPC \tag{2}$$

由(1) 和(2) 可得 $\angle DXC = \angle EBC$，这两个角是内错角，所以直线 XDZ 平行于 EB.

西姆松线的另一个奇妙之处是：如果由外接圆上两个不同的点对同一个三角形生成的两条西姆松线，那么这两条西姆松线的夹角等于它们在圆上截得的(大) 弧的一半.

在图 6.5 中，P，Q 截得的圆弧是$\overset{\frown}{PQ}$，P，Q 分别生成的西姆松线是 YZX 和 UVW. 这两条西姆松线形成的 $\angle MTN$ 等于截得的弧$\overset{\frown}{PQ}$ 的一半.

西姆松线还有一个有趣的性质. 可以证明一条西姆松线平分联结垂心和生成该西姆松线的点的线段. 我们在图 6.6 中可以看到图中点 P 用来生成 $\triangle ABC$ 的西姆松线 XZY. 联结三角形的垂心 H 和点 P 的线段被这条西姆松线平分于点 M，或 $PM = HM$.

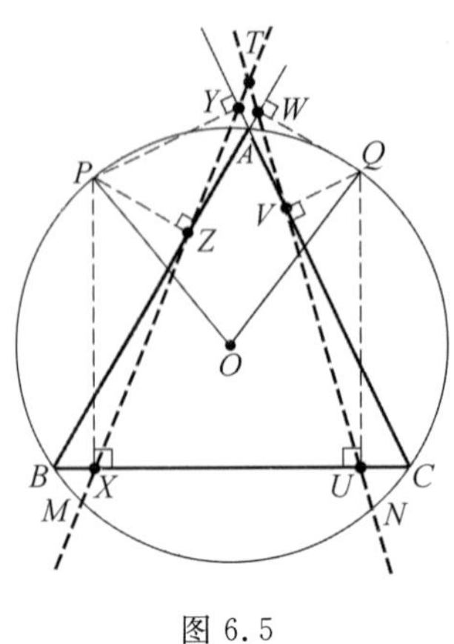

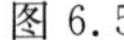

图 6.5

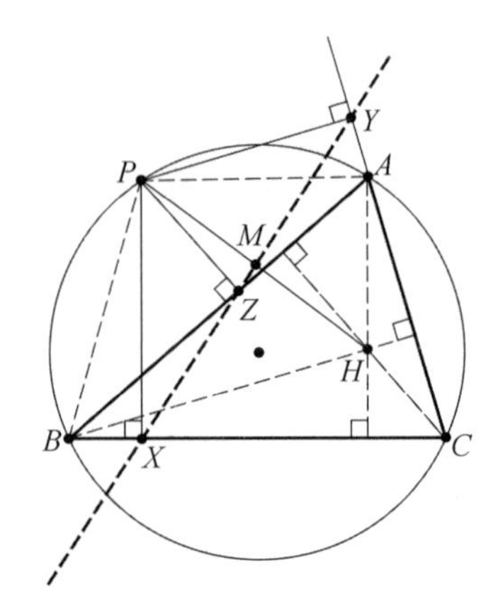

图 6.6

利用如 Geometer's® Sketchpad® 或 GeoGebra® 这样动态的几何软件，可以显示出西姆松线生成的一个著名的几何图形，这个几何图形称为斯坦纳三尖点内摆线(Steiner deltoid or Steiner's hypercycloid)，由雅格布·斯坦纳于1856年呈现的[1]，并以他的名字命名. 当点 P 在 $\triangle ABC$ 的外接圆上移动时，西姆松线就生成斯坦纳三尖点内摆线(图 6.7). 西姆松线是新形成的三尖点内摆线的切线.

斯坦纳三尖点内摆线与三角形的九点圆相切于三点. 这一点我们将在本章稍后谈到. 它的外接圆是斯坦纳圆，它的内切圆是九点圆. 图 6.7 显示了斯坦纳圆. 斯坦纳圆的圆心 N 也是九点圆的圆心，它的半径是 $\frac{3}{2}R$.

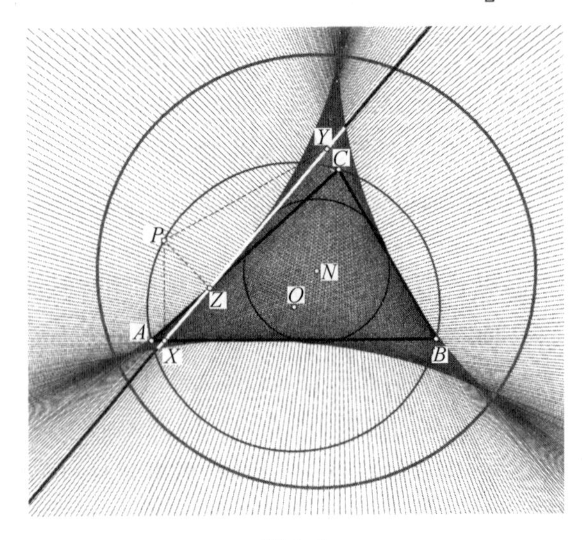

图 6.7

西姆松线还有诸多瑰宝,留给读者去发现[2].

§3 欧拉线

我们已经见过三角形的许多重要的点,如垂心、重心、外心、杰贡纳点、纳盖尔点、中点、费马点、布罗卡特点、密克尔点、对称中心点.但是,我们在中学已经遇到过的点,如垂心 H、重心 G 和外心 O 却给我们一个惊奇的结果:它们共线!1763 年著名的瑞士数学家列奥纳德·欧拉(Leonard Euler,1707 — 1783)发现这三个点确实共线[3],只要这个三角形不是等边三角形,此时这三点重合.(见图 6.8.)因此这条直线称为欧拉线 e.

动态的几何软件给我们迅速显示这三个点共线.但是这只不过是一个显示.要证明这一事实,我们必须证明它们共线.于是这一任务与欧拉的任务一样,因为他利用相当原始的工具发现这三点共线,然后必须进行证明.当我们研究证明方法时,意识到不能用梅涅劳斯定理,这是因为问题中的三个点都不在三角形的边上.

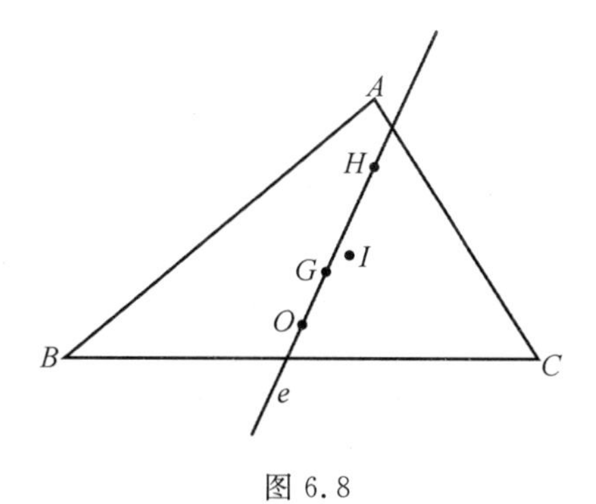

图 6.8

此外,我们可以证明三角形的重心 G,三等分联结三角形的垂心和外心 O 的线段 HO.(见图 6.9).

为证明共线,考虑在 $\triangle ABC$ 中,由重心 G 和外接圆的圆心 O 形成的线段 GO(图 6.10),我们在直线 GO 上取一点 P,使$\frac{OG}{GP}=\frac{1}{2}$.然后着手证明点 P 确实是垂心 H.

回忆一下,在 $\triangle ABC$ 中,线段 AM_a 是中线,被重心 G 分成$\frac{M_aG}{GA}=\frac{1}{2}$.因为 $\triangle OGM_a \backsim \triangle PGA$(两组对应边成比例,夹角相等),所以 $OM_a \parallel AP$.因为圆心到弦的中点的线段垂直于弦,即 $OM_a \perp BC$.因为 $AP \perp BC$,于是 APD 是三

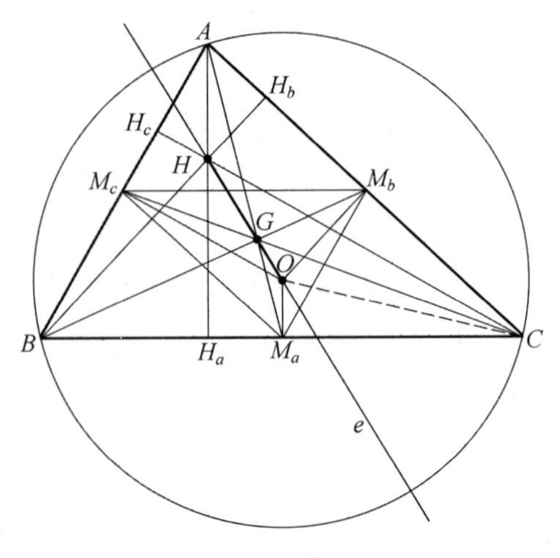

图 6.9

角形的高.这意味着点 P 在高 AH_a（$D=H_a$）上.对另外两条高重复这一过程，可得点 P 与垂心 H 重合[4].

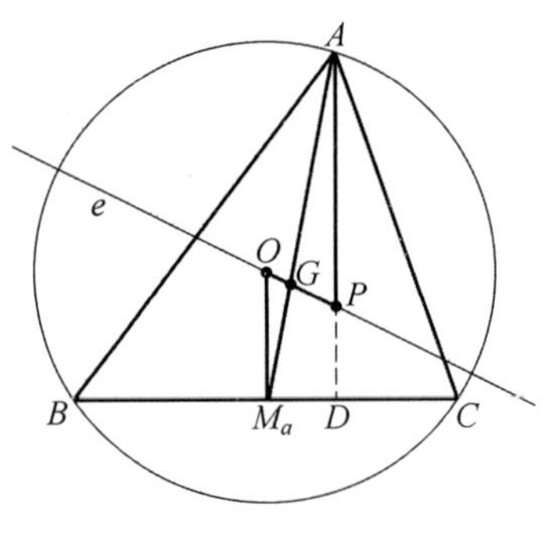

图 6.10

§4　九点圆

我们知道任意不共线的三点在唯一的圆上.有些四边形的所有四个顶点也都位于唯一的圆上.这样的四边形称为圆内接四边形.一般的平行四边形——除了正方形或矩形——它的所有顶点不在同一个圆上.对于一个四边形的所有顶点都在一个圆上,它的对角一定互补.例如,等腰梯形就是这种情况.但是为寻找更多的点在同一个圆上,数学家经受了长期的挑战.1765 年,列奥纳德·欧拉才证明了三角形内有六个点在同一个圆上,这六个点是三边的中点,高的垂足.然而,直到 1820 年法国数学家查尔斯·儒列安·布里昂雄(Charles-Julien

Brianchon,1783—1864）和简·维克多·彭色列（Jean-Victor Poncelet,1788—1867）发表的一篇论文[5]出现时，才对欧拉的六点圆加了三个点.这新的三点是垂心到顶点的线段的中点.事实上，该论文首次包含了这九个点在同一个圆上的一个完整的证明，所以给了这个圆一个名称：九点圆.

德国数学家卡尔·威廉姆·费尔巴赫在1822年发表了一篇论文《三角形的一些重要的点的性质》(*Eigenschaften einiger merkwürdigen Punkte des Gerad-linigen Dreiecks*)，这篇论文使他名声大振，他在论文中说经过三角形的三条高的垂足的圆与三角形的三边都相切的四个圆（一个内切圆和三个旁切圆）都相切.这里他谈及了三角形的内切圆和三个旁切圆——都与三角形的三边相切，但在三角形的外面（图6.11和图6.12）.结果这个定理称为费尔巴赫定理，九点圆有时也称费尔巴赫圆.

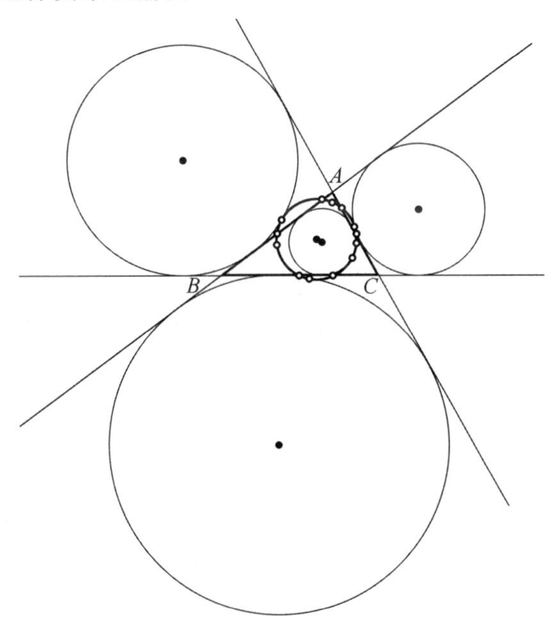

图 6.11

圆心为 N 的九点圆 C_N 上的十三个点如下：

九点圆 C_N（欧拉；布列安甸；彭色列）：

M_a, M_b, M_c——$\triangle ABC$ 的三边的中点；

H_a, H_b, H_c——$\triangle ABC$ 的三条高的垂足；

E_a, E_b, E_c——所谓 $\triangle ABC$ 的欧拉点（$\triangle ABC$ 的垂心和顶点之间的线段的中点）.

费尔巴赫点：

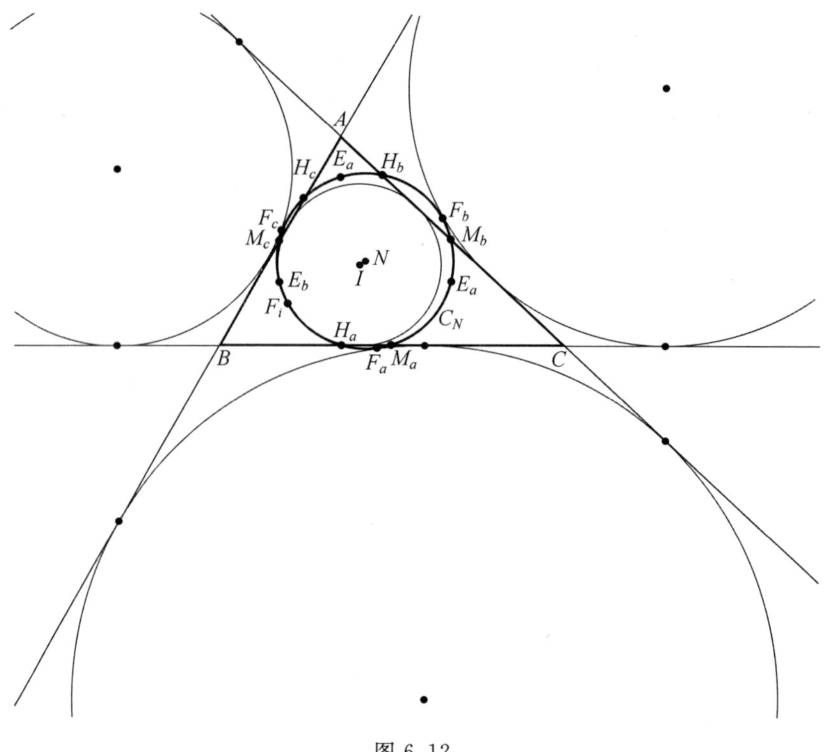

图 6.12

F_i—— 与内切圆的切点(圆心为 I);

F_a—— 与旁切圆的切点(与 a 边相切);

F_b—— 与旁切圆的切点(与 b 边相切);

F_c—— 与旁切圆的切点(与 c 边相切).

罗杰尔·A.约翰森在其里程碑的著作中写道:著名的费尔巴赫定理"除了古代人们就已熟知的定理以外,也许是三角形中最著名的定理[6]".美国数学家豪沃特·伊夫斯(Howard Eves,1911—2004)也有类似的感想[7].

现在我们来确定一个圆上的九点的分布情况.从前九个点开始,记住三个一组的点中的每一个都自然在一个圆上(因为这三个点不共线).首先证明三边的中点和三条高的垂足在同一个圆上.

我们先试着证明四点共圆.在图 6.13 中,点 M_a,M_b,M_c 分别是 $\triangle ABC$ 的边 BC,AC,AB 的中点.CH_c 是 $\triangle ABC$ 的高.因为 M_aM_b 是 $\triangle ABC$ 的中位线,所以 $M_aM_b \parallel AB$.于是四边形 $M_aM_bM_cH_c$ 是梯形.因为 M_bM_c 也是 $\triangle ABC$ 的中位线,所以 $M_bM_c=\frac{1}{2}BC$.因为 M_aH_c 是 $\mathrm{Rt}\triangle BCH_c$ 的斜边上的中线,所以

$M_aH_c=\frac{1}{2}BC$. 于是 $M_bM_c=M_aH_c$，梯形 $M_aM_bM_cH_c$ 是等腰梯形. 你可以回忆一下当四边形的对角互补时，该四边形是圆内接四边形，等腰梯形就是这种情况. 于是四边形 $M_aM_bM_cH_c$ 是圆内接四边形，即我们证明了这四点共圆.

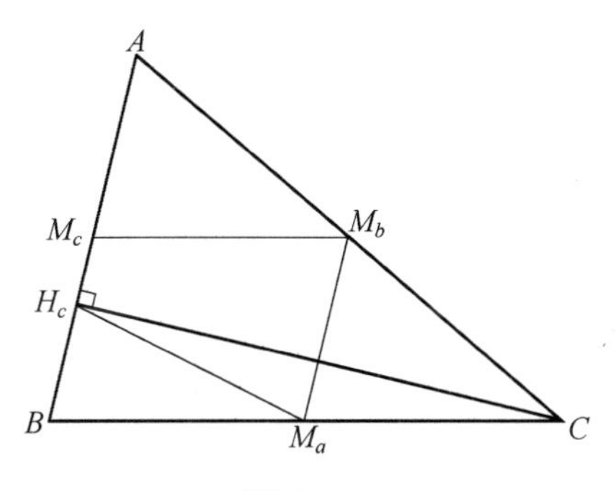

图 6.13

为了使问题简化，我们重新画 $\triangle ABC$（图 6.14），这一次 AH_a 是高. 用刚才的方法，我们看到四边形 $M_aM_bM_cH_a$ 是等腰梯形，因而是圆内接四边形. 所以现在有五点（即 M_a，M_b，M_c，H_c 和 H_a）共圆了. 对高 BH_b 重复同样的论述，就能说 H_a，H_b，H_c 和 M_a，M_b，M_c 一样，在同一个圆上.

在图 6.15 中，我们看到欧拉所证明的六点（M_a，M_b，M_c，H_a，H_b 和 H_c）共圆.

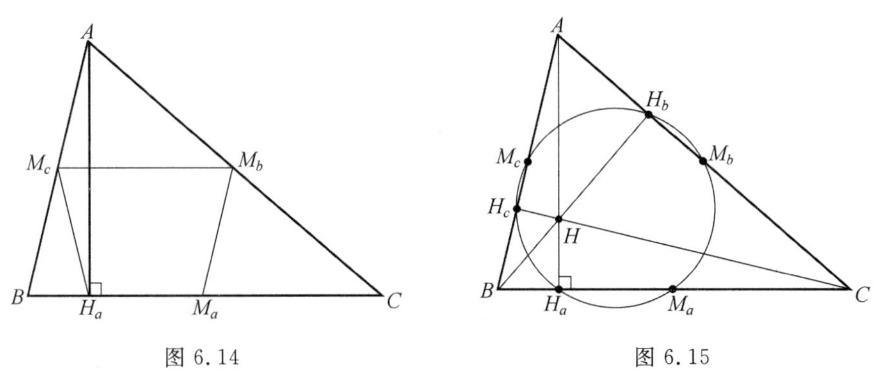

图 6.14　　图 6.15

现在我们准备证明另外三点也在这六点所在的圆上. 在图 6.16(a) 和 6.16(b) 中，H 是 $\triangle ABC$ 的垂心（高的交点），E_c 是 CH 的中点（E_a，E_b，E_c 分别是 AH，BH，CH 的中点，即所谓 $\triangle ABC$ 的欧拉点）.

我们要证明的是：E_c 是六点圆上的点. $\triangle ACH$ 的中位线 M_bE_c 平行于 AH，实质上是平行于 AH_a. 因为 M_bM_c 是 $\triangle ABC$ 的中位线，所以 M_bM_c 平行于 BC. 因为 $\triangle AH_aC$ 是直角三角形，所以 $\angle E_cM_bM_c$ 也是直角. 于是四边形 $E_cM_bM_cH_c$

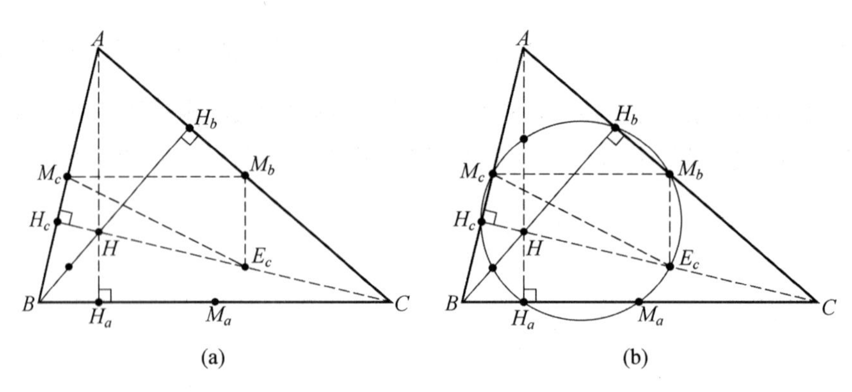

图 6.16

是圆内接四边形(对角互补). 这就把点 E_c 放在由点 M_b, M_c, H_c 确定的圆上. 现在我们有七点共圆了.

对 BH 的中点 E_b 重复这一过程（见图 6.17(a) 和 6.17(b)）. 跟刚才一样，$\angle M_bM_aE_b$ 是直角，这是因为 $\angle M_bH_bE_b$ 是直角. 于是 M_b, H_b, E_b 和 M_a 四点共圆(对角互补). 现在我们加了 E_b 在圆上，成了八点共圆.

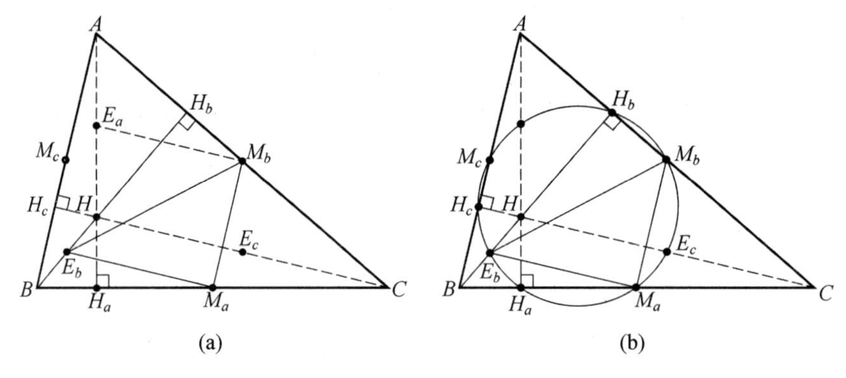

图 6.17

为了确定最后一点在圆上，考虑 AH 的中点 E_a. 跟刚才一样，我们发现 $\angle M_aM_bE_a$ 是直角，这是因为 $\angle M_aH_aE_a$ 是直角. 于是四边形 $M_aH_aE_aM_b$ 是圆内接四边形，点 E_a 位于由点 M_b, M_a, H_a 确定的圆上. 我们证明了九个特殊点在这个圆上，见图 6.18.

我们已经证明了有九个点在同一个圆上，即九点圆，这九个点是三边的中点，高的垂足，垂心到顶点的线段的中点. 稍作进一步探索，我们会发现这个圆的一些相当新奇的性质.

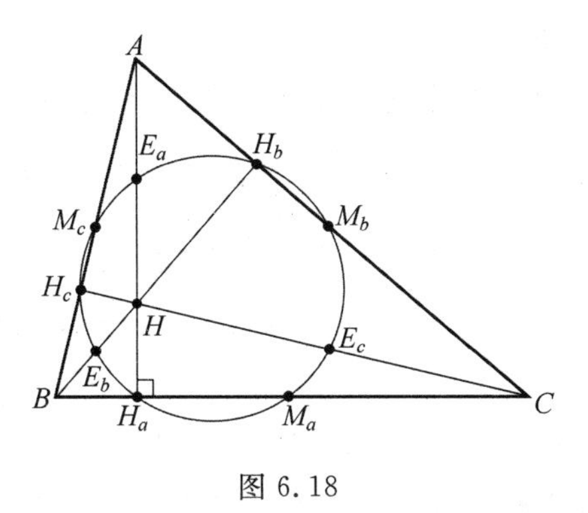

图 6.18

§5　与九点圆有关的一些性质

我们关注的图 6.19 将显示出九点圆提供的一些相当难以预料的性质：

① 三角形的九点圆的圆心 N 是垂心到外心的线段 HO 的中点. 也就是说，九点圆的圆心 N 在欧拉线上.（证明见附录.）

② 三角形的重心 G 三等分欧拉线上的垂心到外心的线段 HO：即 $HG=2GO$，或$\frac{HN}{NG}=\frac{HO}{GO}=\frac{3}{1}$（图 6.9）.

③$\triangle ABC$ 的九点圆也是以下每一个三角形的外接圆：

—— 由原三角形的边中点组成的 $\triangle M_aM_bM_c$；

—— 由三条高的垂足组成的 $\triangle H_aH_bH_c$；

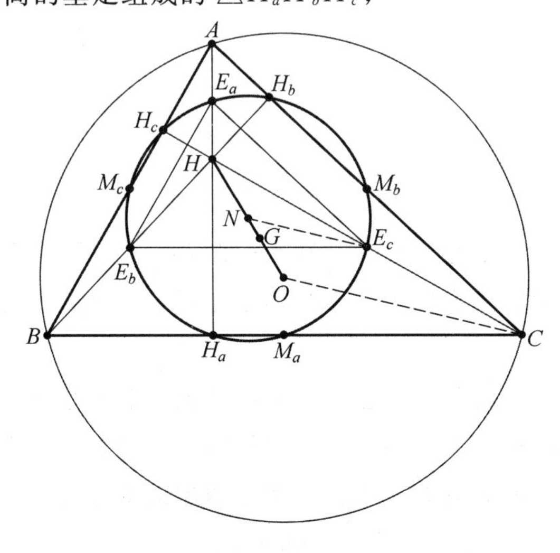

图 6.19

——欧拉 $\triangle E_aE_bE_c$.

④ 三角形的九点圆的半径的长是外接圆的半径的长的一半. 这可以从图 6.19 中看到,图中 $NE_c=\frac{1}{2}OC$,在这种情况下,NE_c 也平行于 OC,这有助于证明这一结论. 九点圆上的六点是该圆的直径的端点:

$M_aE_a=M_bE_b=M_cE_c(=OC)$. (为证明这一点,注意到 $\angle M_aM_bE_a$ 和 $\angle M_aH_aE_a$ 都是直角.)

⑤ 内接于已知圆,且有公共垂心的所有三角形也具有同一个九点圆.

⑥ 与三角形的九点圆切于三角形的边的中点的直线平行于垂足三角形的边(当我们联结高的垂足时,得到一个特殊的垂足三角形,即垂足三角形).

图 6.20 显示了一条这样的切线(切于 M_c 点),它平行于垂足三角形 $H_aH_bH_c$ 的边 H_aH_b.

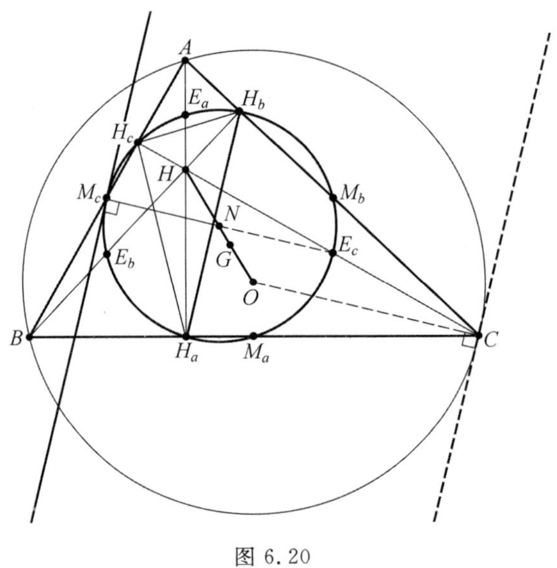

图 6.20

⑦ 九点圆在给定三角形的边的中点处的切线平行于给定三角形的相对的顶点处的外接圆的切线. 在图 6.20 中,切于点 C 的切线平行于切于点 M_c 的切线.

⑧ 三角形的三个顶点和垂心这四个点组成一个垂心组,形成四个三角形,其中每一个三角形都有同一个垂足三角形和同一个九点圆(垂心组是一组共面的四点,其中每一点都是其余三点组成的三角形的垂心).

⑨ 在图 6.21 中垂心组形成的三角形是:

——$\triangle ABC$,垂心为 H;

——$\triangle AHC$，垂心为 B；

——$\triangle BHC$，垂心为 A；

——$\triangle AHB$，垂心为 C.

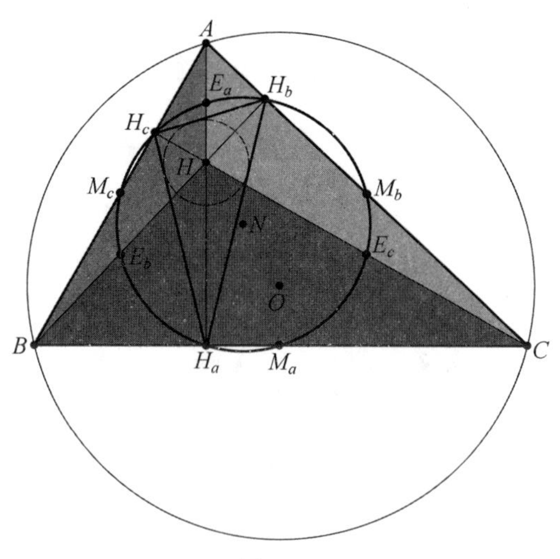

图 6.21

更有趣的是这四个三角形的圆的外接圆的半径相等（$OA = PB = QC = RA$）. 此外，如果取这四个外接圆的圆心，我们将会发现它们有同一个九点圆，就像原垂心组一样. 图 6.22 显示了这四个圆.

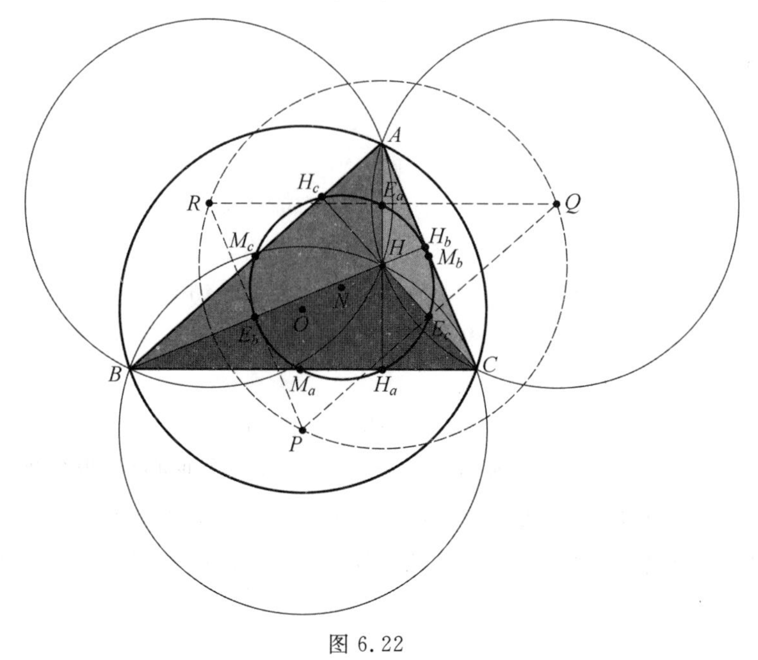

图 6.22

我们可以作一个有趣的推广：垂心组中的四个三角形的重心也形成一个垂心组，其九点圆与原垂心组的九点圆是同心圆. 我们把这里发现的关系留给读者去探索.

⑩$\triangle ABC$ 的九点圆C_N 与三角形的内切圆和旁切圆相切. 图 6.23 显示了这一情况(在图 6.11 和图 6.12 中可见到这十三个点的名称).

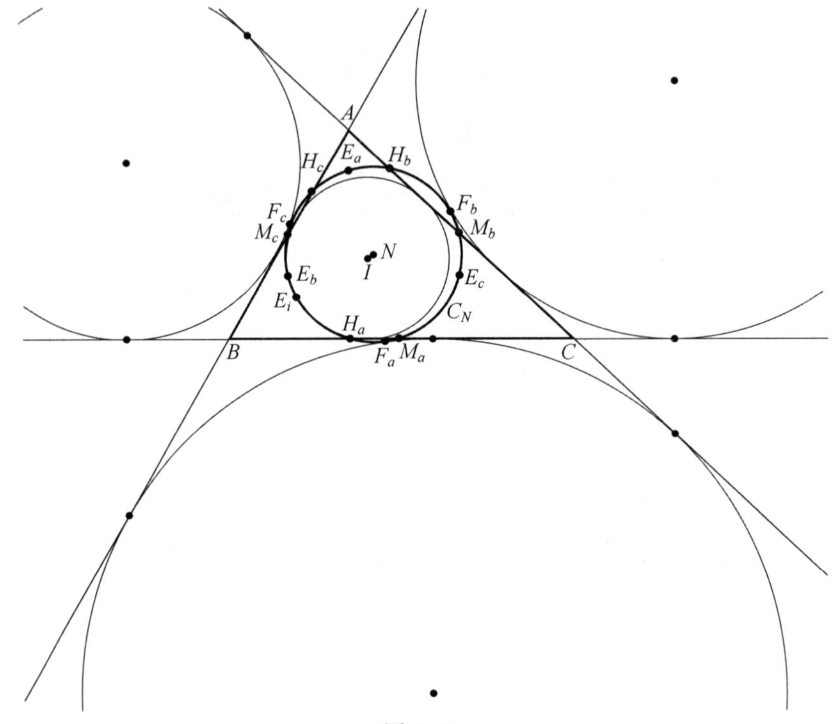

图 6.23

这些性质中的最后一个是——我们以前描述过的——九点圆的最著名的性质之一. 最早是德国数学家卡尔 · 威廉姆 · 费尔巴赫在 1822 年发现的，因此以他的名字命名. 这一性质建立了三角形的九点圆与内切圆和旁切圆之间的关系.

九点圆和内切圆 C_N 与内切圆的切点 F_i 是所谓的费尔巴赫点. 而且 $\triangle F_aF_bF_c$ 以费尔巴赫命名.

九点圆的有些性质的证明在附录中可以找到.

在这一章里，我们主要涉及了各种直线、点和圆，我们准备以这个包罗万象的圆来结束本章. 我们的意图是提供一个观点，观察对平面几何的基本内容这一最引人注目的，但常被忽视的关系. 不必说，还有许多性质有待发现，这是我们留给读者的愉悦. 还有一个关系值得提及，同时也是给读者一个惊喜的最好的机会.

§6 莫莱定理

我们将以三角形部分中最著名的定理来结束本章,这一定理是弗兰克·莫莱(Frank Morley,1860—1937)于1900年首先发现的,也是几何中最难证明的定理之一(附录中提供了一个证明).定理之美在于叙述之简洁:任意三角形的两条相邻的三等分角线相交的三个交点永远构成一个等边三角形.图6.24显示了不同形状的三角形,在每一种情况下,三等分角线的交点都确定一个等边三角形.我们请读者尝试一下画各种不同形状的三角形,看一下这一定理对所有三角形都成立.利用动态的几何软件将提供一个机会去戏剧性地欣赏这个令人惊讶的关系.

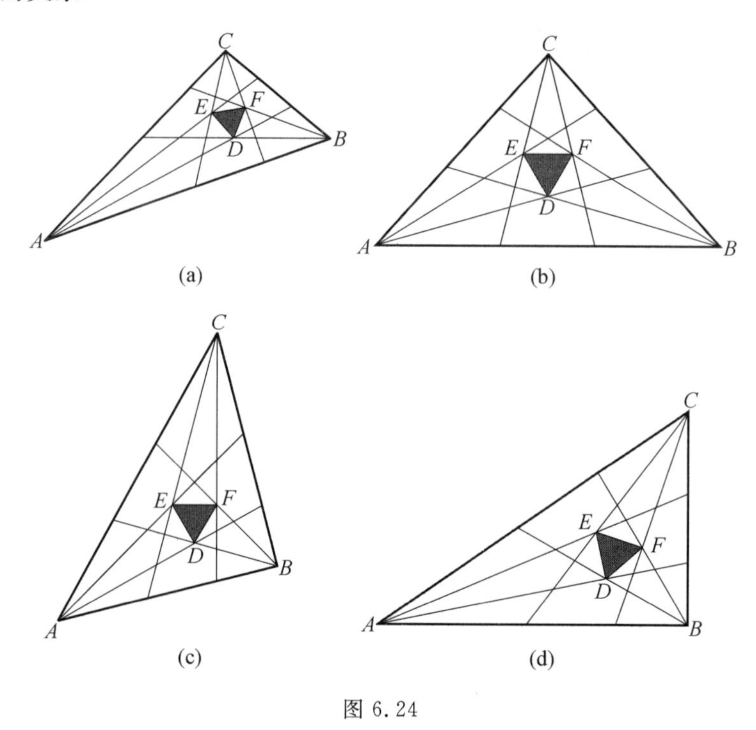

图 6.24

除了莫莱的神奇发现以外,你可以在"莫莱的三等分定理"的条款下进入Wikipedia网站(http://en.wikipedia.org/wiki/Morley%27s_trisector_theorem)发现十八个等边三角形.

不必对可能对共点线的忽略感到失望,然而在这个图形中,我们还有一个共线点.注意在图6.25中CD,AF,BE共点.

共点线、共线点、切线、平行、垂直以及与三角形的各个部分的许多关系—

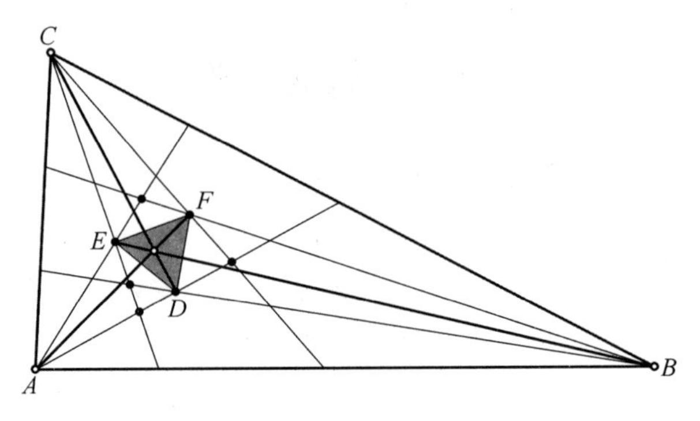

图 6.25

起提供了似乎无穷无尽的性质,这些性质都神秘地隐藏在三角形内.人们可以无穷无尽地探求三角形的另一些关系;但是我们感到在本章中我们已经获得这些乐趣的精髓.毕竟我们必须留一些几何瑰宝让读者去发现.

第7章 三角形及其一部分的面积

在前几章中，我们欣赏了许多迷人的关系，这些关系是基于对有关的三角形、点、直线和圆的审视与考察后建立的. 本章中我们将集中在常见的，意料之外的面积上，这些面积由三角形、直线以及与三角形有关的直线、点和圆构成. 三角形及其一部分的面积拥有许多迷人的，令人惊讶的性质. 在本章的旅途中，我们将发现这些性质.

首先，我们以这样一种方法开始求三角形的面积是恰当的. 从最基础的内容出发，先考虑正方形的面积，然后是矩形的面积. 也就是说，若有可能，只计算正方形和矩形所含的单位正方形的个数，或者就是长乘以宽. 然后过渡到直角三角形，其面积是矩形面积的一半. 在图 7.1 中，我们注意到 Rt$\triangle ABC$ 的面积是矩形 $ABCD$ 的面积的一半. 这就告诉我们说，直角三角形的面积是两条直角边之积的一半. 在图 7.1 中，$S_{\triangle ABC}=\frac{1}{2}ab$.

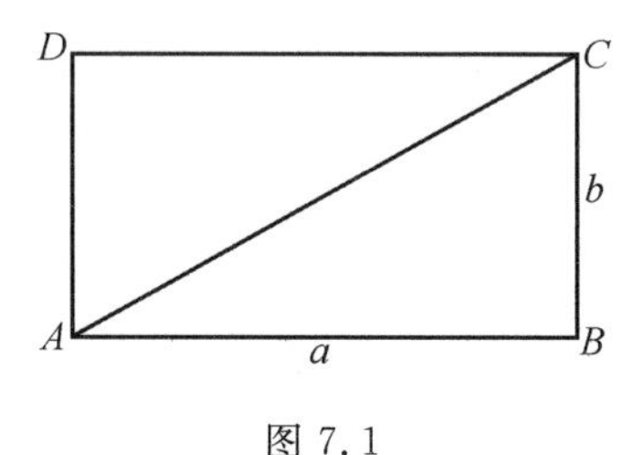

图 7.1

当我们考虑一般三角形的面积时，我们可以将三角形分割成两个直角三角形，如图 7.2 所示.（这里的“一般三角形”指的是除了三角形以外没有特殊的形状或特性的任意画的三角形）. 这里我们可以求出组成给定三角形的两个直角三角形中的每一个的面积，然后将这两个面积相加，得到整个一般三角形的面积,这就导致了一个熟知的三角形的面积公式:底和该底上的高的积的一半.

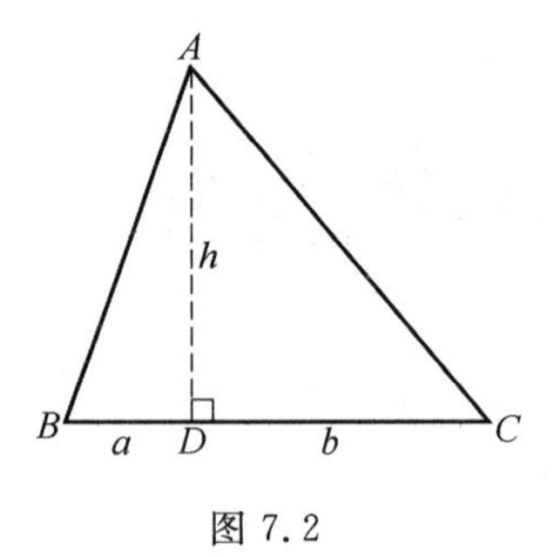

图 7.2

在图 7.2 中,两个直角三角形的面积的和$(S_{\triangle ADB}+S_{\triangle ADC})=\frac{1}{2}ah+\frac{1}{2}bh=\frac{1}{2}h(a+b)$. 其中 $a+b$ 是一般三角形的底,于是 $\triangle ABC$ 的面积是$\frac{1}{2}$(高·底). 钝角三角形的公式可进行类似的推导,如图 7.3.

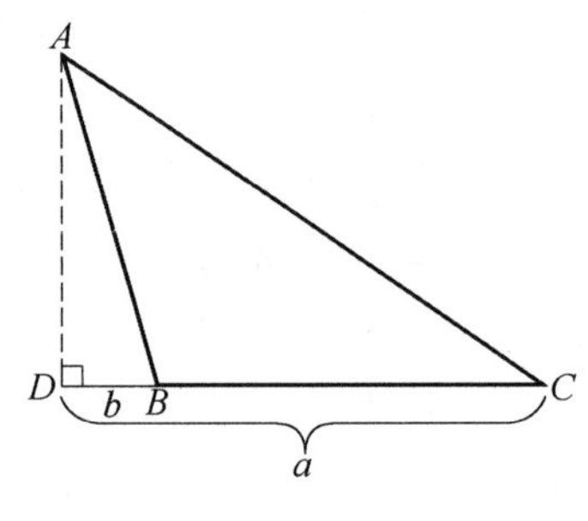

图 7.3

这里我们考虑两个重叠的三角形:$\triangle ADC$ 和 $\triangle ADB$. $\triangle ABC$ 的面积等于 $\triangle ADC$ 的面积减去 $\triangle ADB$ 的面积. 于是

$$S_{\triangle ABC}=\frac{1}{2}ah-\frac{1}{2}bh=\frac{1}{2}h\ (a-b)=\frac{1}{2}(\text{高}\cdot\text{底})$$

我们并不是永远给出这样方便的条件求三角形的面积的. 在许多情况下,只给出三角形两边和夹角,如图 7.4. 在这种情况时,用三角的方法将帮助我们探求三角形的面积公式. 我们刚证明了 $S_{\triangle ABC}=\frac{1}{2}bh$. 在 Rt$\triangle BCD$ 中,我们有 $\sin\gamma=\frac{h}{a}$,或 $h=a\sin\gamma$. 把 h 的这个值代入上面的公式中,得

$$S_{\triangle ABC}=\frac{1}{2}(a\sin\gamma)b=\frac{1}{2}ab\sin\gamma$$

这是三角形的面积的另一个公式.

如果给我们的条件是三角形的两边的长和一个角的大小,但这个角不是这

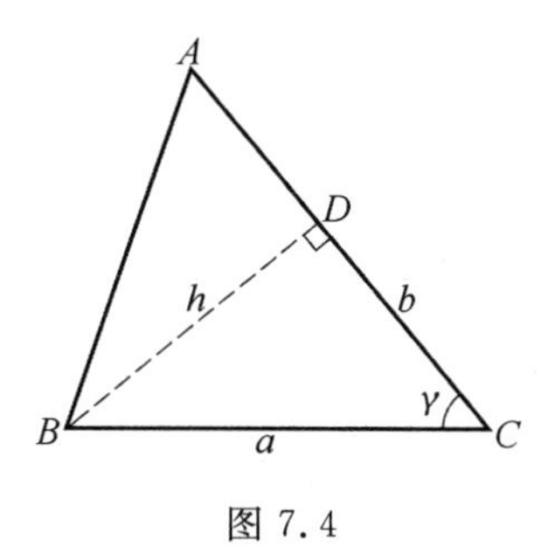

图 7.4

两边的夹角.对于这种情况,我们不能唯一确定三角形,这个三角形可能是钝角三角形,也可能是锐角三角形,因此我们不能确定三角形的面积——它可能是两种情况的任意一种——面积不相同.图 7.5 就是这种情况,图中的$\triangle ABC$和$\triangle ABC'$有两边对应相等,对应角($\angle A$)也相等,但不是这两个三角形中的这两边的夹角.显然它们的面积不相等,因为其中一个是锐角三角形,另一个是钝角三角形.

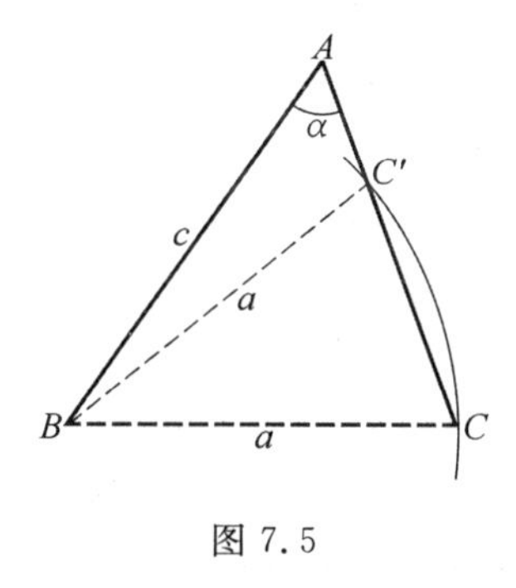

图 7.5

§1　三角形的面积的比较

当两个三角形的一对对应角相等时,公式 $S_{\triangle ABC}=\frac{1}{2}ab\sin\gamma$ 给了我们比较有一对对应角相等两个三角形的面积的一个不常用的方法.也就是说,当两个三角形的一对对应角相等时,两个三角形的面积的比等于夹这个角的两边的乘积的比.在图 7.6 中,$\angle B=\angle E=\beta$,我们有

$$\frac{S_{\triangle ABC}}{S_{\triangle DEF}}=\frac{\frac{1}{2}ac\sin\beta}{\frac{1}{2}df\sin\beta}=\frac{ac}{df}$$

两个三角形的对应的底和高的长都相等,这两个三角形的面积显然相等.

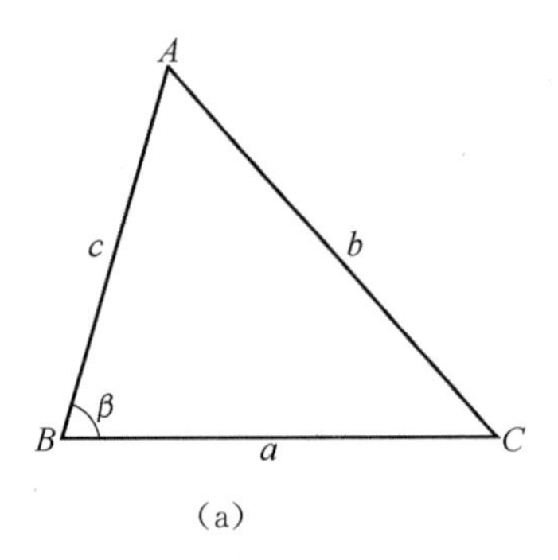

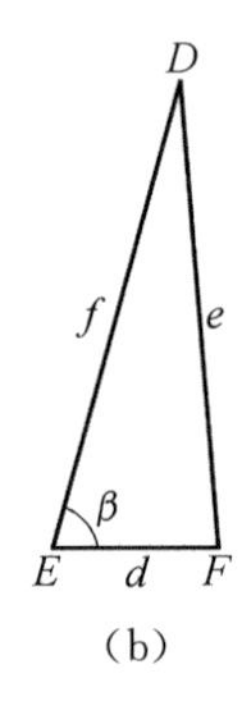

图 7.6

如果两个三角形的底和高的积相等,那么这两个三角形的面积也相等.进一步说,如果两个三角形的两边的积相等,这两边的夹角也相等,那么这两个三角形的面积相等.

这里有一个很好的,但是很少有人知道的关系:在等圆中两个内接三角形的面积的比等于三边之积的比.为证明这一大胆的断言,我们先考虑三角形的另一个关系,在图 7.7 中,$\triangle ABC$ 内接于直径为 AD 的圆,AE 是 BC 边上的高.于是我们断言 $AB \cdot AC = AD \cdot AE$.

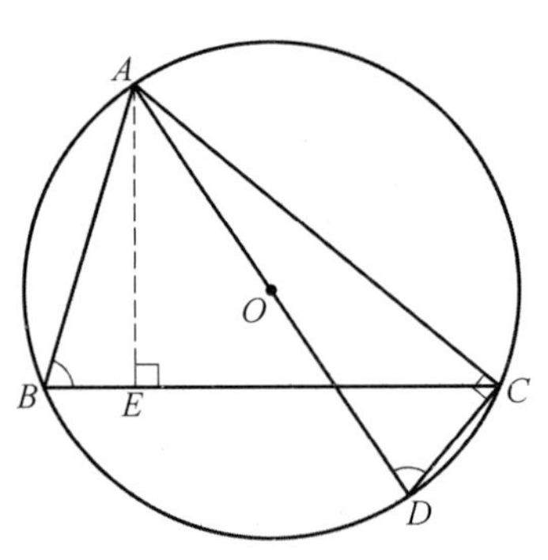

图 7.7

注意到因为 $\angle B$ 和 $\angle D$ 是同一条弧上的圆周角,可以看出它们相等.因为 $\triangle ACD$ 内接于一个半圆,所以它是直角三角形. 于是 Rt$\triangle AEB$ 和 Rt$\triangle ACD$ 相似,于是$\frac{AB}{AD} = \frac{AE}{AC}$,或 $AB \cdot AC = AD \cdot AE$.

现在我们准备证明上面提到的三角形的面积的比,即内接于等圆的两个三角形的面积的比等于三边之积的比.在图 7.8 中,两个外接圆相等(直径都是 d),我们要推出:$\frac{S_{\triangle ABC}}{S_{\triangle PQR}} = \frac{a \cdot b \cdot c}{p \cdot q \cdot r}$.

从上面证明过的关系得到 $b \cdot c = AE \cdot d$,和 $q \cdot r = PT \cdot d$.因此$\frac{b \cdot c}{AE} = d$,

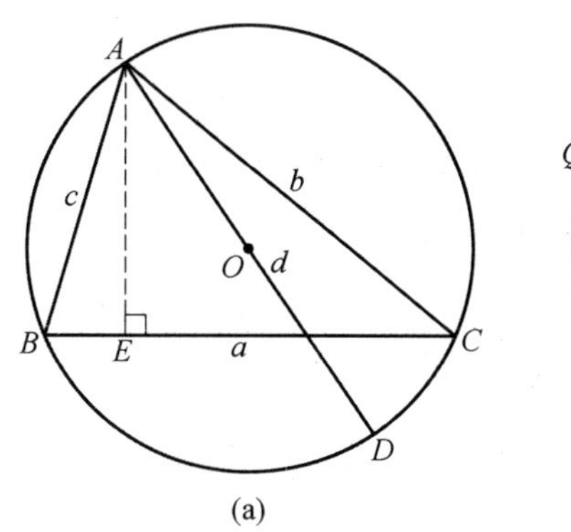

(a)

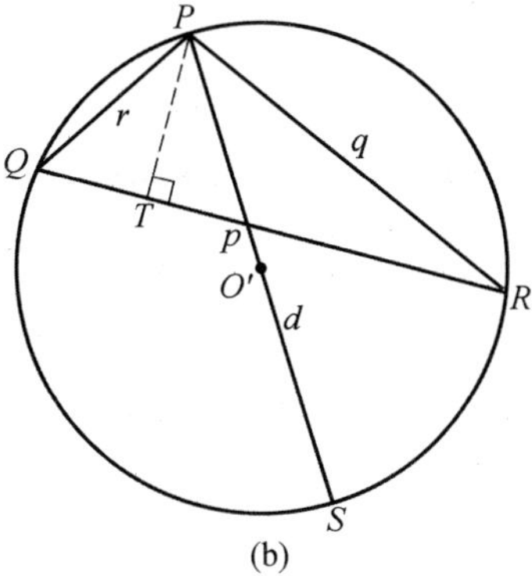

(b)

图 7.8

$\frac{q \cdot r}{PT}=d$. 于是 $d=\frac{b \cdot c}{AE}=\frac{q \cdot r}{PT}$，这可以改写成$\frac{AE}{PT}=\frac{b \cdot c}{q \cdot r}$.

现在我们准备比较这两个三角形的面积了

$$\frac{S_{\triangle ABC}}{S_{\triangle PQR}}=\frac{\frac{1}{2} \cdot a \cdot AE}{\frac{1}{2} \cdot p \cdot PT}=\frac{\frac{1}{2} \cdot a}{\frac{1}{2} \cdot p} \cdot \frac{AE}{PT}=\frac{a}{p} \cdot \frac{AE}{PT}=\frac{a \cdot b \cdot c}{p \cdot q \cdot r}$$

我们知道，当三角形的三边给定后一个三角形就确定了. 因此，在这种情况下应该能够确定三角形的面积. 亚历山大的海伦(Heron，约公元 10－约 70) 建立了一个绝妙的公式，使我们能够在只给出三角形的三边的长的条件下求出三角形的面积. $\triangle ABC$ 的面积公式是

$$S_{\triangle ABC}=\sqrt{s(s-a)(s-b)(s-c)}$$

其中 $s=\frac{a+b+c}{2}$ 是三角形的半周长.

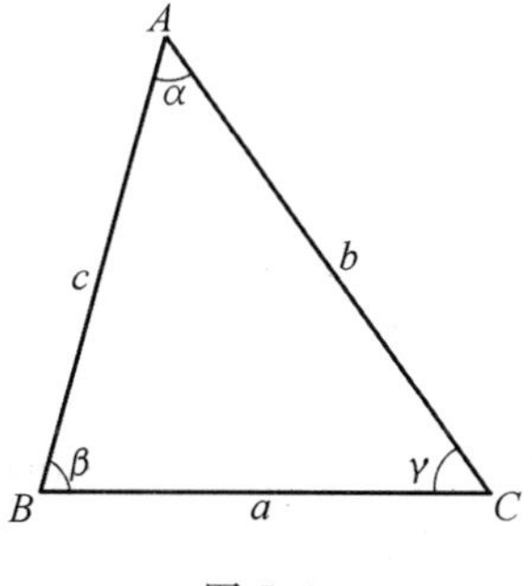

图 7.9

附录提供了这一公式的证明. 这一公式的应用很简单. 例如三角形的边长分别是 13，14，15 个单位长度，此时半周长是 21，我们利用海伦公式，得到三角

形的面积是

$$\sqrt{21\cdot(21-13)\cdot(21-14)\cdot(21-15)}=\sqrt{21\cdot8\cdot7\cdot6}=84$$

还有许多求三角形的面积的公式,其中每一个都需要知道三角形的某些部分的大小.下面我们提供一些三角形的面积公式(参照图 7.10):

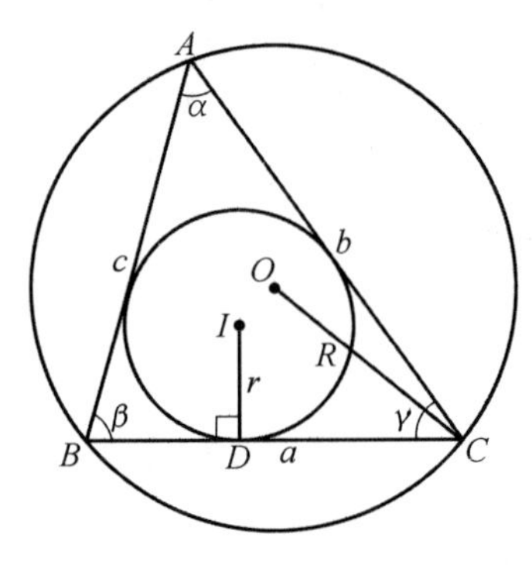

图 7.10

$$S_{\triangle ABC}=\frac{abc}{4R}\quad(R\text{ 是外接圆的半径})$$

$$S_{\triangle ABC}=r\cdot s\quad(r\text{ 是内切圆的半径},s\text{ 是半周长})$$

$$S_{\triangle ABC}=\frac{\tan\alpha}{4}(b^2+c^2-a^2)\quad(\alpha\neq90^\circ)$$

$$S_{\triangle ABC}=\frac{a^2}{2}\cdot\frac{\sin\beta\cdot\sin\gamma}{\sin\alpha}$$

$$S_{\triangle ABC}=\frac{1}{4}\cdot\frac{a^2+b^2+c^2}{\cot\alpha+\cot\beta+\cot\gamma}$$

$$S_{\triangle ABC}=\frac{h_a h_b}{2\sin\gamma}$$

$$S_{\triangle ABC}=\frac{R\cdot h_a h_b}{c}$$

$$S_{\triangle ABC}=\frac{4}{3}\sqrt{m(m-m_a)(m-m_b)(m-m_c)}$$

其中 m_a,m_b,m_c 是 $\triangle ABC$ 的中线,$m=\frac{m_a+m_b+m_c}{2}$.

对于特殊的三角形还有公式.我们已经遇到过直角三角形 —— 其面积只是两条直角边之积的一半.对于等边三角形有两个用起来很方便的公式.当等边三角形的边长 s 给定时,我们有公式

$$S_{\triangle ABC}=\frac{\sqrt{3}}{4}s^2$$

但是，只给定等边三角形的高 h 时，那么我们可以用公式

$$S_{\triangle ABC}=\frac{\sqrt{3}}{3}h^2$$

§2 分割三角形

既然我们确立了在给出三角形的某些部分的大小时求三角形的面积的方法，那么我们可以开始确定三角形的某一部分的面积了. 例如当我们作三角形的中线时，我们就已经把三角形分割成面积相等的两个三角形了. 在图 7.11 中，AD 是三角形的中线，我们注意到 $\triangle ABD$ 和 $\triangle ACD$ 有相等的底 BD 和 DC，有共同的高 AE. 这显然表示它们有相同的面积.

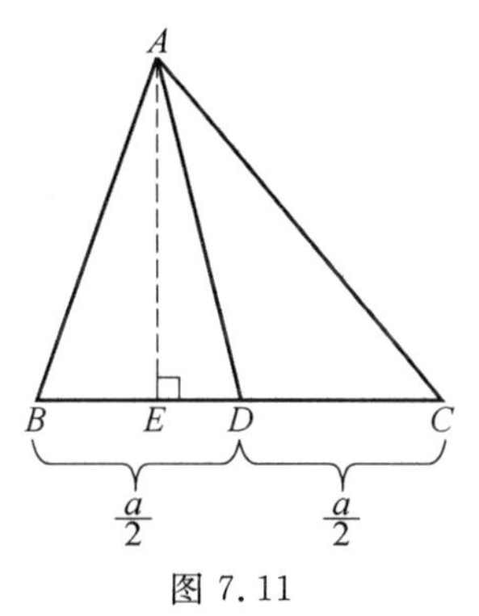

图 7.11

如果图 7.12 中从点 A 出发作塞瓦线交 BC 于 D，使 D 到 B 的距离是 B 到 C 的距离的三分之一，那么用上面的同一结论，就有 $\triangle ABD$ 的面积是 $\triangle ABC$ 的面积的三分之一.

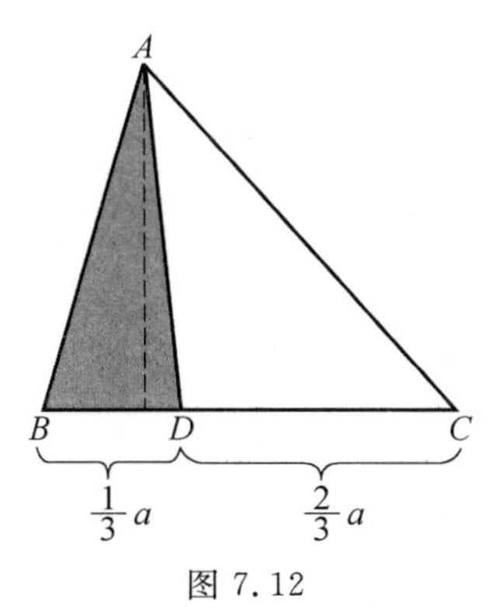

图 7.12

现在我们准备确定三角形的三条中线是如何分割三角形的面积的. 显然形成六个三角形. 但是如何比较这六个三角形的面积呢？利用上面刚描述过的情

况，我们可以证明图 7.13 中的 $\triangle ABC$ 的三条中线把三角形分割成六个三角形的面积都相等. 为了弄清楚这为什么正确，我们从注意 $\triangle ACD$ 的面积是 $\triangle ABC$ 的面积的一半开始.

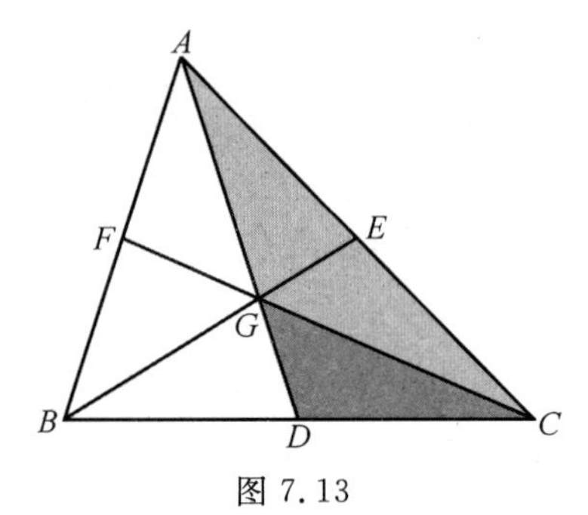

图 7.13

由于点 G 是三条中线中的每一条的三等分点，所以也有

$$S_{\triangle DCG}=\frac{1}{3}S_{\triangle ADC}=\frac{1}{3}(\frac{1}{2}S_{\triangle ABC})=\frac{1}{6}S_{\triangle ABC}$$

我们可以对图中的六个三角形重复这一过程. 这样就可以下结论说，三角形的中线把三角形的面积分割成六个面积相等的三角形，虽然三角形可能有不同的形状.

一个的确奇怪的事实摆在我们面前. 如果我们对这六个三角形各画一个外接圆，如图 7.13 所示，那我们将感到十分惊奇：这六个圆的圆心竟在同一个圆上！如图 7.14[1].

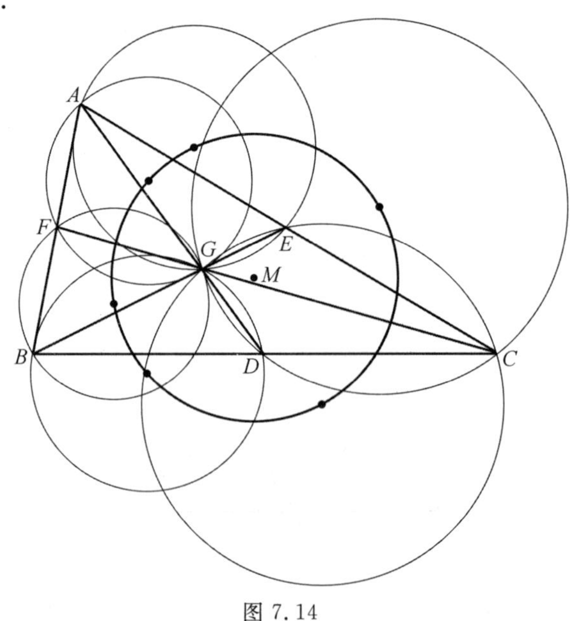

图 7.14

现在我们可以对三角形面积的研究结果加以应用了.假定告诉我们三角形的三条中线的长是 39,45,42 个单位长度.我们怎么求这个三角形的面积呢?

在图 7.15 中,设 $AD=39$,$BE=45$,$CF=42$,那么由重心的三等分的性质,得 $AG=26$,$GD=13$,$BG=30$,$GE=15$,$CG=28$,$GF=14$.

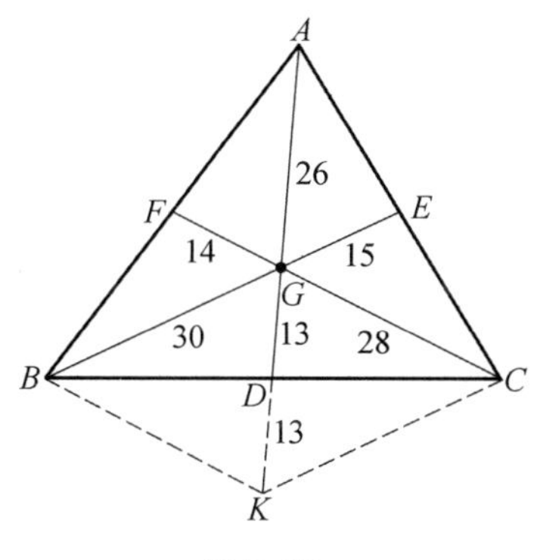

图 7.15

延长 DG 的同样长度到 K,如图 7.15 所示,即 $GD=DK$.则四边形 $CGBK$ 是平行四边形(因为对角线互相平分).$\triangle CGK$ 的三边的长是 26,28,30,半周长是 42.利用海伦公式,得到 $\triangle CGK$ 的面积是

$$\sqrt{42\cdot(42-26)\cdot(42-28)\cdot(42-30)}=\sqrt{42\cdot16\cdot14\cdot12}=\sqrt{112\ 896}=336$$

然而 $\triangle CGK$ 的面积的一半($\triangle GDC$)是 168,这是整个三角形的面积的六分之一.于是 $\triangle ABC$ 的面积是 $6\cdot168=1\ 008$.

既然我们有了把三角形分割成六个面积相等的三角形的方法,我们也说明如何把三角形分割成四个面积相等的三角形.为了做到这一点,我只要联结三角形的三边的中点,如图 7.16 所示.这四个三角形互相全等(SSS),由于线段 FE,DF,DE 平行于原三角形的边;于是每一个三角形都是原三角形的四分之一.$\triangle DEF$ 就是所谓的中位线三角形.

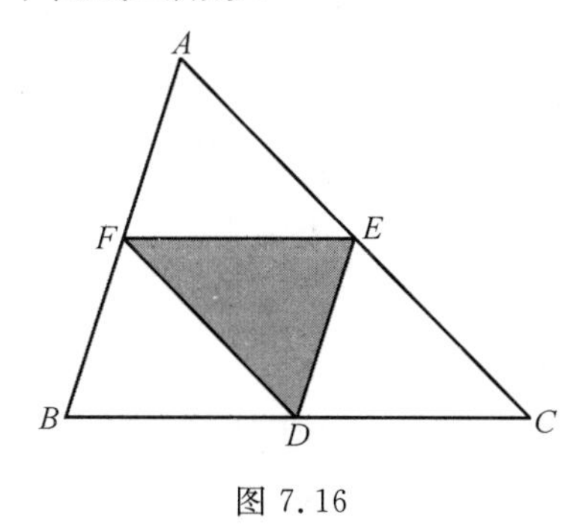

图 7.16

利用塞瓦线把三角形分成两部分的面积的比等于分割该边的两线段的比这个性质，现在我们可以愉快地把这个性质应用于许多几何图形了. 例如，$\triangle ABC$，如图 7.17(a) 所示，D 是 BC 的中点，E 是 AD 的中点，F 是 BE 的中点，G 是 FC 的中点. 我们可以证明 $\triangle EFG$ 的面积是 $\triangle ABC$ 的面积的八分之一. 为了做到这一点，我们只要应用前面证明过的中线把三角形分割成两个面积相等的部分这一关系.

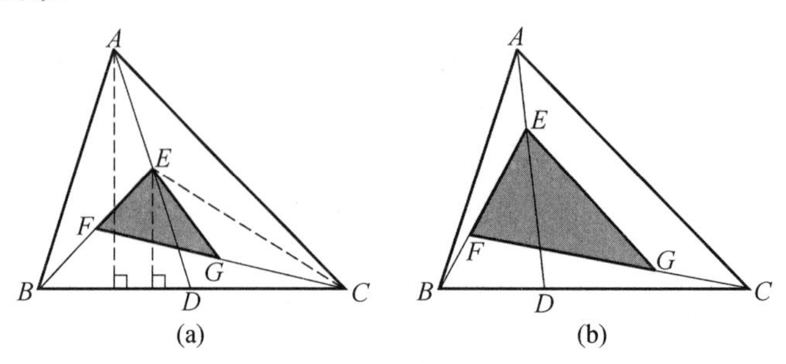

图 7.17

我们从画 $\triangle ABC$ 的边 BC 上的高开始，看出它的长是 $\triangle BEC$ 的边 BC 上的高的两倍. 由于这两个三角形有公共的底，因此

$$S_{\triangle BEC}=\frac{1}{2}\cdot S_{\triangle ABC}$$

把 CF 看作是 $\triangle BEC$ 的中线，则 $S_{\triangle EFC}=\frac{1}{2}S_{\triangle BEC}$. 同样，把 EG 看作是 $\triangle EFC$ 的中线，则 $S_{\triangle EFG}=\frac{1}{2}S_{\triangle EFC}$. 把这三个结果放在一起，得到 $S_{\triangle EFG}=\frac{1}{8}S_{\triangle ABC}$.

读者也可以尝试一下这样的图形，如图 7.17(b) 所示：如果 $BD=\frac{1}{3}BC$，$AE=\frac{1}{3}AD$，$BF=\frac{1}{3}BE$，$CG=\frac{1}{3}CF$，那么 $\triangle EFG$ 的面积等于 $\triangle ABC$ 的面积的几分之几？[2] 尝试一下另一些变式，看看有没有新出现的图形.

我们画的 $\triangle ABC$ 的中线 CS 把三角形分割成两个面积相等的部分. 但是，我们希望经过边上的一点 P 向另一边上的点 R 或 R' 作直线把三角形分割成两个相同的面积. 利用图 7.18(a) 和图 7.18(b) 中的 $\triangle ABC$，我们在 AB 边上任意选择一点 P，希望经过点 P 作直线把 $\triangle ABC$ 分割成两个相同的面积：(图 7.18(a) 对于 A 和 S 之间的所有的点 P；图 7.18(b) 对于 B 和 S 之间的所有的点 P).

我们的目标是要证明：对于在 AB 上任意选取的点 P，在经过 P 的直线中，实际上总有一条能把 $\triangle ABC$ 分割成两个面积相同的区域. 我们先画 $\triangle ABC$ 的中线 CS. 过点 S 作一直线平行于 CP，交 BC 于 R(或交 AC 于 R'，如图 7.18(b).

我们断言,PR(或图 7.18(b) 中的 PR') 就是我们寻求的直线.

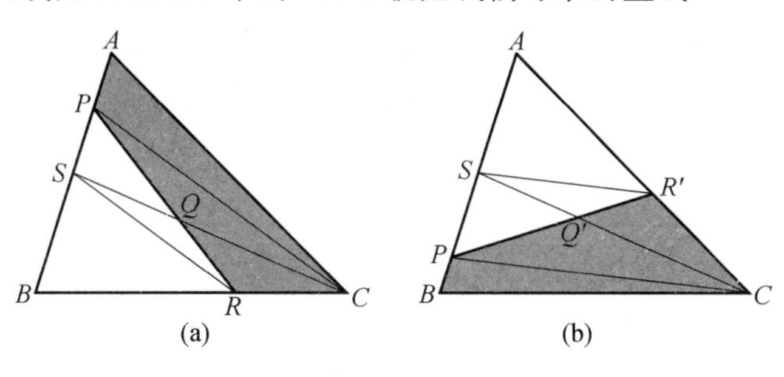

图 7.18

注意到三角形的中线将三角形分割成两个面积相同的部分. 于是我们开始作图(图 7.18(a)):画中线 CS,则 $S_{\triangle ACS}=\frac{1}{2}S_{\triangle ABC}$. 因为 $\triangle PSC$ 和 $\triangle CRP$ 有相等的高和公共的底 PC,所以面积相等. 如果把这两个三角形都减去 $\triangle PQC$ 的面积,那么 $S_{\triangle PQS}=S_{\triangle RQC}$. 现在

$$\frac{1}{2}\ S_{\triangle ABC}=S_{\triangle ACS}=S_{\triangle PQS}+S_{\ PQCA}=S_{\triangle RQC}+S_{\ PQCA}=S_{APRC}$$

所以,$\frac{1}{2}S_{\triangle ABC}=S_{\ APRC}=S_{\triangle BPR}$. 于是 PR 把 $\triangle ABC$ 分割成两个相同的面积,这就是我们原来的目标. 类似地,对于图 7.18(b),我们也有同样的结论.

我们也可以用同样的技巧,经过三角形的边上任意选取的点 P,画两条直线三等分三角形的面积(见图 7.19(a),7.19(b),7.19(c)). 在图 7.19(b) 中,经过点 P 三等分 $\triangle ABC$ 的面积的直线是 PR,PS. 为了完成这一任务,我们先三等分 BC,分点是 T 和 U. 再作 TR 和 US 平行于 AP. 分别在 AB 和 AC 上确定了 R 和 S. 利用与上述类似的过程,可以证明 PR 和 PS 是三等分 $\triangle ABC$ 的面积的两条直线.

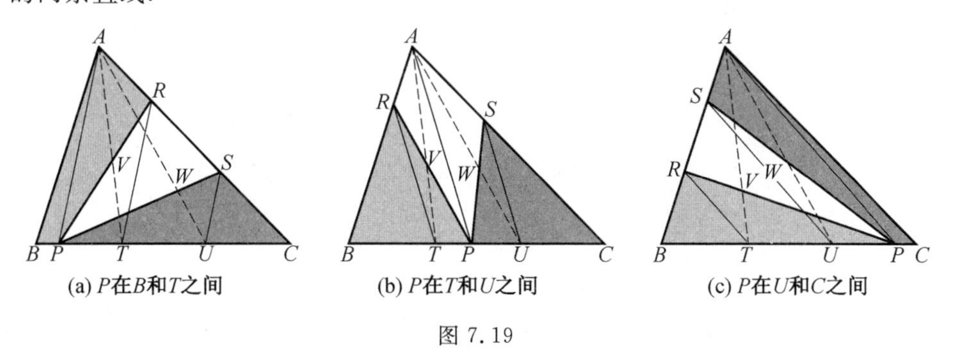

(a) P在B和T之间 (b) P在T和U之间 (c) P在U和C之间

图 7.19

实际上,这一技巧使我们能将三角形分割成任意多个面积相同的部分.

此外，我们还能把这一技巧用来构建一个三角形，使其面积等于一个给定的三角形，且具有公共的底. 更特殊的是我们能作一个三角形使其面积等于已知三角形的面积，并以 BD 为底，D 在 BC 上，如图 7.20.

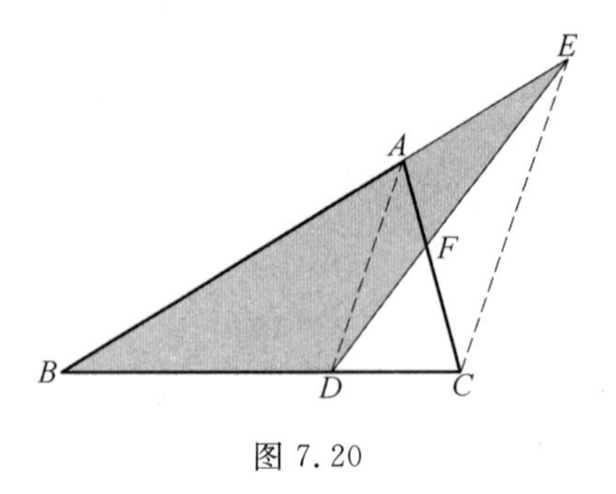

图 7.20

作直线 CE 平行于 AD，交 BA 的延长线于 E，就得到 $\triangle BDE$，其面积等于 $\triangle ABC$ 的面积. 这样做是因为 $S_{\triangle AED}=S_{\triangle ACD}$. 底 AD 上的同样的高，可以把这两个面积相同的三角形都加上 $\triangle ABD$，就得到所求的结果.

§3　重观拿破仑定理

以前我们研究过的拿破仑定理有一个额外的特性：我们可以愉快地将它应用于三角形的面积. 虽然由于覆盖三角形而显得有点复杂，其最终结果还是令人惊讶的. 我们考虑拿破仑定理的图形（F 是费马点），如图 7.21(a) 和 7.21(b)，在原 $\triangle ABC$ 的边上各画一个等边三角形. 再在这个图形上加上一个平行四边形 $AC'CD$. 为此只要作 AD 平行于 $C'C$，且等于 $C'C$ 就得到平行四边形 $AC'CD$. 再画 $A'D$.

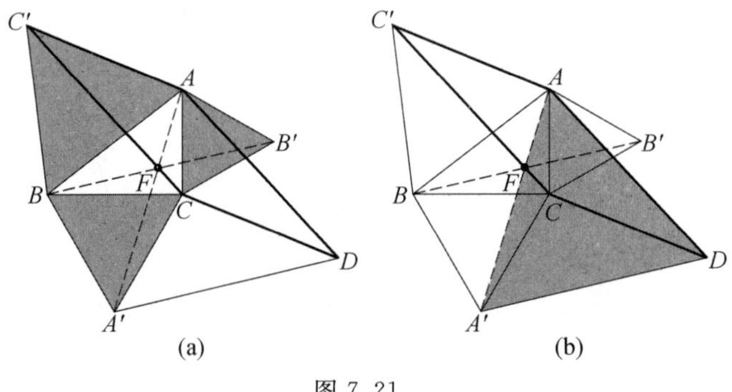

图 7.21

因为 $AD=AA'$，$\angle A'AD=60°$(图 3.9)，所以我们知道 $\triangle AA'D$ 是等边三角形. 难以预料，一个相当不常见的关系出现了，即 $\triangle AA'D$ 的面积的两倍等于

在 $\triangle ABC$ 的边上的三个三角形的面积的和加上 $\triangle ABC$ 的面积的三倍.用符号表示为

$$2 \cdot S_{\triangle AA'D} = S_{\triangle ABC'} + S_{\triangle BCA'} + S_{\triangle ACB'} + 3 \cdot S_{\triangle ABC}$$

下面我们证明这一不合直观的断言

$$S_{\triangle AA'D} = S_{\triangle AA'C} + S_{\triangle ACD} + S_{\triangle A'CD} = S_{\triangle AA'C} + S_{\triangle ACC'} + S_{\triangle AA'B}$$

因为 $S_{\triangle ACD} = S_{\triangle ACC'}$(平行四边形 $AC'CD$),$S_{\triangle A'CD} = S_{\triangle AA'B}$(因为 $AB = AC' = CD$,$A'B = A'C$,$AA' = BB' = A'D$,所以 $\triangle A'CD \cong \triangle AA'B$).

在图 7.21(a) 和 7.21(b) 中还有几对全等的三角形,其面积当然相等

$$\triangle BB'C \cong \triangle AA'C \Rightarrow S_{\triangle BB'C} = S_{\triangle AA'C}$$

$$\triangle BCC' \cong \triangle AA'B \Rightarrow S_{\triangle BCC'} = S_{\triangle AA'B}$$

$$\triangle ABB' \cong \triangle ACC' \Rightarrow S_{\triangle ABB'} = S_{\triangle ACC'}$$

这使我们得出结论:利用上面各式可证明上面的难以预料的断言.

$$\begin{aligned} 2 \cdot S_{\triangle AA'D} &= S_{\triangle AA'C} + S_{\triangle AA'B} + S_{\triangle ACC'} + S_{\triangle BB'C} + S_{\triangle BCC'} + S_{\triangle ABB'} \\ &= S_{\triangle ABC'} + S_{\triangle BCA'} + S_{\triangle ACB'} + 3 \cdot S_{\triangle ABC} \end{aligned}$$

该图中甚至还有进一步的面积关系可供欣赏.我们再考虑拿破仑定理,现在我们把目光集中在画在原等边三角形上的边上的三个等边三角形的中心构成的等边三角形,如图 7.22 (图 3.5).这一次我们有

$$2 \cdot S_{\triangle PQR} = S_{\triangle ABC} + \frac{1}{3}(S_{\triangle ABC'} + S_{\triangle A'BC} + S_{\triangle AB'C})$$

我们把这一证明留给读者.

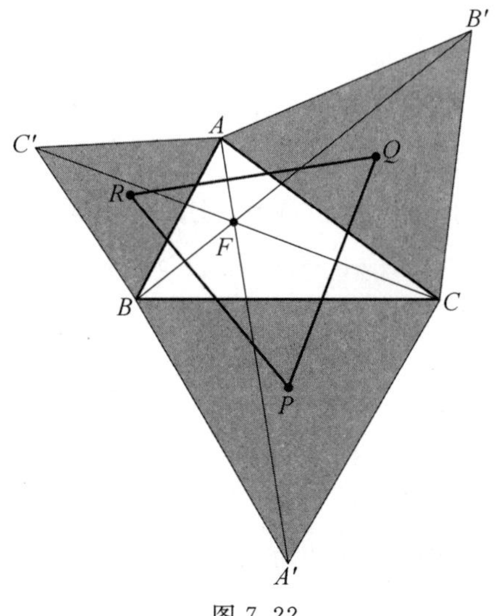

图 7.22

我们以前证明过(图 3.8),还有一个内部的等边三角形,—— 称为内拿破仑三角形 —— 在给定的三角形的边上,且放在内部的三个等边三角形,即与原 $\triangle ABC$ 重叠的,如图 7.23 中的 $\triangle UVW$ 就是内等边三角形,而 $\triangle PQR$ 就是外等边三角形,称为外拿破仑三角形.这里有一个确确实实的三角形的秘密:谁能相像这两个拿破仑三角形之间的关系是外内两个等边(拿破仑)三角形的面积之差是原三角形的面积? 用符号表示我们有

$$S_{\triangle ABC} = S_{\triangle PQR} - S_{\triangle UVW}$$

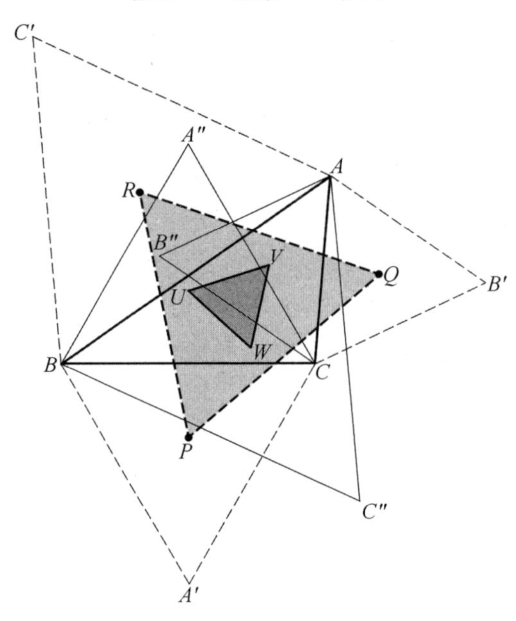

图 7.23

为了得到一张清晰的图表示这一神奇的关系,我们擦掉一些在这种情况下不必要的线,只留下有关的长度,画成图 7.24.首先图中有两个拿破仑三角形,即外拿破仑 $\triangle PQR$ 和内拿破仑 $\triangle UVW$.它们的面积有以下关系

$$S_{\triangle ABC} = S_{\triangle PQR} - S_{\triangle UVW}$$

这两个拿破仑三角形的面积是

$$S_{\triangle PQR} = \frac{S_{\triangle ABC}}{2} + \frac{\sqrt{3}}{24}(a^2 + b^2 + c^2)$$

$$S_{\triangle UVW} = \frac{\sqrt{3}}{24}(a^2 + b^2 + c^2) - \frac{S_{\triangle ABC}}{2}$$

我们还额外得到等边 $\triangle PQR$ 的每边的长是

$$p=\sqrt{\frac{a^2+b^2+c^2}{6}+\frac{\sqrt{(a+b+c)(a+b-c)(a-b+c)(-a+b+c)}}{2\sqrt{3}}}$$

其中 a,b,c 是原 $\triangle ABC$ 的边长[3].

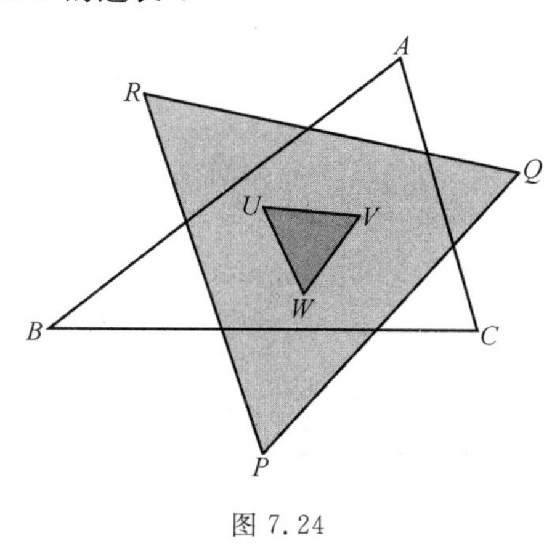

图 7.24

§4　内接三角形

当第一个三角形的顶点都在第二个三角形的边上时,我们就说这个三角形内接于另一个三角形.在图 7.25 中可以看到 $\triangle PQR$ 内接于 $\triangle ABC$.这就导致一个相当难以预料的性质:当两个三角形内接于一个给定的三角形,同一边上的顶点到给定的三角形的该边的中点的距离相等,那么它们的面积也相等.在图 7.25 中,$\triangle PQR$ 和 $\triangle UVW$ 的顶点分别在 $\triangle ABC$ 的三边上,使各边的中点 M_a,M_b,M_c 满足:

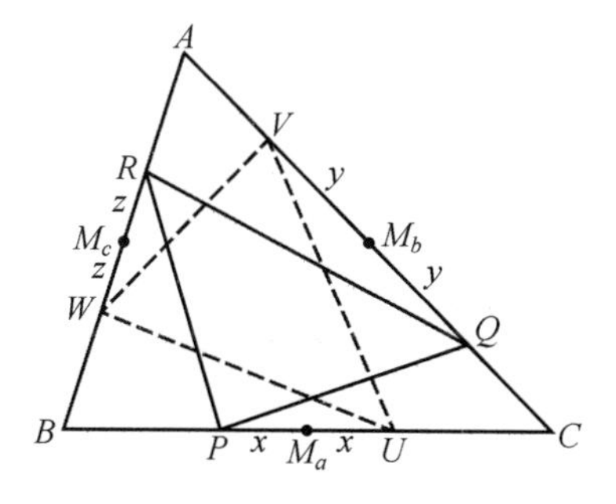

图 7.25

$$PM_a=UM_a=x,QM_b=VM_b=y,RM_c=WM_c=z$$

于是就推出 $S_{\triangle PQR}=S_{\triangle UVW}$.

在图7.16中，我们显示了一个顶点在原三角形的边上的内接三角形．这个内接三角形的面积是原三角形的面积的$\frac{1}{4}$．我们还考虑顶点在原三角形的边上三等分点上的三角形，如图7.26．可以证明这个内接三角形的面积是原三角形的面积的$\frac{1}{3}$．

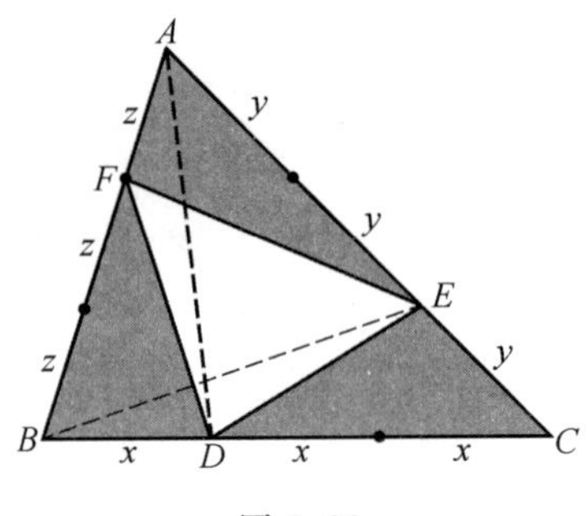

图7.26

我们可以用一个相当简单的方法证明这一断言．回忆一下塞瓦线分三角形的面积的比等于它所分割三角形的边得到的两条线段的比．

于是$\triangle ABD$的面积是$\triangle ABC$的面积的三分之一．同理$S_{\triangle BDF}=\frac{2}{3}S_{\triangle ABD}$．

于是，$S_{\triangle BDF}=\frac{2}{3}\cdot\frac{1}{3}S_{\triangle ABC}=\frac{2}{9}S_{\triangle ABC}$．

同理，$S_{\triangle CDE}=\frac{2}{9}S_{\triangle ABC}$．

还有，$S_{\triangle AEF}=\frac{2}{9}S_{\triangle ABC}$．

由此可得，$S_{\triangle DEF}=S_{\triangle ABC}-(S_{\triangle BDF}+S_{\triangle CDE}+S_{\triangle AEF})$，进行适当的代换，可改写为

$$S_{\triangle DEF}=S_{\triangle ABC}-(\frac{2}{9}S_{\triangle ABC}+\frac{2}{9}S_{\triangle ABC}+\frac{2}{9}S_{\triangle ABC})$$
$$=S_{\triangle ABC}\cdot[1-(\frac{2}{9}+\frac{2}{9}+\frac{2}{9})]=\frac{1}{3}S_{\triangle ABC}$$

另一种证明$\triangle DEF$的面积是$\triangle ABC$的面积的三分之一的方法如下：（用塞瓦线BE）

$$S_{\triangle DEF}=S_{\triangle ADF}+S_{\triangle ADE}-S_{\triangle AEF}$$
$$=S_{\triangle ABC}\cdot(\frac{1}{3}\cdot\frac{1}{3}+\frac{2}{3}\cdot\frac{2}{3}-\frac{2}{3}\cdot\frac{1}{3})=\frac{1}{3}S_{\triangle ABC}$$

读者不妨尝试一下去搞清楚，如果内接三角形的顶点（顺次）到原三角形

的顶点的距离四分之一处时，内接三角形的面积和原三角形的面积有何种关系.

§5 由相交的塞瓦线构成的图形的面积

我们从三角形的边上的几个三等分点能求出三角形的一些令人感到惊奇的关系. 在图 7.27(a) 中，$\triangle ABC$ 的每一边上的三等分点已经标出. 经过 $\triangle ABC$ 的各边上的三等分点的三条塞瓦线 AD，BE，CF 确定 $\triangle PQR$. 原来有 $S_{\triangle PQR}=\frac{1}{7}S_{\triangle ABC}$.[4]

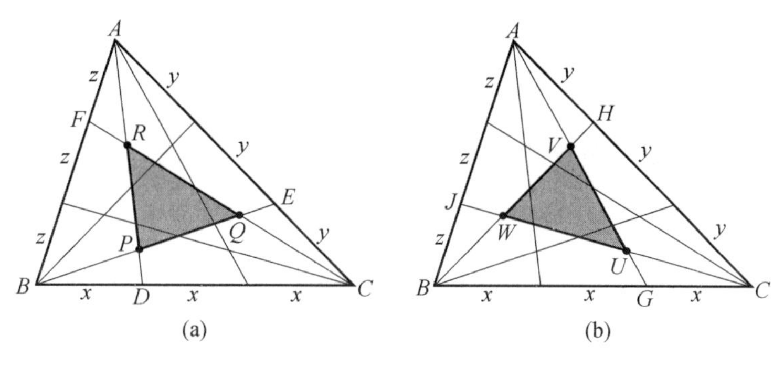

图 7.27

如果我们现在观察图 7.27(b)，那么我们可以用塞瓦线 AG，BH，CJ，形成另一个 $\triangle UVW$，得到同样的结果. 即 $S_{\triangle UVW}=\frac{1}{7}S_{\triangle ABC}$. 换句话说，令人惊讶的是 $\triangle PQR$ 和 $\triangle UVW$ 的面积相同. 此外，这两个一般的三角形既不全等，又不相似，周长也不相同. 这又增加了它们面积相等的奇妙关系.

我们还可以把这一图形再推进一点. 利用图 7.28(a) 中的三等分点，可以证明[5]：$S_{\triangle PQR}=\frac{1}{25}S_{\triangle ABC}$.

联结相交的塞瓦线的另一些交点得到 $\triangle UVW$，如图 7.28(b). 它的面积是 $\triangle ABC$ 的面积的十六分之一，用符号表示为

$$S_{\triangle UVW}=\frac{1}{16}S_{\triangle ABC}$$

现在的情况和前面的两个面积相同，形状完全不同的三角形的情况不同 —— 奇怪的是 —— 现在的两个 $\triangle PQR$ 和 $\triangle UVW$(图 7.28(a) 和 7.28(b)) 都与 $\triangle ABC$ 相似，当然，它们之间也相似，这与图 7.27(a) 和 7.27(b) 中的两个

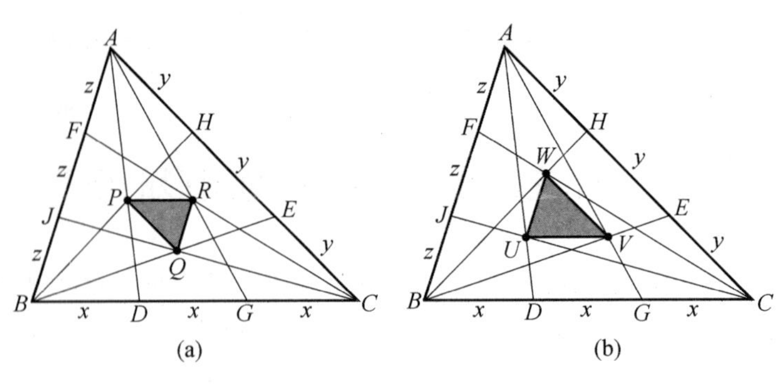

图 7.28

$\triangle PQR$ 和 $\triangle UVW$ 不同，那里不是这种情况. 注意到对应边平行（$AB \parallel QR \parallel UW$）就可以看出这一点. 还注意到 $AB = 5 \cdot QR$，$AB = 4 \cdot UW$. 有了这些信息，我们就能得出结论）：$S_{\triangle UVW} = \frac{25}{16} S_{\triangle PQR}$.

当我们考虑由三等分边的塞瓦线形成的六边形（图 7.29(a)）时，发现 $S_{PUQVRW} = \frac{1}{10} S_{\triangle ABC}$. 我们注意到这两个图形的周长之间没有固定的关系. 似乎这还不够奇怪，如果我们考虑塞瓦线的另一些交点，如图 7.29(b)，将存在进一步的关系. 在这种情况下，$S_{KXLYMZ} = \frac{13}{49} S_{\triangle ABC}$. 然而，我们确实有周长之间的关系，即 $KXLYMZ$ 的周长 $= \frac{3}{7} \triangle ABC$ 的周长. 奇妙的是六边形 $PUQVRW$ 与 $\triangle ABC$ 的周长无关，然而六边形 $KXLYMZ$ 与 $\triangle ABC$ 确实存在之间的周长关系. 现在取两个（六边形）面积的组合，得到图 7.30(a) 和 7.30(b) 中的形状 —— 两个六角星 P-U-Q-V-R-W 和 K-X-L-Y-M-Z.（我们在两个顶点之间用短横隔开是为了区别于六边形）.

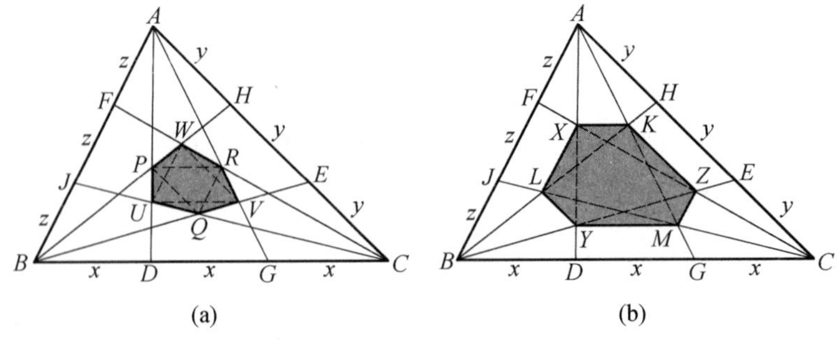

图 7.29

居然有

$$S_{P\text{-}U\text{-}Q\text{-}V\text{-}R\text{-}W}=\frac{7}{100}S_{\triangle ABC}\text{(图 7.30(a))}$$

$$S_{K\text{-}X\text{-}L\text{-}Y\text{-}M\text{-}Z}=\frac{13}{70}S_{\triangle ABC}\text{(图 7.30(b))}$$

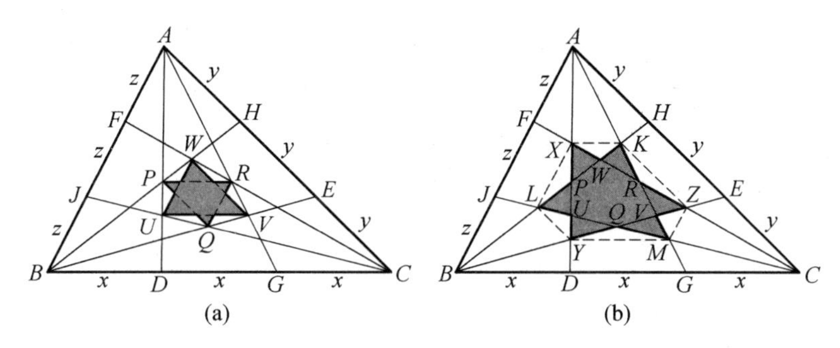

图 7.30

周长之间的关系再一次满足了我们的好奇心——如果存在的话——那就是可以断言说：$P\text{-}U\text{-}Q\text{-}V\text{-}R\text{-}W$ 的周长 $=\frac{3}{10}\triangle ABC$ 的周长. 对于六角形 $K\text{-}X\text{-}L\text{-}Y\text{-}M\text{-}Z$，我们没有任何这样的断言.

因此，读者可以看到三等分边的塞瓦线提供了三角形的面积的丰富而有趣的一些应用. 我们把这些证明留给有雄心壮志的读者. 读者也可以考虑当原三角形是等边三角形时，上面的关系呈现出什么情况. 进一步研究要采取的另一个方针是考虑将三角形的各边分成四等分或更多等分的塞瓦线. 这里有许多内容值得读者进一步探索.

假定你画了两条中线和从第三个顶点出发的对边的三等分线，如图 7.31 所示. 更有趣的是在原三角形中形成的三角形的面积是原三角形面积的$\frac{1}{60}$.

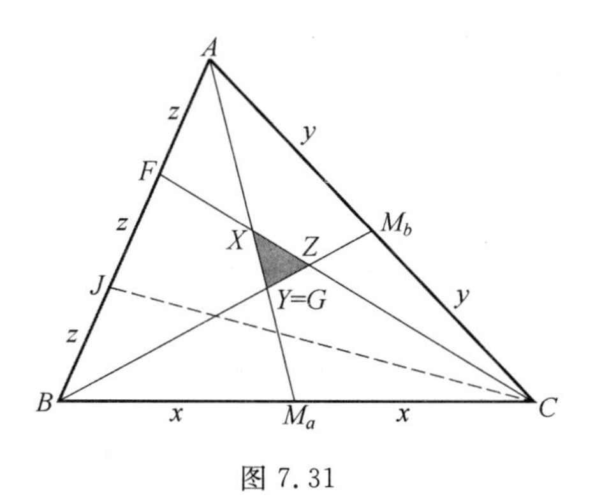

图 7.31

图 7.31 表示的就是这种情况，图中的 M_a 和 M_b 两点分别是 $\triangle ABC$ 的边的中点，点 F 是 AB 边的三的等分点. 因为 AM_a 和 BM_b 是两条中线，所以它们的交点 Y 是 $\triangle ABC$ 的重心 G. 可以证明

$$S_{\triangle XYZ}=\frac{1}{60}S_{\triangle ABC}$$

这一意料之外的关系的证明基于罗斯定理[6]（1896）. 该定理说：对于塞瓦线在 $\triangle ABC$ 中相交形成的 $\triangle XYZ$（图 7.32），我们有

$$\frac{AF}{FB}=r,\frac{BD}{DC}=s,\frac{CE}{EA}=t$$

由此推出

$$\frac{S_{\triangle XYZ}}{S_{\triangle ABC}}=\frac{(rst-1)^2}{(rs+r+1)(rt+t+1)(st+s+1)}$$

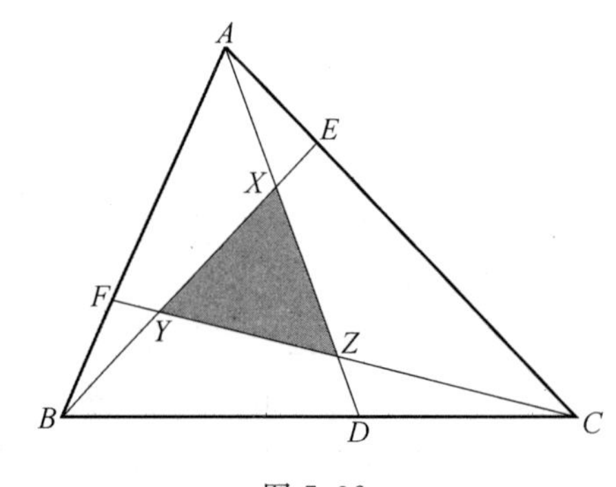

图 7.32

将这一结果用到图 7.31 中，得到

$$\frac{AF}{FB}=\frac{\frac{1}{3}AB}{\frac{2}{3}AB}=r=\frac{1}{2}$$

$$\frac{BD}{DC}=\frac{BM_a}{M_aC}=\frac{\frac{1}{2}BC}{\frac{1}{2}BC}=s=1,\frac{CE}{EA}=\frac{CM_b}{M_bA}=\frac{\frac{1}{2}AC}{\frac{1}{2}AC}=t=1$$

于是

$$\frac{S_{\triangle XYZ}}{S_{\triangle ABC}}=\frac{\left(\frac{1}{2}-1\right)^2}{\left(\frac{1}{2}+\frac{1}{2}+1\right)\left(\frac{1}{2}+1+1\right)(1+1+1)}=\frac{\frac{1}{4}}{2\cdot\frac{5}{2}\cdot 3}=\frac{1}{60}$$

我们还可看到塞瓦定理是罗斯定理的特殊情况（见第 2 章，19 页）. 如果塞瓦线 AD，BE，CF 相交于同一点（即 $X=Y=Z$），那么 $\triangle XYZ$ 的面积是零，于是

由罗斯定理得到$\frac{AF}{FB}\cdot\frac{BD}{DC}\cdot\frac{CE}{EA}=1$,这就是塞瓦定理.

看到整个数学的一致性总是令人感到愉悦！各种不同的塞瓦线分割三角形还能形成更多的内部的三角形[7]. 寻找面积关系,证明这些事实可算得上是挑战,确实值得努力！我们鼓舞读者踏上这条值得的征途.

下面我们寻找一个面积与给定的多边形相等的三角形来结束本章.

我们将这一不常见的过程用于五边形,但它肯定也适用于其他多边形.

为了作一个面积与给定的多边形 $ABCDE$ 的面积相等的三角形(图 7.33),我们先作 $GE \parallel AD$,$FB \parallel AC$. 因为 $\triangle AED$ 和 $\triangle AGD$ 有公共的底 AD,且该底上的高相等,所以面积相等. 同理,$\triangle ABC$ 和 $\triangle AFC$ 也有相同的面积. 于是,进行适当的代换,得到 $\triangle AFG$ 和五边形 $ABCDE$ 的面积相等.

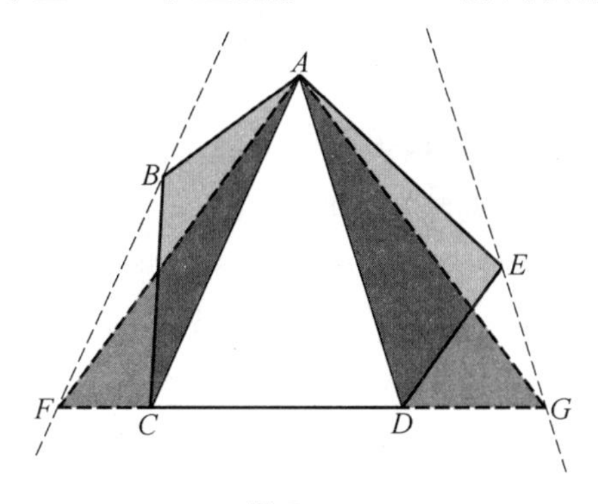

图 7.33

我们从定义和基本公式到许多不太熟悉的其他公式,讲遍了三角形的面积. 利用上面一些能使我们做出与多边形的面积相等的三角形的技巧,我们能很容易求出不规则的多边形的面积. 这就是揭示深深隐藏的三角形的机能的秘密的一种很好的方法.

三角形的作图

第8章

现在我们准备处理几何中的一个这样的课题,这一课题也许是该领域的解题中最实在的形式之一.只给出一个三角形的某些部分的信息后,作出这个三角形的问题是很容易还是十分具有挑战性,这取决于所给的信息.在本章中,我们将通过三角形的作图宽广地展示出解决几何问题的美.

当然,人人都知道如何画三角形.例如,给出一个三角形的三边的长就很容易作出这个三角形.接着产生的问题是:为了能够作出三角形,(至少)需要关于三角形的什么信息.也许,更明确地说,为了能够作出三角形,三角形的多少信息,哪些信息是必须知道的.很自然,可能给出的信息不够——也就是说,没有足够的信息作三角形.也可能给出比必要的信息更多的信息.于是我们必须确定什么是必要的,什么可能是多余的.

为了确定唯一的直线,我们只需要两个不同的点.当我们有三个不在同一直线上的点时,我们就能确定唯一的三角形,或者唯一的圆.如果给我们半径的长,就能确定大小唯一的圆;同样,给我们正方形的边长,就能确定大小唯一的正方形,或者给我们三角形的边长,就能确定大小唯一的等边三角形.有趣的是注意到在确定一个等腰三角形时,就需要两条信息(腰长和底长,腰长和顶角,底长和顶角);对于一般的三角形,我们需要三条信息;确定一般的梯形需要四条信息.

在大体上确立了作图的基本规则后，下面就要讨论作图能使用的工具.这些工具就是一把没有刻度的直尺和一把圆规.（正如我们说有“一把剪刀”(a pair of scissors）那样，我们也说有“一把圆规”(a pair of compasses).顺便说说，a compass 是确定方位的工具罗盘.）所有的作图必须是精确的，对这些几何作图来说，任何“近似”都是不能被接受的.使用所谓的欧几里得工具，我们能联结两点画直线，给定圆心和半径画圆.不能用直尺测量长度，使用圆规时要固定半径的长.

这些作图称为欧几里得作图，因为它们源自希腊哲学家柏拉图(Plato，约前428/427—约前348/347)，并广泛应用于欧几里得的不朽的著作《几何原本》开头的公理和公设之中.

§1　正多边形的作图

在我们踏上三角形的作图的征途前，应该对正多边形即边都相等，角都相等的多边形的作图做一个简短的回顾.正多边形中最基本的（自然）是等边三角形，画两个有公共半径的等圆就做成了，如图8.1.下一个正多边形是正方形，画两个有公共半径的等圆，然后过圆心作半径的垂线，再联结垂线与圆的交点就作成了，图8.2.

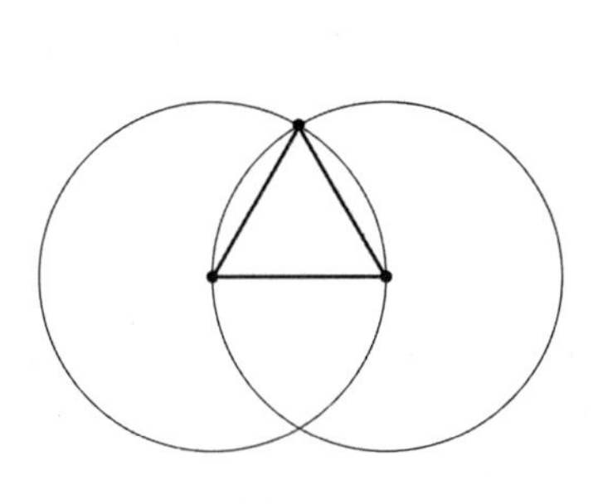

图 8.1

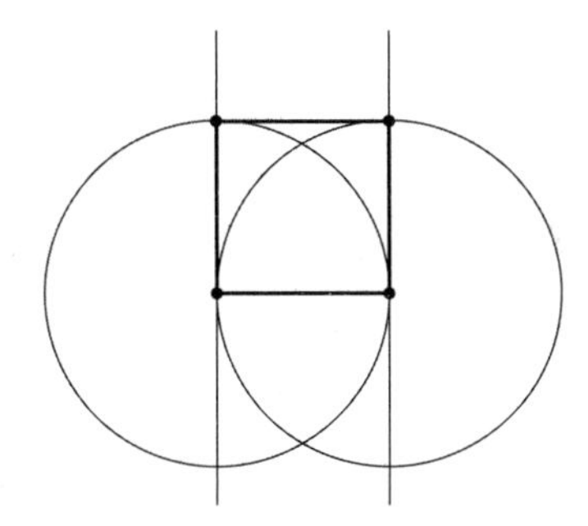

图 8.2

正五边形的作图稍有点复杂.它与黄金分割有关[1].与此相反，正六边形的作图非常简单.只要绕原来的圆重复画正六边形(外接圆）的半径四次，如图8.3.

我们要作的下一个正多边形是正七边形.两千多年来人们不断地尝试去作.1796年3月29日早晨，十九岁的卡尔·弗里德利希·高斯(Carl Friedrich Gauss，1777—1855）正躺在床上沉思时来了灵感.他突然意识到只有当边数 $n=2^r\cdot p_1\cdot p_2\cdot\cdots\cdot p_m$（$r\geqslant 0$，$m\geqslant 0$，$r$ 和 m 是自然数）时，只用直尺和圆规能够做出正 n 边形，其中 p_i 是形如 $2^{2^k}+1$ 的质数($i=1,2,\cdots,m$；$k\geqslant 0$；i 和 k 是

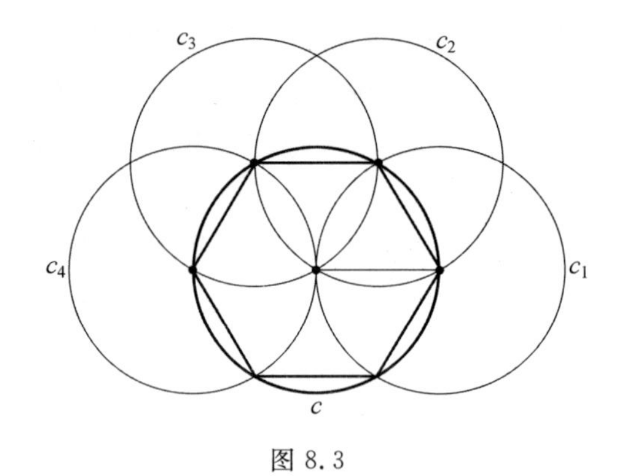

图 8.3

自然数).

这样,我们就可以说正七边形不能用直尺和圆规作出,因为 $n=7$ 不能写成 $n=2^r \cdot p_1 \cdot p_2 \cdot \cdots \cdot p_m$ 的形式. 这里不仅只有 7 一个,下列各数也不符合高斯的法则:9,11,13,14,18,19,21,22,23,25,26,27,28,29,31,33,35,36,37,38,39,41,42,43,44,45,46,47,49,50,…. 于是边数是这样的数的正多边形都不能用欧几里得工具做出.

如果取 $k=2, r=0$,那么得到正十七边形,因此是可作的,因为对于 $n=17$,有 $p_1=2^{2^2}+1=16+1=17$. 他通过数论得到的这一发现使困惑数学家两千多年的问题宣告终结. 高斯并没有提供一个具体的作法,他把这一工作留给别人完成. 1899 年人们发现了他的日记,日记中一开始就提到使他感到自豪的这一发现,在他的不朽的发现的许多年后,迫于一位朋友的压力,他提供了作正十七边形的一个可能的方法[2]. 因此高斯要求在他的墓碑上留有一个正十七边形,所以在德国的布伦斯威克(Braunschweig) 的高斯的雕像上保留了一个正十七边形.

这里有一个小故事,说的是哥尼斯堡(Königsberg,现为俄罗斯的加里宁格勒) 大学的一位正在读博士学位的大学生,接受了他的教授给他的挑战:用欧几里得工具(一把没有刻度的直尺和一把圆规) 作一个正 65 537 边形. 他知道作图是可能的,因为 $65\,537=2^{2^4}+1=2^{16}+1$(这里 $k=4$) 是一个质数,符合高斯公式. 在他接受挑战后的十来年,即 1879 年,这位大学生提着一个手提箱来了,里面放着厚厚的 250 页大张纸,上面写着所需要的论文. 如果要在一个半径 10 m 的圆上作一个内接正 65 537 边形的话,那么我们会发现这个正多边形的任何两个相邻顶点相距约 1 mm. 然后这位大学生取得了博士学位,因为谁也没有时间,也没有意向去阅读他的整篇论文. 放着这篇论文的手提箱现在还保存在哥廷根大学的数学图书馆中[3].

§2　三角形的作图

为了用没有刻度的直尺和圆规作三角形,我们需要三角形的三个部分的大小.例如,如果我们有了三角形的三边 a,b,c 的长,那么就能作出三角形(当然假定满足三角形不等式,即 $a+b>c,b+c>a,c+a>b$).

我们最先考虑的 $\triangle ABC$ 的部分是(图 8.4):

边分别是:a,b,c;

顶点 A,B,C 处的角分别是:α,β,γ;

边 a,b,c 上的高分别是:h_a,h_b,h_c;

边 a,b,c 上的中线分别是:m_a,m_b,m_c;

分别向边 a,b,c 作的角 α,β,γ 的角平分线:t_a,t_b,t_c.

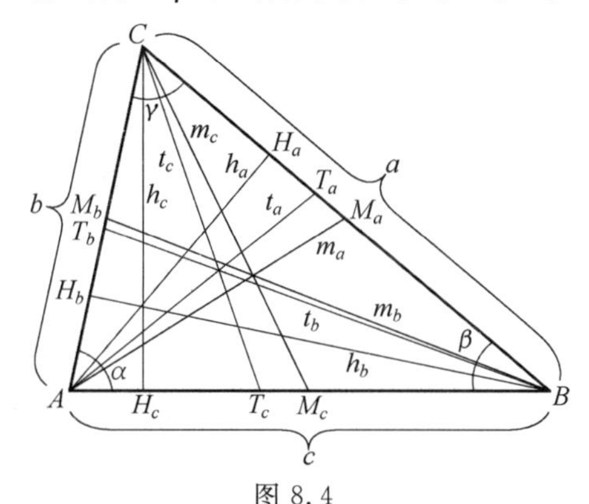

图 8.4

为了进一步研究这些问题,正如你注意到上面提到的三角形的三边那样,给出三个这样的条件并不是永远能作出三角形的.只有这三个条件的某种组合就能构成唯一的三角形.例如,告诉我们三角形的三个角,能作出无穷多个三角形,全都相似.此外,给出 a,b,t_a 也不能作出三角形,因为这三个条件并不独立.

如果考虑上面列出的 15 个条件,我们发现有 455 种可能的组合[4].自然,这个数字中有许多是重复的.例如,如果我们列出三数组 (a,b,α),实际上同样有三数组 (b,c,β),(c,a,γ),以及其余的三数组:(a,b,β),(b,c,γ),(c,a,α).这就是说,对于给出两边和其中一边的对角的这一种三数组的信息,就可以在 455 种可能的组合中列出六组.

现在考虑其中的"重复",实际上这 455 种可减少到 95 种(图 8.5).六次重复的三数组有 60 个,三次重复的三数组有 30 个,还有 5 个三数组没有重复[5].在这 95 种可能性中,有 63 种可以作出,30 种不可能作出.例如,上面提到的三数组 (a,b,t_a) 就不能作出;三数组 (h_a,m_b,t_c) 也不能作出;还有两组不能确定,例如三数组 (a,b,h_c),其中 $h_c=a\sin\beta$,和三数组 (α,β,γ),其中 $\alpha+\beta+\gamma=180°$.

	已知数据	同数型数据	构成情况		已知数据	同数型数据	构成情况
1	(a,b,c)	1	是	49	(α,β,h_a)	6	是
2	(a,b,α)	6	是	50	(α,β,h_c)	3	是
3	(a,b,γ)	3	是	51	(α,β,m_a)	6	是
4	(a,b,h_a)	6	是	52	(α,β,m_c)	3	是
5	(a,b,h_c)	3	是	53	(α,β,t_a)	6	是
6	(a,b,m_a)	6	是	54	(α,β,t_c)	3	是
7	(a,b,m_c)	3	是	55	(α,h_a,h_b)	6	是
8	(a,b,t_a)	6	否	56	(α,h_a,m_a)	3	是
9	(a,b,t_c)	3	是	57	(α,h_a,m_b)	6	是
10	(a,α,β)	6	是	58	(α,h_a,t_a)	3	是
11	(a,α,h_a)	3	是	59	(α,h_a,t_b)	6	否
12	(a,α,h_b)	6	是	60	(α,h_b,h_c)	3	是
13	(a,α,m_a)	3	是	61	(α,h_b,m_a)	6	是
14	(a,α,m_b)	6	是	62	(α,h_b,m_b)	6	是
15	(a,α,t_a)	3	是	63	(α,h_b,m_c)	6	是
16	(a,α,t_b)	6	否	64	(α,h_b,t_a)	6	是
17	(a,β,γ)	3	是	65	(α,h_b,t_b)	6	是
18	(a,β,h_a)	6	是	66	(α,h_b,t_c)	6	否
19	(a,β,h_b)	6	是	67	(α,m_a,m_b)	6	是
20	(a,β,h_c)	6	不确定	68	(α,m_a,t_a)	3	是
21	(a,β,m_a)	6	是	69	(α,m_a,t_b)	6	否
22	(a,β,m_b)	6	是	70	(α,m_b,m_c)	3	是
23	(a,β,m_c)	6	是	71	(α,m_b,t_a)	6	否
24	(a,β,t_a)	6	否	72	(α,m_b,t_b)	6	否
25	(a,β,t_b)	6	是	73	(α,m_b,t_c)	6	否
26	(a,β,t_c)	6	是	74	(α,t_a,t_b)	6	否
27	(a,h_a,h_b)	6	是	75	(α,t_b,t_c)	3	否
28	(a,h_a,m_a)	3	是	76	(h_a,h_b,h_c)	1	是
29	(a,h_a,m_b)	6	是	77	(h_a,h_b,m_a)	6	是
30	(a,h_a,t_a)	3	是	78	(h_a,h_b,m_c)	3	是
31	(a,h_a,t_b)	6	否	79	(h_a,h_b,t_a)	6	否
32	(a,h_b,h_c)	3	是	80	(h_a,h_b,t_c)	3	是
33	(a,h_b,m_a)	6	是	81	(h_a,m_a,m_b)	6	是
34	(a,h_b,m_b)	6	是	82	(h_a,m_a,t_a)	3	是
35	(a,h_b,m_c)	6	是	83	(h_a,m_a,t_b)	6	否
36	(a,h_b,t_a)	6	否	84	(h_a,m_b,m_c)	3	是
37	(a,h_b,t_b)	6	是	85	(h_a,m_b,t_a)	6	是
38	(a,h_b,t_c)	6	是	86	(h_a,m_b,t_b)	6	否
39	(a,m_a,m_b)	6	是	87	(h_a,m_b,t_c)	6	否
40	(a,m_a,t_a)	3	是	88	(h_a,t_a,t_b)	6	否
41	(a,m_a,t_b)	6	否	89	(h_a,t_b,t_c)	3	否
42	(a,m_b,m_c)	3	是	90	(m_a,m_b,m_c)	1	是
43	(a,m_b,t_a)	6	否	91	(m_a,m_b,t_a)	6	否
44	(a,m_b,t_b)	6	否	92	(m_a,m_b,t_c)	3	否
45	(a,m_b,t_c)	6	否	93	(m_a,t_a,t_b)	6	否
46	(a,t_a,t_b)	6	否	94	(m_a,t_b,t_c)	3	否
47	(a,t_b,t_c)	3	否	95	(t_a,t_b,t_c)	1	否
48	(α,β,γ)	1	不确定				

图 8.5

有时还已知三角形的外接圆的半径 R；内切圆的半径 r，或者三角形的旁切圆的半径 r_a，r_b，r_c. 这当然增加了作三角形可能性的个数.

既然我们有了对于由三条信息作出三角形的可能性的参数，我们还需要建立一个有效的过程进行实际的操作. 正如前面提到的内容，这种三角形的作图是真正的解题经验的最佳例子. 处理这些作图问题的一个有效的技术是从作三角形的方案开始，研究能确定所作出三角形的固定部位的各个条件. 我们将把适当个数的这些作图提供给读者，使读者有机会熟练这一技术. 要记住，有时候作图的方法并不唯一 —— 正如在解决许多问题时经常有不同的方法一样. 我们把我们认为是最容易理解的方法提供出来. 在作图和证明以后，我们也将对作图的一些方面进行讨论，例如唯一性或几个解.

第一组三角形作图的(例 1 ～ 17) 将涉及前面提到的三角形的各个部分，即边，顶角，高，中线，角平分线. 下面我们还将涉及有关的圆的半径(例 18 和 19).

例 1　给出条件(a, b, c)，作 $\triangle ABC$.

(我们用记号“(x, y, z)”表示作图题中给出的三角形的三个条件. 在本例的情况下给出的是 $\triangle ABC$ 边长.)

图 8.6 表示我们的问题. 给出三边的长，作三角形.

我们用图 8.7 来描述作图的过程，圆圈中的数表示步骤. 圆由圆心和半径描述. 对于圆心为 A，半径为 b 的圆，我们写作 $c(A, b)$.

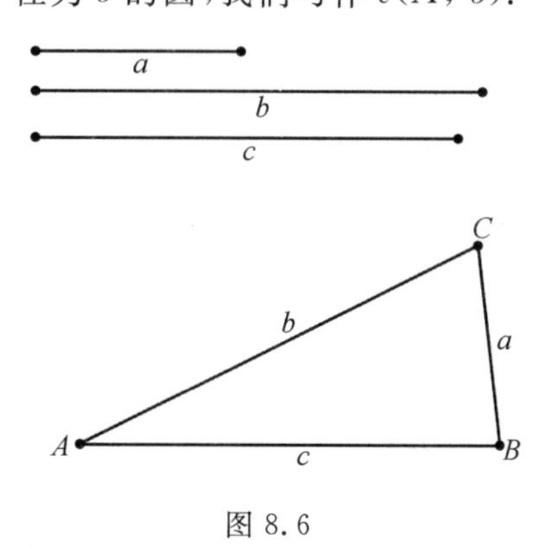

图 8.6

作图的步骤如下，见图 8.7：

① 作直线 g，在直线 g 上取一点 A.

② 以圆心为 A，b 为半径作圆 $c_1 = c(A, c)$，交直线 g 于 B.

(我们可写成简单的形式$\{B\} = g \cap c_1$[这里符号 $\cap$ 表示交].

③ 作圆 $c_2 = c(A, b)$.

④ 作圆 $c_3 = c(B, a)$.

圆 c_2 和 c_3 的交 C 给出我们要作的 $\triangle ABC$.

(简写成$\{C\} = c_2 \cap c_3$).

这两个圆的第二个交点 C' 确定了在直线 g 下方的一个全等三角形.

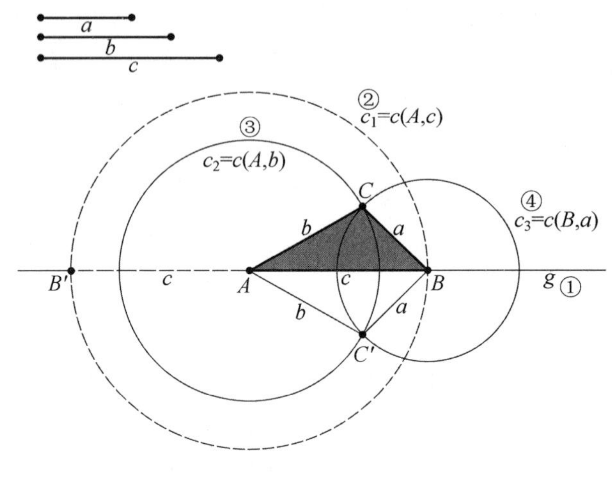

图 8.7

这里要注意的是在大多数其他作图题中,如果所要作的三角形确实存在,那么所给的数据的大小对确定三角形是至关重要的.

本例中可以容易看出这一点. 图 8.8 中表示当不等式 $a + b > c$ 不成立时,发生的情况. 任何三条边都要成立:任何两边之和必须大于第三边,否则三角形不存在. 也就是说,$a + b > c$, $b + c > a$, $c + a > b$.

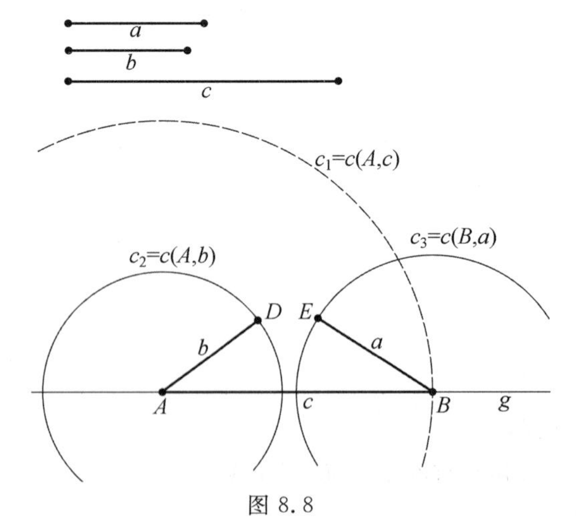

图 8.8

例 2　给出条件(a, b, $\angle A$),作 $\triangle ABC$.

该作图题给出的是 a, b 两边和其中一边的对角 α,求作三角形. 图 8.9 表示本题;然而 BC 边也可能在高 CH_c 的另一侧.我们将在图 8.10 的作图中看到这一点.

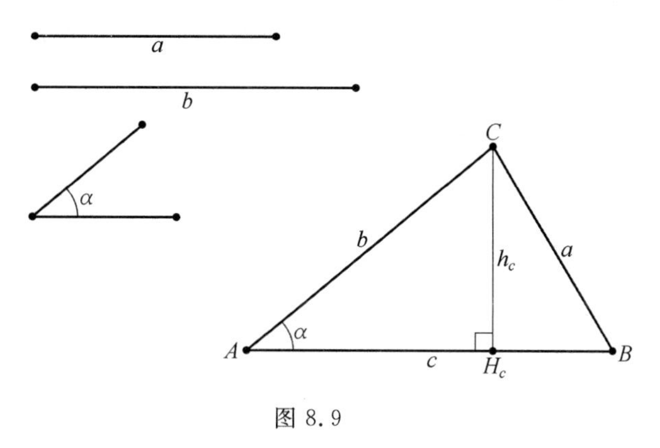

图 8.9

记住,在我们作图的过程中尽量采用固定的大小或可确定的大小,并设法把它们向所要作的图靠拢.这里固定的或可确定的大小是 b 的长和 $\angle\alpha$.

于是我们需要弄清 a 的长能确定什么点集 —— 也就是说,在这种情况下,点集或者轨迹是以 C 为圆心,a 为半径的圆.

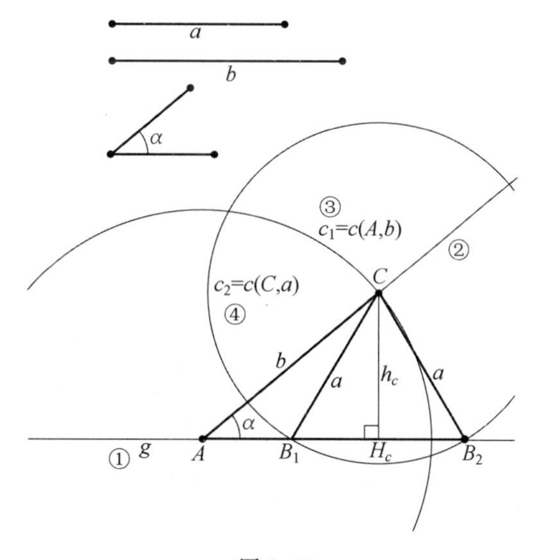

图 8.10

作图的步骤见图 8.10.

① 先画直线 g,并在直线 g 上取一点 A.

② 以 A 为顶点在直线 g 上作 $\angle\alpha$.

③ 在 $\angle\alpha$ 的另一边上截取长 b(画圆 $c_1=c(A, b)$ 得到 AC).

④ 画圆 $c_2 = c(C, a)$，得到圆 c_2 与 g 的两个交点 B_1，B_2.

于是给出的信息确定两个三角形：$\triangle AB_1C$ 和 $\triangle AB_2C$. 如果 CH_c，或 h_c 大于 a，那么不可能形成三角形，见图 8.11. 如果 CH_c 或 h_c 小于 a，那么可能形成两个三角形，见图 8.10.

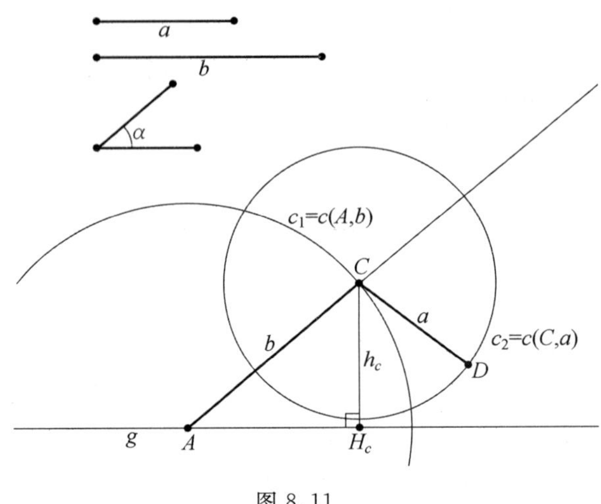

图 8.11

如果 h_c 等于 a，那么只能形成一个三角形，见图 8.12.

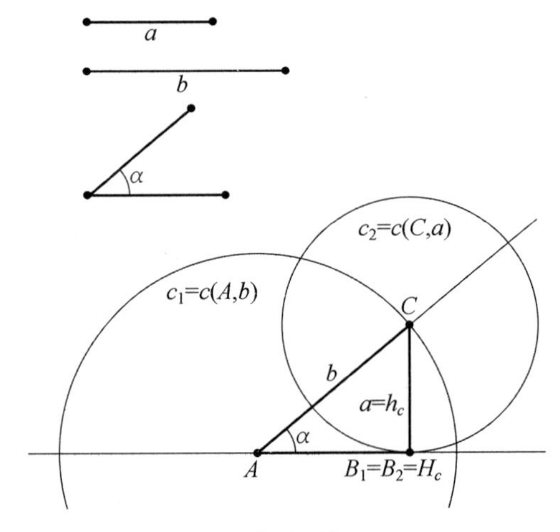

图 8.12

另一方面，如果 a 既大于 b，也大于 h_c，那么将可以作出两个不全等的三角形（$\triangle AB_1C$ 和 $\triangle AB_2C$），如图 8.13 所示. 但是 $\triangle AB_1C$ 不是解，因为 $\angle B_1AC \neq \alpha$.

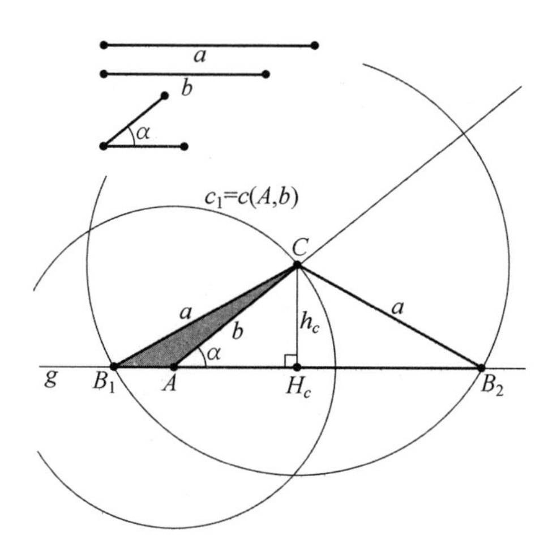

图 8.13

例 3 给出条件(a, b, h_a),作 $\triangle ABC$.

该作图题是给出两边 a, b 和一边上的高 h_a,求作三角形.

在图 8.14 中我们看到 $\triangle ACH_a$ 是直角三角形,所以是可作的. 为作出该图,我们先以 C 为圆心,a 的长为半径作圆,见图 8.15. 为了使作图易于操作,有时圆不全部画出,只画出作图时需要的弧.

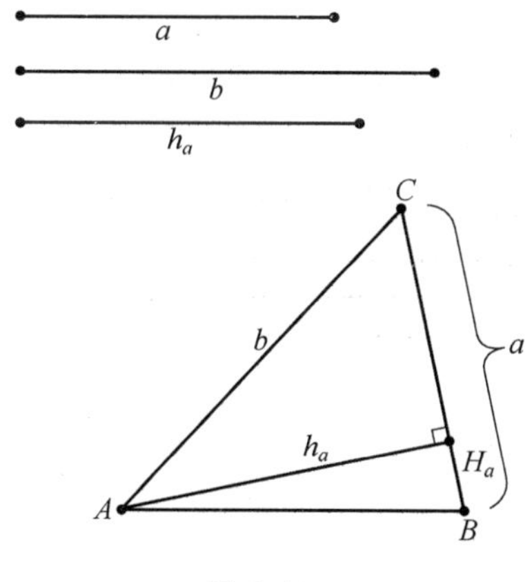

图 8.14

作图步骤如下:

① 作直线 g,并在直线 g 上取一点 H_a.

② 过 H_a 点作 g 的垂线 s.

③ 以 H_a 为圆心,h_a 为半径作圆 $c_1=c(H_a,h_a)$,交直线 s 于点 A.

④ 以 A 为圆心,b 为半径作圆 $c_2=c(A,b)$,交直线 g 于点 C.

⑤ 以 C 为圆心,a 为半径作圆 $c_3=c(C,a)$,交直线 g 于 B_1,B_2 两点.

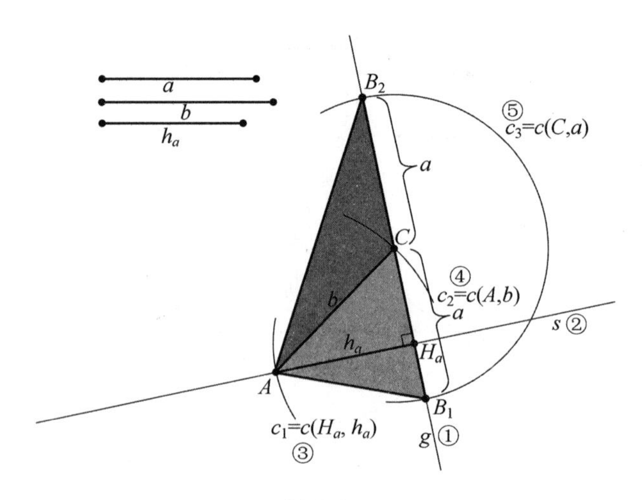

图 8.15

这样我们就作好了 $\triangle AB_1C$ 和 $\triangle AB_2C$.

记住这里我们作出了两个三角形：

当 $b > h_a$ 时，得到两个不全等的三角形.

当 $b = h_a$ 时，得到两个全等的直角三角形.

当 $b < h_a$ 时，不能作出三角形.

例 4 给出条件(a, b, m_c)，作 $\triangle ABC$.

该作图题是给出 a，b 两边的长，还给出第三边上的中线 m_c，作出 $\triangle ABC$.

在图 8.16 中，我们有 $a = BC$，$b = AC$，$m_c = CM_c$. 作这个图有点小技巧. 首先必须确定图中还没有的三角形. 为此过 M 延长 m_c 到 C'，使 $CM_c = C'M_c$.

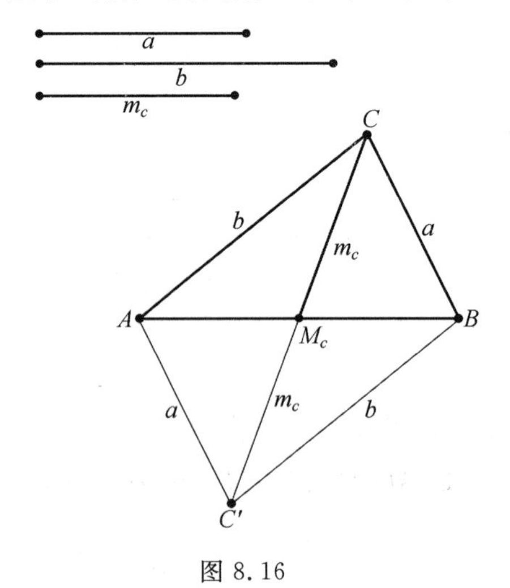

图 8.16

现在可作 $\triangle ACC'$，然后可作 AM_c. 延长 AM_c 到 B，使 $AM_c = M_cB$，这样就作出所求的 $\triangle ABC$. 另一种可能性是作圆 $C(C,a)$，交 AM_c 的延长线于 B.

作图的步骤(图 8.17) 如下：

① 作直线 g，并在直线 g 上取点 M_c.

② 以 M_c 为圆心，m_c 为半径作圆 $c_1 = c(M_c, m_c)$，交直线 g 于 C，C' 两点.

③ 以 C 为圆心，b 为半径作圆 $c_2 = c(C,b)$.

④ 以 C' 为圆心，a 为半径作圆 $c_3 = c(C',a)$，交圆 $c_2 = c(C,b)$ 于点 A.

⑤ 以 C 为圆心，a 为半径作圆 $c_4 = c(C,a)$，交直线 AM_c 于 B_1，B_2 两点.

于是所求的三角形就是以 m_c 为中线的 $\triangle AB_1C$.（在 $\triangle AB_2C$ 中线段 m_c 不是中线）.

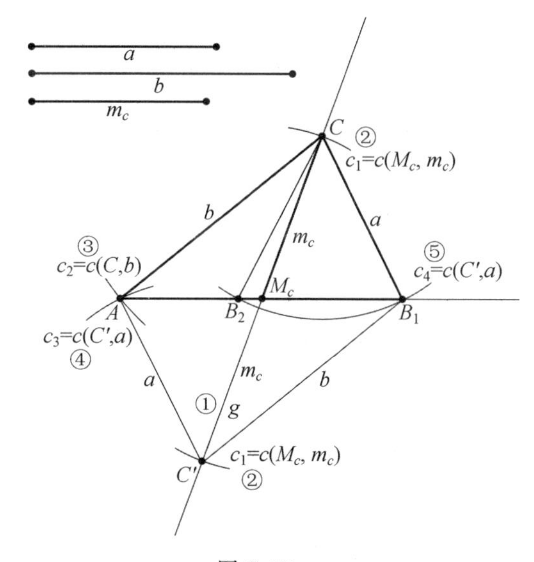

图 8.17

例 5　给出条件$(a,\ b,\ t_c)$，作 $\triangle ABC$.

像前面的作图题一样，我们需要建立一个固定的三角形，从而作出所需要的三角形. 给出所求的三角形的两边以及它们的夹角的平分线. 也就是说，对 $\triangle ABC$，有 $a = BC$，$b = AC$，$t_c = CT_c$，如图 8.18 所示.

首先延长 BC，延长的长度为 b，得到等腰 $\triangle ACD$，其中 $AC = CD = b$，$AD = x$，$\delta = \angle ACD$，$\varepsilon = \angle CAD = \angle CDA$. $\angle ACT_c$ 和 $\angle CAD$ 都是 $\angle ACD$ 的补角的一半，因此它们相等，于是 AD 平行于 CT_c. 因为 $\triangle ABD$ 相似于 $\triangle T_cBC$，所以 $\frac{AD}{CT_c} = \frac{BD}{BC}$，于是 $\frac{x}{t_c} = \frac{a+b}{a}$. 因为 a，$a+b$，t_c 的长都已知，且乘法和除法运算是可以作图的操作，所以可作出 $AD = x$.

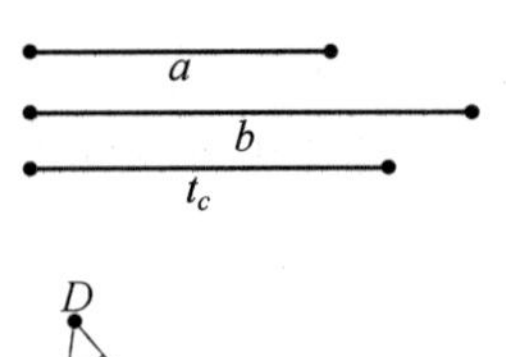

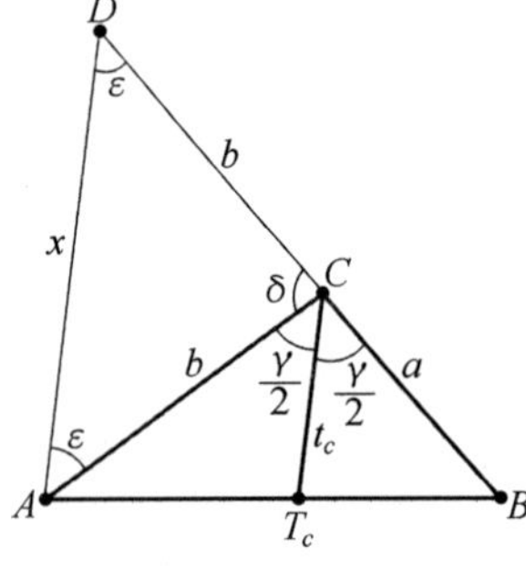

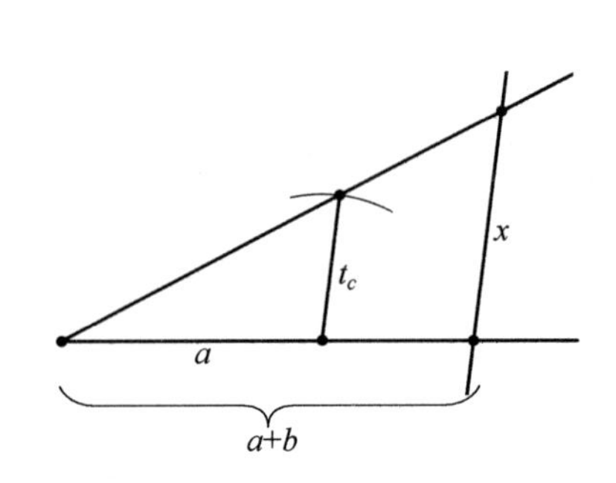

图 8.18

现在准备进行实际作图，首先作 $\triangle ACD$. 然后以 C 为圆心，a 为半径作圆 $c(C,a)$ 交 DC 于 B.

作图的步骤(图 8.19) 如下：

① 作 $AD=x$，使 $x=\dfrac{t_c(a+b)}{a}$. [6]

② 经过 A，D 作直线 g，然后作圆 $c_1=c(A,x)$ 交直线 g 于 D，即在直线 g 上截得长 x.

③ 作圆 $c_2=c(A,b)$ 和 $c_3=c(D,b)$，两圆相交于 C，作出 $\triangle ACD$，有 $AC=CD=b$，$AD=x$.

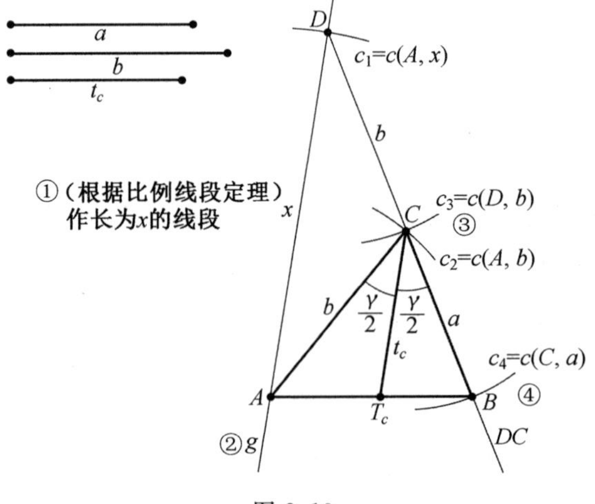

图 8.19

④ 以 C 为圆心，a 为半径作圆 $c_4=c(C,a)$，交 DC 的延长线于 B.

于是我们就得到 $\triangle ABC$.

例 6　给出条件$(a,\angle A,h_a)$，作 $\triangle ABC$.

给出三角形的边 a 的长和该边的对 $\angle\alpha$ 的大小，以及该边上的高 h_a，求作三角形. 在图 8.20 中，有 $a=BC$，$\angle BAC=\alpha$，$h_a=AH_a$.

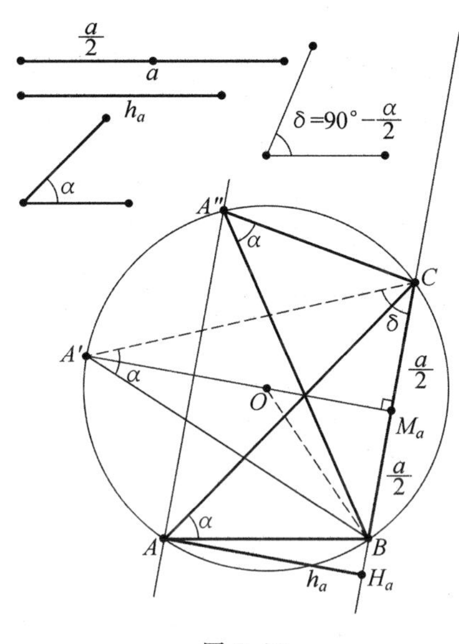

图 8.20

用作垂线的方法，先作一直线平行于 BC，使两平行线之间的距离是 h_a. 现在注意到 $\triangle A'CM_a$，其边和角的大小是$(90^\circ,\frac{a}{2},\delta=90^\circ-\frac{\alpha}{2})$. 因为 $\angle BA'C$，$\angle BAC$，$\angle BA''C$ 这三个角都是$\overset{\frown}{BC}$ 所对的圆周角，所以它们相等. $\triangle BCA'$ 是底角 $\angle BCA'=90^\circ-\frac{\alpha}{2}$ 的等腰三角形. 现在我们可以进行实际作图了：

在图 8.21 中，作图的步骤如下：

① 先作直线 g，并在直线 g 上取点 D.

② 过 D 作直线 g 的垂线 s_1.

③ 以 D 为圆心，h_a 为半径作圆 $c_1=c(D,h_a)$，交直线 s_1 于 E.

④ 过 E 作直线 s_2 垂直于 s_1.

（步骤 ② 到 ④ 可简化为作直线 s_2 平行于 g，使两平行线之间的距离为 h_a.）

⑤ 在直线 g 上取点 M_a，再过 M_a 作直线 s_3 垂直于 g.

⑥ 以 M_a 为圆心，$\frac{a}{2}$ 为半径作圆 $c_2=c(M_a,\frac{a}{2})$，交直线 g 于 B，C 两点.

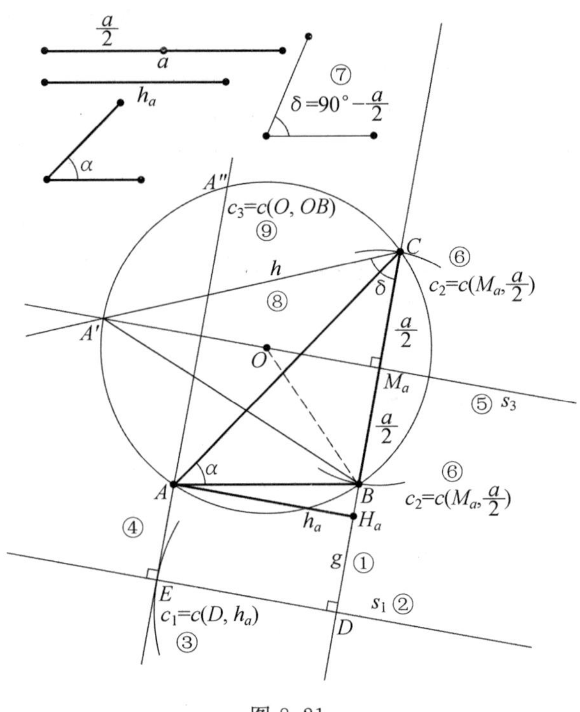

图 8.21

⑦ 现在要作一个角，大小为 $\delta=90^{\circ}-\dfrac{\alpha}{2}$.

⑧ 以 C 为顶点，直线 g 为边作 $\angle\delta$，如图 8.21.

⑨ 作 $\triangle A'BC$ 的外接圆 c_3，其圆心为 O. 这就是圆心为 O，半径为 OB 的圆 $c_3=c(O,OB)$，它与直线 s_2 交于 A，A''.

（回忆一下，因为 $\angle BA'C$，$\angle BAC$，$\angle BA''C$ 是同弧上的圆周角，所以这三个角相等.）

我们就得到所求的 $\triangle ABC$.

例 7 给出条件(a,h_b,h_c)，作 $\triangle ABC$.

这里给出三角形的两边上的高 h_b 和 h_c 和第三边 a 的长，要求作出 $\triangle ABC$. 在图 8.22 中的三角形中，给出的条件是 $a=BC$，$h_b=BH_b$，$h_c=CH_c$.

在分析所需要的作图时，我们注意到因为半圆所对的圆周角是直角，所以给出的高的垂足必须在以已知边 a 为直径的半圆上. 于是我们只需要在半圆上截取高的长，其余的问题只是确定点 A 了.

在图 8.23 中，作图的步骤如下：

① 先作直线 g，并在直线 g 上取点 M_a.

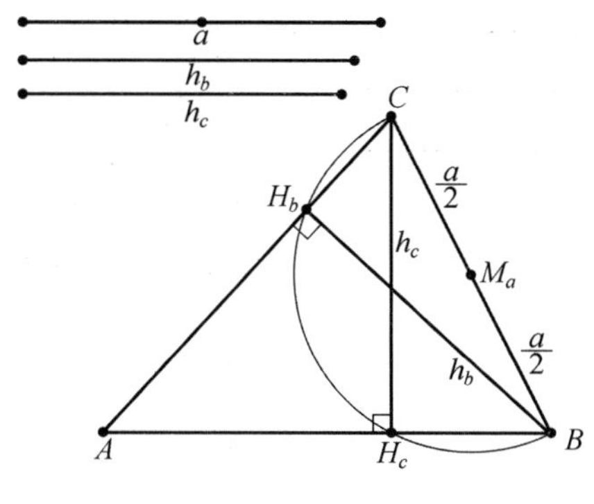

图 8.22

② 以 M_a 为圆心，$\frac{a}{2}$ 为半径作圆 $c_1=c(M_a,\frac{a}{2})$，交直线 g 于 B，C 两点.

③ 以 B 为圆心，h_b 为半径作圆 $c_2=c(B,h_b)$，交圆 c_1 于点 H_b.

④ 以 C 为圆心，h_c 为半径作圆 $c_3=c(C,h_c)$，交圆 c_1 于点 H_c.

⑤ 作直线 $h=BH_c$.

⑥ 作直线 $k=CH_b$，交直线 $h=BH_c$ 于点 A.

于是我们作出了 $\triangle ABC$.

（读者可以去考虑 $h_b<a$，$h_c<a$；$h_b=a$，$h_c<a$；$h_b<a$，$h_c=a$ 的各种不同的情况）.

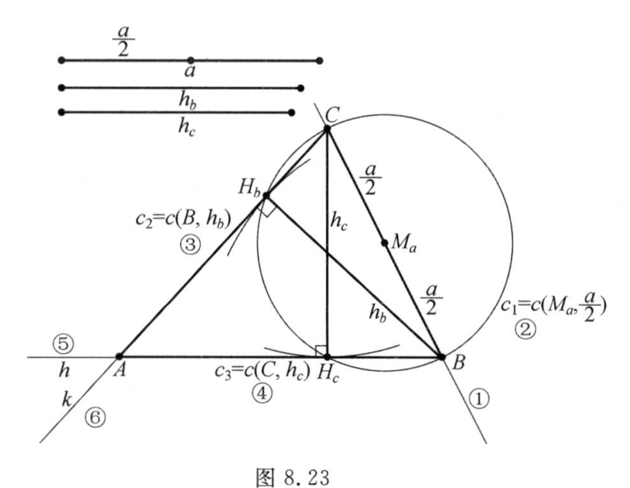

图 8.23

例 8 给出条件(a,h_b,m_c)，作 $\triangle ABC$.

这次作图是给出三角形的一边的长和第二边的高的长，以及第三边上的中线的长，求作三角形. 因此在图 8.24 中，对 $\triangle ABC$，给出的条件是 $a=BC$，$h_b=BH_b$，和 $m_c=CM_c$.

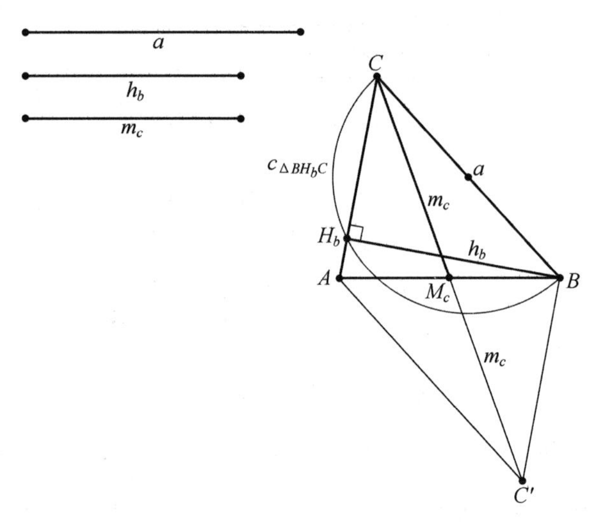

图 8.24

一看图 8.24 立刻发现 Rt$\triangle BCH_b$ 能够作出. 还注意到延长 CM_c 本身的长度到点 C',点 C' 是 CM_c 的延长线与经过点 B 平行于 CH_b 的直线的交点. 因为 $AM_c=BM_c=\frac{c}{2}$,所以四边形 $AC'BC$ 是平行四边形,于是得到一个对角线互相平分的四边形. 作 BM_c 与 CH_b 的交点 A 后作图就完成.

作图 8.25 的步骤如下:

① 作直线 g,并在直线 g 上取点 D.

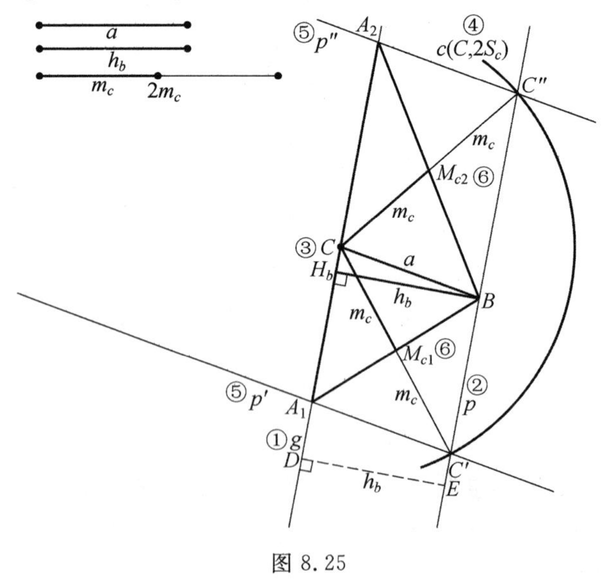

图 8.25

② 作直线 p 平行于直线 g，使两平行线相距 h_b.

③ 作 $\mathrm{Rt}\triangle BCH_b$，使 $a=BC$，$h_b=BH_b$，和 $\angle BH_bC=90°$.

④ 以 C 为圆心，$2m_c$ 为半径作圆 $c=c(C,2m_c)$，交直线 p 于 C'，C''.

⑤ 过点 C' 作直线 p' 平行于 BC 交直线 g 于点 A_1（过点 C'' 作直线 P'' 平行于 BC 交直线 g 于点 A_2）.

⑥ 作直线 A_1B 交 CC' 于点 M_{c1}（作直线 A_2B 交 CC'' 于点 M_{c2}）.

结果就作好了两个三角形：$\triangle A_1BC$ 和 $\triangle A_2BC$.

例 9 给出条件 (a,h_b,t_c)，作 $\triangle ABC$.

已知三角形一边的长 a 和第二边上的高 h_b 的长，以及第三边的对角的角平分线 t_c 的长，求作 $\triangle ABC$. 在图 8.26 中的 $\triangle ABC$，有 $a=BC$，$h_b=BH_b$，和 $t_c=CT_c$.

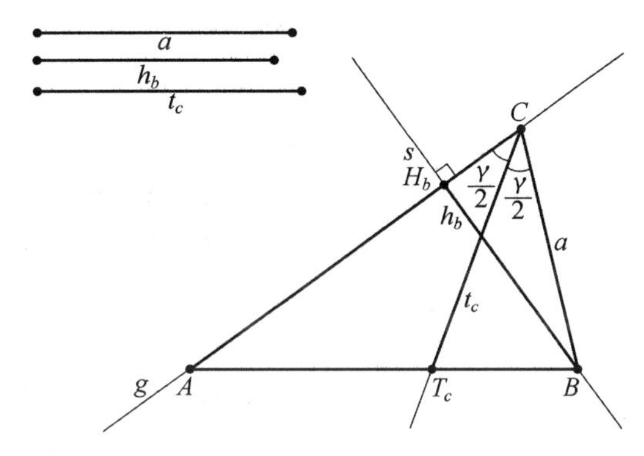

图 8.26

因为斜边的长和一条直角边的长已知，所以先作 $\mathrm{Rt}\triangle BCH_b$（图 8.26）. 然后平分 $\angle ACB$，在这条角平分线上，根据 t_c 的长确定点 T_c（这里确定指的是画圆 $c\ (C,t_c)$）. 于是可以画 BT_c 交 CH_b 于点 A，就作出三角形. 这次作图作出了一个三角形. 但是从下面的作图你将看到用以下给定的信息可以作出第二个三角形：点 C 在 A 与 H_b 之间的一个三角形.

作图 8.27 的步骤如下：

① 作直线 g，并在直线 g 上取点 H_b.

② 过点 H_b 作直线 s 垂直于直线 g.

③ 以 H_b 为圆心，h_b 为半径作圆 $c_1=c(H_b,h_b)$，交直线 s 于点 B.

④ 以 B 为圆心，a 为半径作圆 $c_2=c(B,a)$，交直线 g 于 C_1，C_2 两点.

⑤ 有了线段 $BC_1=a$ 和 $BC_2=a$，就得到 $\angle H_bC_1B=\gamma$ 和 $\angle H_bC_2B=\gamma$.

⑥ 作 $\angle H_bC_1B=\gamma$ 的角平分线，作 $\angle H_bC_2B$ 的邻补角 $(180°-\gamma)$ 的角平分线.

⑦ 以 C_1 为圆心，t_c 为半径作圆 $c_3=c(C_1,t_c)$，交 $\angle H_bC_1B$ 的角平分线于 T_{c1} 点. 然后以 C_2 为圆心，t_c 为半径作圆 $c_4=c(C_2,t_c)$，交 $\angle H_bC_2B$ 的邻补角的角平分线于 T_{c2} 点.

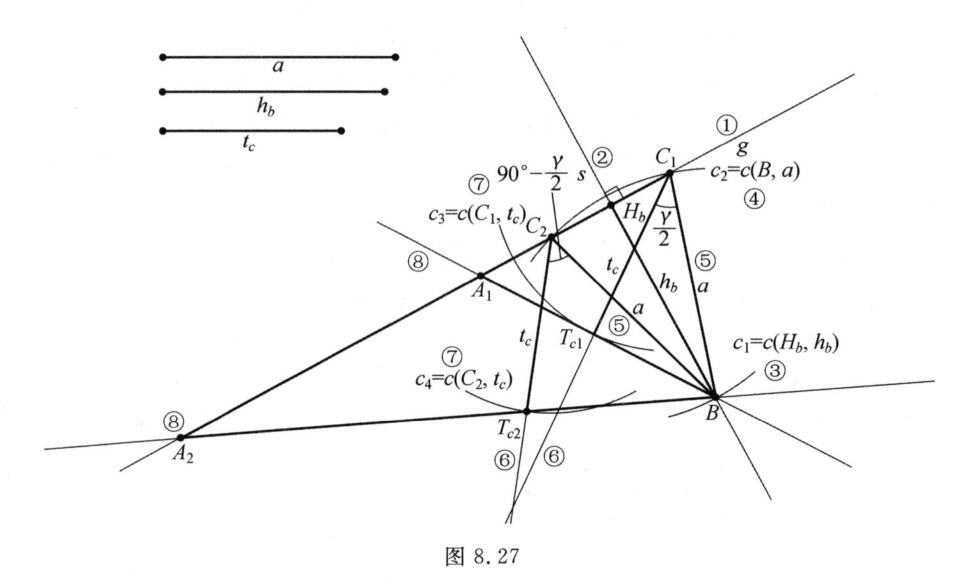

图 8.27

⑧ 联结 BT_{c1}，BT_{c2}；分别与直线 g 相交于 A_1，A_2 两点.

结果由已知条件作出了两个三角形：$\triangle A_1BC_1$ 和 $\triangle A_2BC_2$.

读者可以考虑何时无解或何时只有一解.

例 10 给出条件(a，$\angle C$，m_c)，作 $\triangle ABC$.

对于这个三角形的作图，我们给出 $\triangle ABC$ 的 $\angle\gamma$，已知角的一邻边 a 和已知角的对边的中线 m_c 的长. 在图 8.28 中，对于 $\triangle ABC$，以下部分给定平分线的长，求作 $\triangle ABC$. 在图 8.28 中的 $\triangle ABC$，有 $a=BC$，$\gamma=\angle ACB$，和 $m_c=CM_c$.

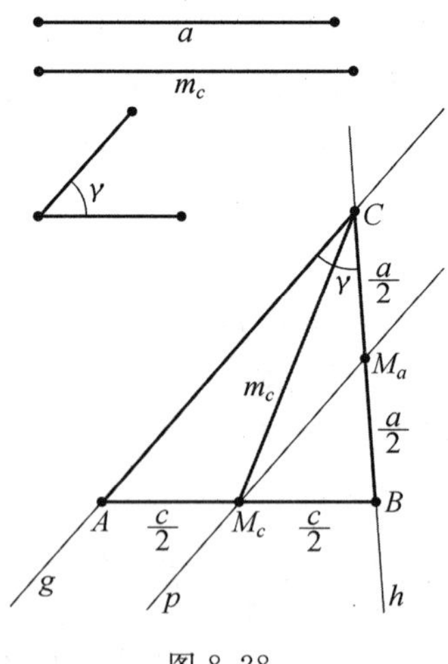

图 8.28

在已知角的一边上截取已知边的长，再取已知边 a 的中点，过中点作一直线平行于角的另一边. 由中线的长确定在该直线上的点 M_c(图 8.28). 因为该直线过三角形一边的中点，且平行于第二边，于是也平分三角形的第三边.

现在作图，如图 8.29 所示.

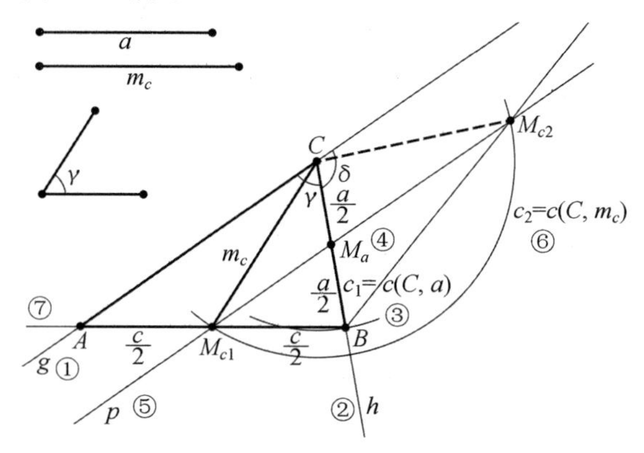

图 8.29

① 先作直线 g，并在直线 g 上取点 C.

② 以 C 为顶点 g 为一边作 $\angle\gamma$，设角的另一边为 h.

③ 以 C 为圆心，a 为半径作圆 $c_1=c(C,a)$，交 h 于点 B.

④ 取 BC 的中点 M_a.

⑤ 过点 M_a 作直线 p 平行于 g.

⑥ 以 C 为圆心，m_c 为半径作圆 $c_2=c(C,m_c)$，交直线 p 于点 M_c.

⑦ 直线 BM_c 交直线 g 于点 A.

于是 $\triangle ABC$ 的作图完成.

例 11 给出条件($\angle A$, $\angle B$, t_b)，作 $\triangle ABC$.

这一作图要求我们根据给出的两个角 $\angle\alpha$ 和 $\angle\beta$ 和其中一个角的平分线 t_b 的长，作出 $\triangle ABC$. 在图 8.30 中，$\triangle ABC$ 的 $\angle\alpha=\angle BAC$，$\angle\beta=\angle ABC$，$t_b=BT_b$.

首先注意到有 $\angle\alpha$ 和 $\angle\frac{\beta}{2}$ 这两个角和角平分线的长 t_b 的三角形. 该三角形的第三个角是 $\delta=180^\circ-(\angle\alpha+\frac{\angle\beta}{2})$. 这个 $\triangle ABT_b$ 可作出，由此作出 $\triangle ABC$.

作图 8.31 的步骤如下：

① 作直线 g，并在直线 g 上截取 $t_b=BT_b$.

② 作角 $\delta=180^\circ-(\alpha+\frac{\beta}{2})=\angle AT_bB$ 作为作图已知条件.

③ 以 T_b 为顶点，直线 g 为一边作角 $\delta=180^\circ-(\alpha+\frac{\beta}{2})=\angle AT_bB$，得到 $\angle\delta$

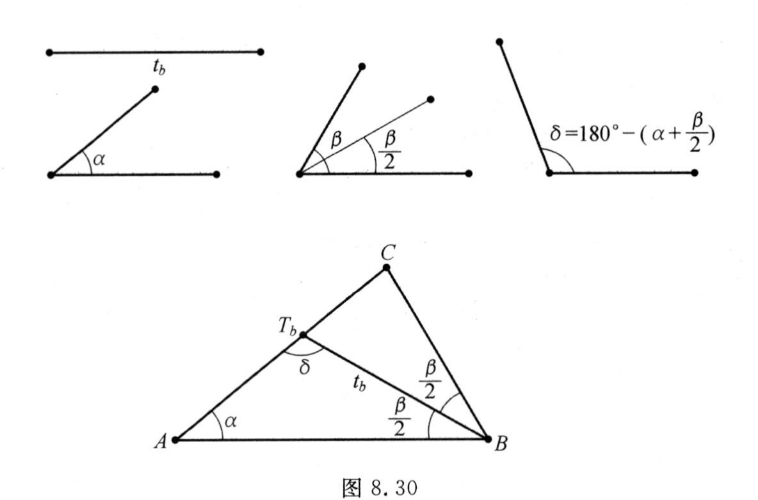

图 8.30

的另一边(射线 h).

④ 以点 B 为顶点,直线 g 为一边作角 $\angle \frac{\beta}{2}$,得到角的另一边(射线 k),k 交 h 于 A.

⑤ 以点 B 为顶点,AB 为一边作 $\angle\beta=\angle ABC$,得到角的另一边 l,l 交直线 h 于点 C. 也可以以点 B 为顶点作角 $\angle \frac{\beta}{2}$ 确定直线 l,像上面一样得到点 C.

于是 $\triangle ABC$ 的作图完成.

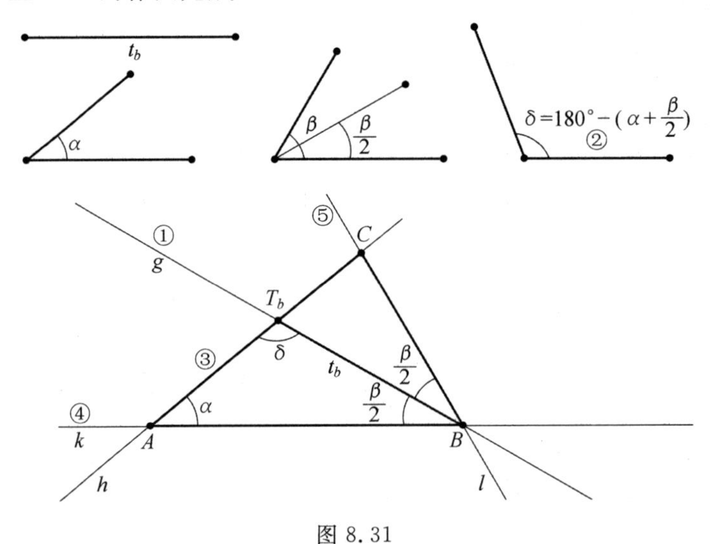

图 8.31

例 12 给出条件($\angle A$, h_b, h_c),作 $\triangle ABC$.

我们要从给出一个 $\angle\alpha$ 和不从给定的角的顶点出发的两条高 h_b,h_c,作

$\triangle ABC$. 在图 8.32 中我们看到要作的 $\triangle ABC$ 有所给条件 $\angle\alpha = \angle BAC, h_b = BH_b$ 和 $h_c = CH_c$.

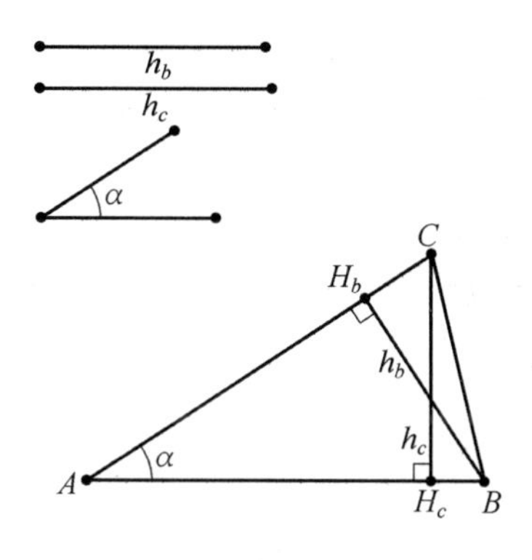

图 8.32

我们先作 $\angle\alpha$,然后寻求包括两条高的顶点的点集,从而作出三角形. 为此作经过这两点的平行线.

作图 8.33 的步骤如下:

① 作直线 g,并在直线 g 上取点 A.

② 以 A 为顶点,直线 g 为边作 $\angle\alpha$,确定角的另一边直线 h.

③ 在直线 g 上适当的位置上取点 D,过 D 作直线 s_1 垂直于直线 g.

④ 以 D 为圆心,h_c 为半径作圆 $c_1 = c(D, h_c)$,交 s_1 于 E.

⑤ 过点 E 作直线 p_1 垂直于直线 s_1,交直线 h 于点 C.

⑥ 在直线 h 上的适当的位置上取点 F,过 F 作直线 s_2 垂直于直线 h.

⑦ 以 F 为圆心,h_b 为半径作圆 $c_2 = c(F, h_b)$,交 s_2 于点 G.

⑧ 过点 G 作直线 p_2 垂直于直线 s_2,交直线 g 于点 B.

于是 $\triangle ABC$ 的作图完成.

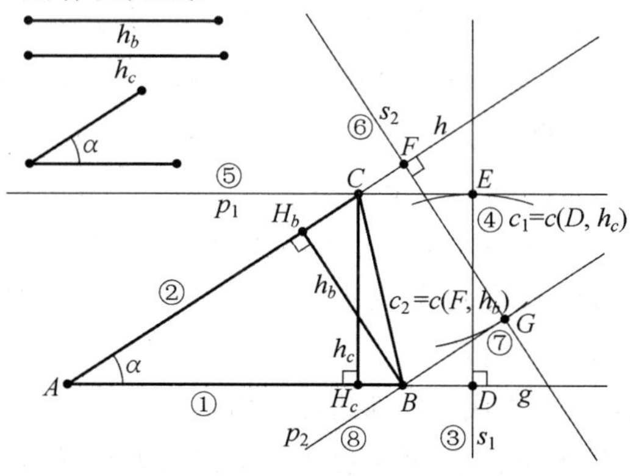

图 8.33

例 13 给出条件($\angle A$, h_b, m_a),作 $\triangle ABC$.

我们要从给出三角形的 $\angle\alpha$,从这个角的顶点出发的中线 m_a,和另一边上的高 h_b,作 $\triangle ABC$.

在图 8.34 中我们看到要作的三角形以及所给的条件 $\angle\alpha=\angle BAC$,$h_b=BH_b$ 和 $m_a=AM_a$.

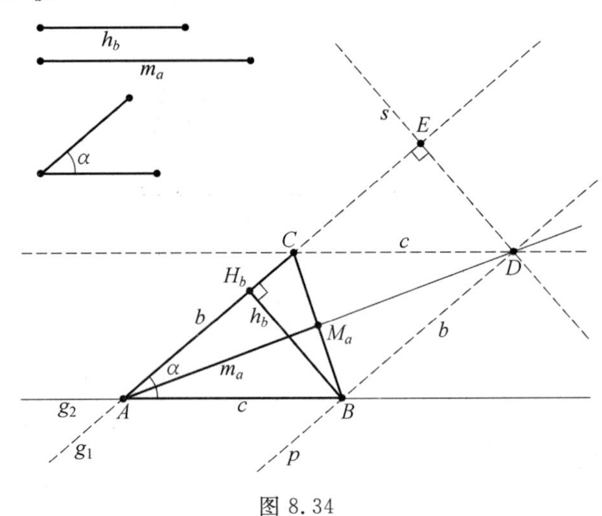

图 8.34

我们的作图计划是首先考虑中线 m_a 的两倍,就能作出两边的长为 b,c 的平行四边形,如图 8.34 所示. 这个平行四边形的两边平行于已知角的两边,两平行线之间的距离是 h_b,将可作出求作的 $\triangle ABC$.

作图的整体战略确定以后,下面的作图步骤如图 8.35 所示:

① 作直线 g_1,并在直线 g_1 上取点 E.

② 过点 E 作直线 s 垂直于直线 g_1.

③ 以点 E 为圆心,h_b 为半径作圆 $c_1=c(E,h_b)$,交直线 s 于点 D.

④ 以点 D 为圆心,$2m_a$ 为半径作圆 $c_2=c(D,2m_a)$,交直线 g_1 于点 A.

⑤ 取线段 AD 的中点 M_a,有 $AM_a=M_aD=m_a$.

⑥ 以 A 为顶点,以 g_1 为一边作 $\angle\alpha$,另一边为 g_2(图 8.35).

⑦ 过点 D 作直线 p 平行于 g_1,交 g_2 于点 B.

⑧ 过点 B 作垂直于直线 g_1 的直线,并截得 $BH_b=h_b$,确定点 H_b.

⑨ 作直线 BM_a 交 g_1 于点 C.

⑩ 作线段 BD 和 CD 构成平行四边形 $ABDC$.

于是 $\triangle ABC$ 的作图完成. 读者可思考一下何时无解,何时有唯一解.

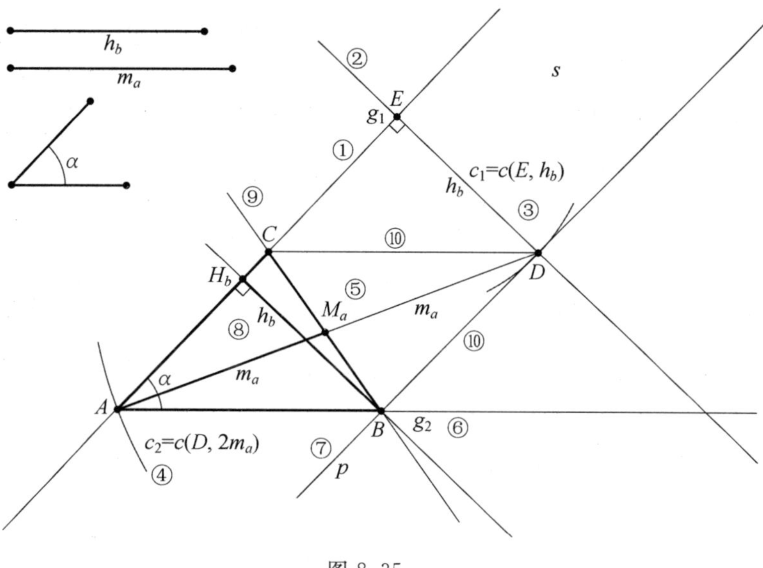

图 8.35

例 14 给出条件(h_a, h_b, h_c),作 $\triangle ABC$.

我们要从给出三角形的三条高的长,作一个三角形.图 8.36 中给出的三条高的长是 $h_a = AH_a, h_b = BH_b, h_c = CH_c$.

这里的技巧与其他的三角形的作图很不相同.我们将设法作由三条高的长组成的三角形,然后转换成一个相似三角形,这就是我们要求作的三角形.

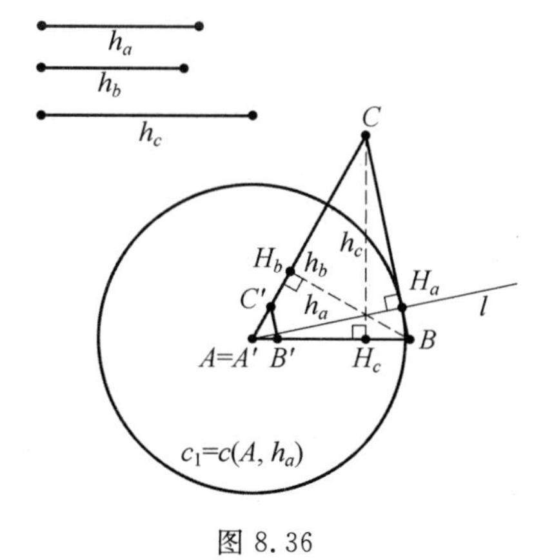

图 8.36

由三角形的面积公式得,$\triangle ABC$ 的面积 $= \frac{ah_a}{2} = \frac{bh_b}{2} = \frac{ch_c}{2}$,即 $ah_a = bh_b = ch_c$,或 $a : \frac{1}{h_a} = b : \frac{1}{h_b} = c : \frac{1}{h_c}$.

于是有 $h_a : \frac{1}{a} = h_b : \frac{1}{b} = h_c : \frac{1}{c}$. 这就是三角形的三边的比等于三条高的倒数的比. 于是 $a : b : c = \frac{1}{h_a} : \frac{1}{h_b} : \frac{1}{h_c}$. 或 $h_a : h_b : h_c = \frac{1}{a} : \frac{1}{b} : \frac{1}{c}$.

由此可得每一个三角形相似于原三角形的高的倒数组成的三角形. 所以 $\triangle ABC \backsim \triangle A'B'C'$, $\triangle A'B'C'$ 的边 $a' = B'C' = \frac{1}{h_a}$, $b' = A'C' = \frac{1}{h_b}$, $c' = A'B' = \frac{1}{h_c}$. 于是可以作 $\triangle A'B'C'$. 过点 $A = A'$, 垂直于 $B'C'$ 的直线 l 将与圆心为 A, 半径为 h_a 的圆 $c_1 = c(A, h_a)$ 相交于 BC 上的 H_a. 过 H_a 的垂直于 l 的直线分别交直线 $A'B'$ 和 $A'C'$ 于 B, C 两点.

我们首先做一些作图的准备工作. 需要理解在给定 b 的长时, 如何作长为 $\frac{1}{b}$ 的线段.

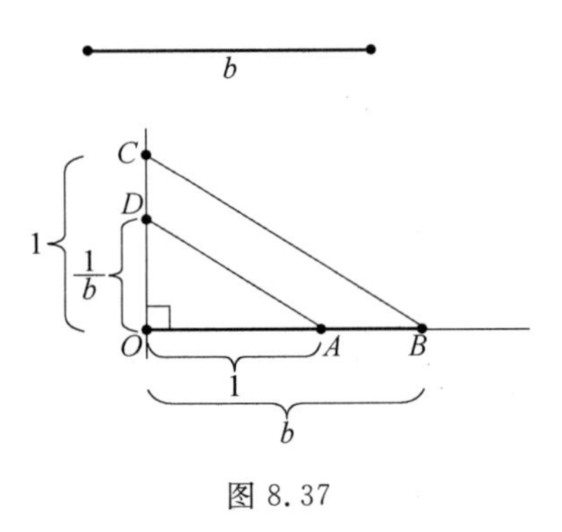

图 8.37

作 $BO = b$, $OC = 1$, 使这两条线段互相垂直, 如图 8.37 所示. 在 BO 上取 $OA = 1$, 作 AD 平行于 BC, 由三角形相似得到 $OD = \frac{OD}{1} = \frac{OD}{OC} = \frac{OA}{OB} = \frac{1}{b}$, 或简写为 $OD = \frac{1}{b}$.

既然有了作给定的长的线段的倒数的方法, 就能进行实际的作图了. 首先作边长为给定的高的倒数的三角形. 然后作与它相似, 且三条高为给定的长的三角形.

作图的步骤参照图 8.38.

① 作边长为 $a' = B'C' = \frac{1}{h_a}$, $b' = A'C' = \frac{1}{h_b}$, $c' = A'B' = \frac{1}{h_c}$ 的 $\triangle A'B'C'$.

(用上面的图 8.37 中作 $\frac{1}{b}$ 的方法.)

② 过 $A=A'$ 作垂直于 $B'C'$ 的直线 l.

③ 以 A 为圆心,h_a 为半径作圆 $c_1=c(A,h_a)$,交直线 l 于 BC 上的 H_a.

④ 过 H_a 作直线 s 垂直直线 l,交直线 $A'B'$ 于 B,交直线 $A'C'$ 于 C.

于是只已知三条高作出了 $\triangle ABC$.

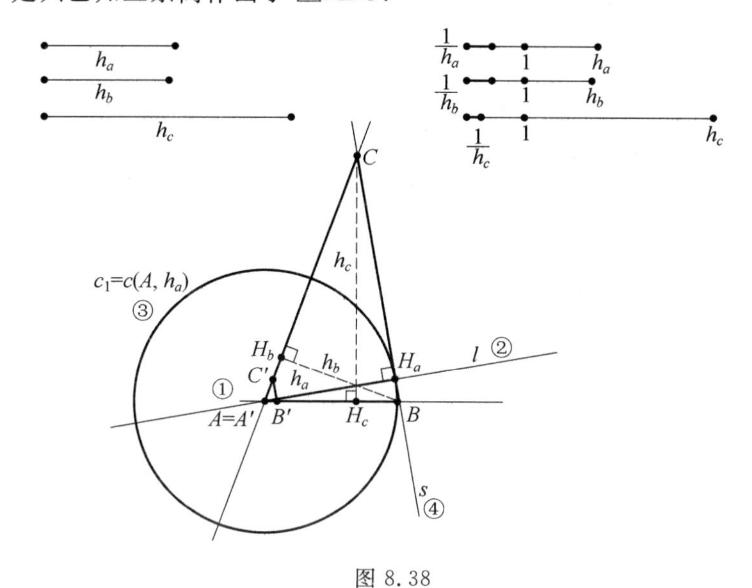

图 8.38

例 15 给出条件(h_a,h_b,m_a),作 $\triangle ABC$.

在图 8.39 中,$\triangle ABC$ 的已知部分是两条高 h_a,h_b,从已知两条高之一的顶点出发的一条中线 m_a 已经画出.

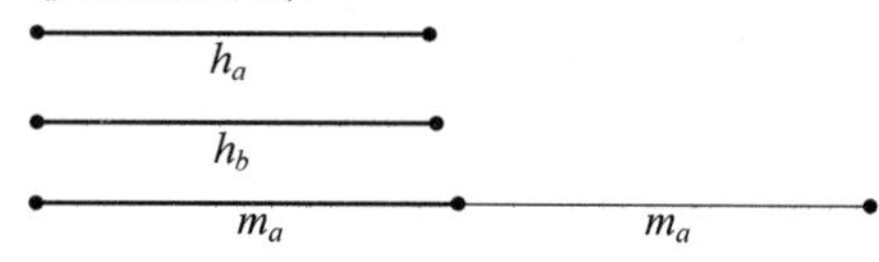

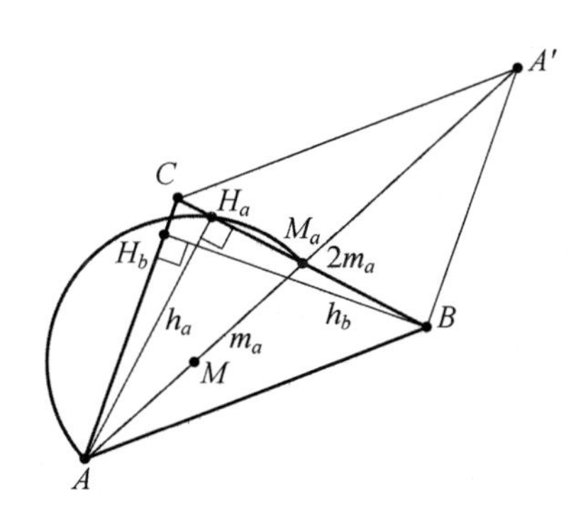

图 8.39

于是我们有 $h_a=AH_a$，$h_b=BH_b$，$m_a=AM_a$. 先作平行于 AC，且与 AC 的距离为 h_b 的直线，该直线经过点 B，且与以 A 为圆心，$2m_a$ 为半径的圆相交于点 A'. 于是可作出平行四边形 $ACA'B$. 再以 $AM_a=m_a$ 为直径作半圆，交边 BC 于已知高 h_a 的垂足 H_a. 这让我们画出这条与原来的两条平行线相交的直线，其交点分别是 B，C.

现在进行实际作图，如图 8.40 所示，步骤如下：

① 作直线 g，在直线 g 上取点 A.

② 作直线 p 平行于直线 g，且相距 h_b.

③ 作长为 $2m_a$ 的线段.

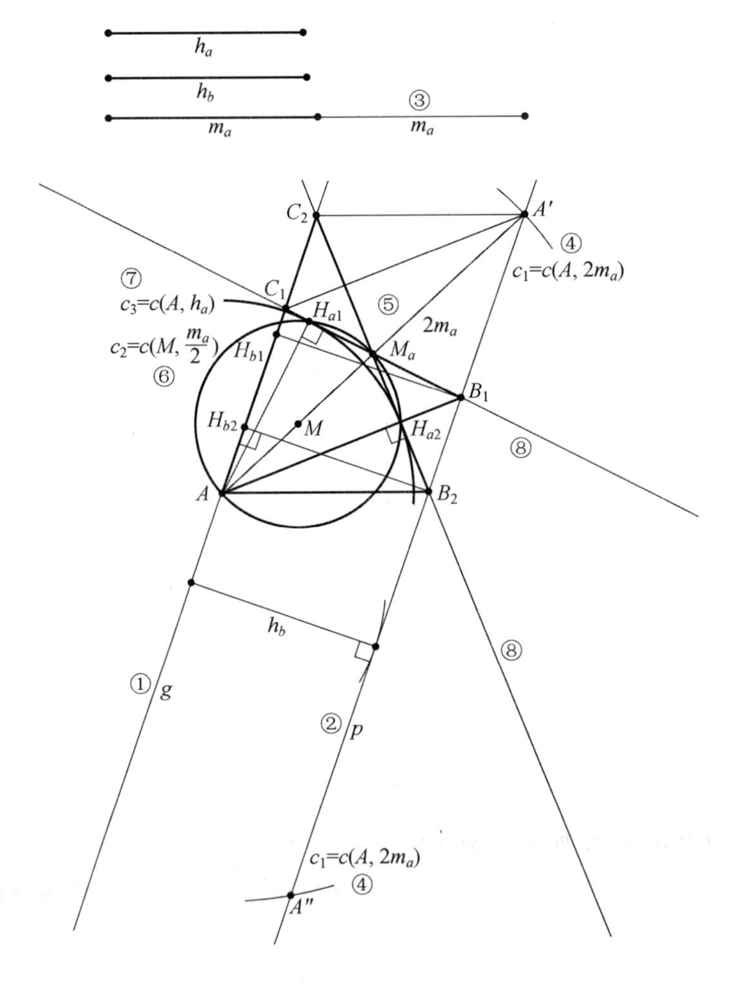

图 8.40

④ 以 A 为圆心，以 $2m_a$ 为半径作圆 $c_1=c(A,2m_a)$，交直线 p 于 A'，A'' 两点.

⑤ 平分线段 $AA'=2m_a$，设分点为 M_a，平分 $AM_a=(m_a)$，得到点 M.

⑥ 以 M 为圆心，$\frac{m_a}{2}$ 为半径作圆 $c_2=c(M,\frac{m_a}{2})$.

⑦ 以 A 为圆心，h_a 为半径作圆 $c_3=c(A,h_a)$，交圆 c_2 于 H_{a1}，H_{a2} 两点.

⑧ 作直线 M_aH_{a1}，交直线 p 于 B_1，交直线 g 于 C_1；再作直线 M_aH_{a2}，交直线 p 于 B_2，交直线 g 于 C_2.

由已知条件结果作出两个三角形：$\triangle AB_1C_1$ 和 $\triangle AB_2C_2$.

读者可以考虑何时无解，何时只有一解.

例 16 给出条件 (h_a,m_a,t_a)，作 $\triangle ABC$.

给定三角形的同一顶点出发的高，中线和角平分线 h_a，m_a，t_a 时，作三角形. 在图 8.41 中看到要作的三角形中给出的条件是：$h_a=AH_a$，$m_a=AM_a$，$t_a=AT_a$.

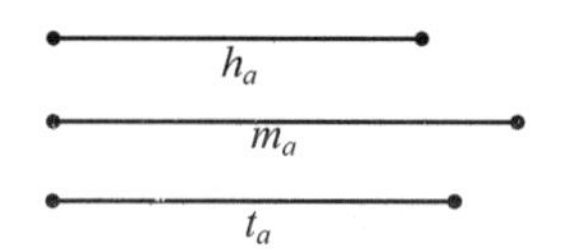

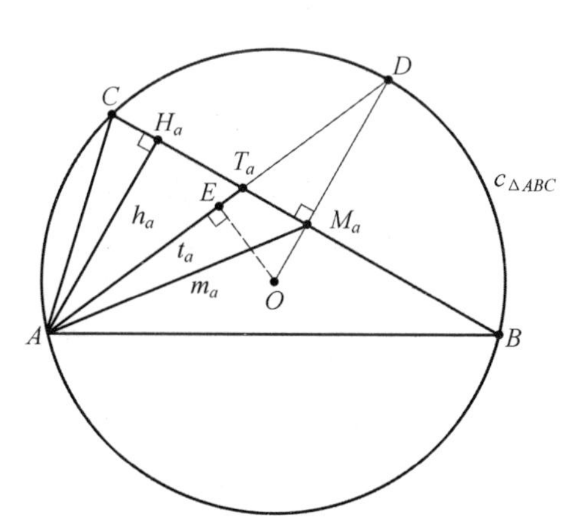

图 8.41

有两种可能：或者 $h_a<t_a<m_a$ 或者 $h_a=m_a=t_a$. 在后一种情况是等腰三角形，作图十分简单. 如果三条线段都不等，那么先作 $\mathrm{Rt}\triangle AH_aM_a$. 然后延长 AT_a，与过点 M_a 的垂直于 H_aM_a 的直线交外接圆于点 D，这是因为这两条直线都平分 $\overparen{BC}$. 过点 M_a 的这条垂线 DM_a 与 AD 的垂直平分线交于外接圆的圆心 O. 现在以 O 为圆心，以 OA 为半径画圆. 这样可得到所求的点 C 和 B.

在图 8.42 中，我们逐步叙述作图的步骤：

① 作直线 g,在直线 g 上取点 H_a.

② 过 H_a 作直线 s_1 垂直于直线 g.

③ 以 H_a 为圆心,h_a 为半径作圆 $c_1=c(H_a,h_a)$,交直线 s 于点 A.

④ 以 A 为圆心,m_a 为半径作圆 $c_2=c(A,m_a)$,交直线 g 于点 M_a.

⑤ 作直线 $AT_a=t_a$,交 g 于 T_a.

⑥ 过 M_a 作直线 s_2 垂直于 H_aM_a,交 AT_a 于点 D.

⑦ 作 AD 的垂直平分线 s_3,交 s_2 于外接圆的圆心点 O.

⑧ 以 O 为圆心,OA 为半径作圆 $c_3=c_{\triangle ABC}=c(O,OA)$,交直线 g 于 B,C 两点.

于是 $\triangle ABC$ 的作图完成.

当 $h_a=m_a=t_a$ 时,会有什么结果?读者可考虑一下何时三角形不存在.

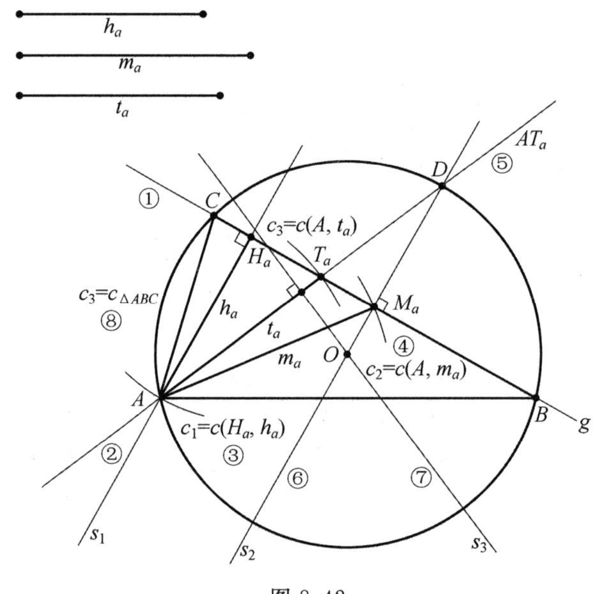

图 8.42

例 17 给出条件(m_a,m_b,m_c),作 $\triangle ABC$.

这里我们要从给出三角形的三条中线的长,作出一个三角形.图 8.43 中给出的三条中线的长是 $m_a=AM_a$,$m_b=BM_b$,$m_c=CM_c$.作图的目标是先作由给出的三条中线的长的$\frac{2}{3}$组成的 $\triangle BGK$.

我们知道三角形的重心三等分每一条中线,因此

$$BG=\frac{2}{3}BM_b=\frac{2}{3}m_b$$

$$BK = \frac{2}{3}CM_c = \frac{2}{3}m_c$$

$$GK = GM_a + M_aK = \frac{1}{3}AM_a + \frac{1}{3}AM_a = 2 \cdot \frac{1}{3}AM_a = \frac{2}{3}m_a$$

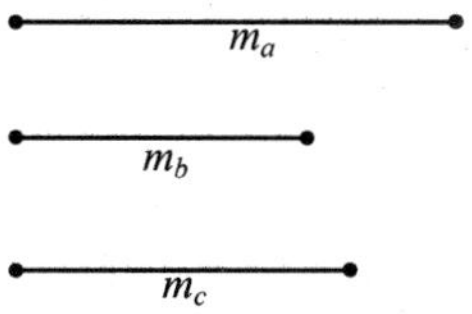

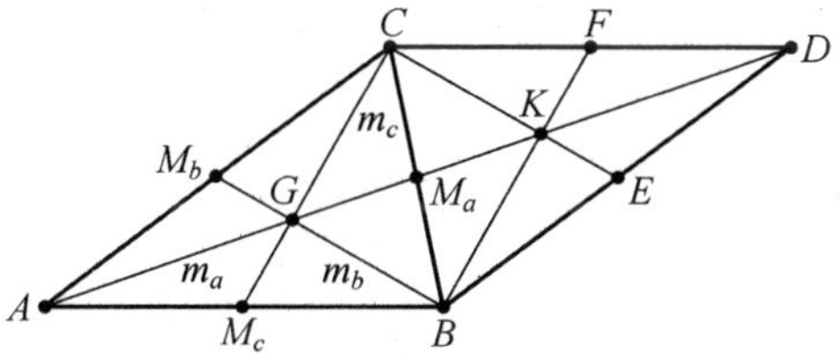

图 8.43

图 8.44 的作图步骤如下：

① 先将给定的中线三等分，使用：$\frac{2}{3}m_a$，$\frac{2}{3}m_b$，$\frac{2}{3}m_c$.

② 作直线 g，在直线 g 上取点 B.

③ 以 B 为圆心，$\frac{2}{3}m_b$ 为半径作圆 $c_1 = c(B, \frac{2}{3}m_b)$.

④ 以 B 为圆心，$\frac{2}{3}m_c$ 为半径作圆 $c_2 = c(B, \frac{2}{3}m_c)$.

⑤ 以 B 为圆心，$\frac{2}{3}m_a$ 为半径作圆 $c_3 = c(G, \frac{2}{3}m_a)$，交圆 c_2 于点 K.

⑥ 取线段 GK 的中点 M_a，平分 CB.

⑦ 以 G 为圆心，$\frac{2}{3}m_a$ 为半径作圆 $c_4 = c(G, \frac{2}{3}m_a)$，交 GK 于点 A.

⑧ 以 B 为圆心，m_b 为半径作圆 $c_5 = c(B, m_b)$，交 BG 于点 M_b.

⑨ 作 AM_b 交 BM_a 于点 C.

结果就是所求作的三角形. 当 $m_a = m_b$ 和 $m_c < 2m_a$ 时，会发生什么情况？希望读者去研究 $\triangle ABC$ 不存在的情况.

在这一点上，不要指望给出三角形的三条角平分线 t_a，t_b，t_c 时，作 $\triangle ABC$. 但是在一般情况下，只用没有刻度的尺和圆规是不可能作出三角形的. 但在某些特殊的情况下是可能的，但是我们关心的是一般的情况.

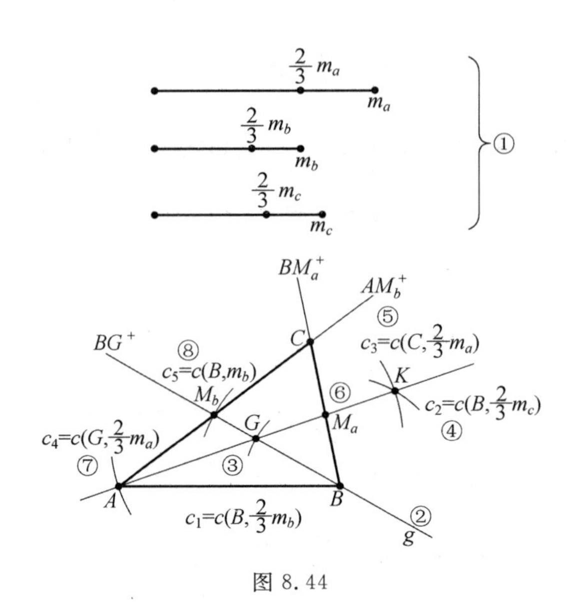

图 8.44

例 18　给出条件 a，m_b，R，作 $\triangle ABC$.

我们要从给出三角形的一边的长 a，另一边上的中线 m_b 和外接圆的半径 R 作一个三角形. 在图 8.45 中我们看到根据已知条件 $a=BC$，$m_b=BM_b$，$R=OA=OB=OC$ 要作出 $\triangle ABC$.

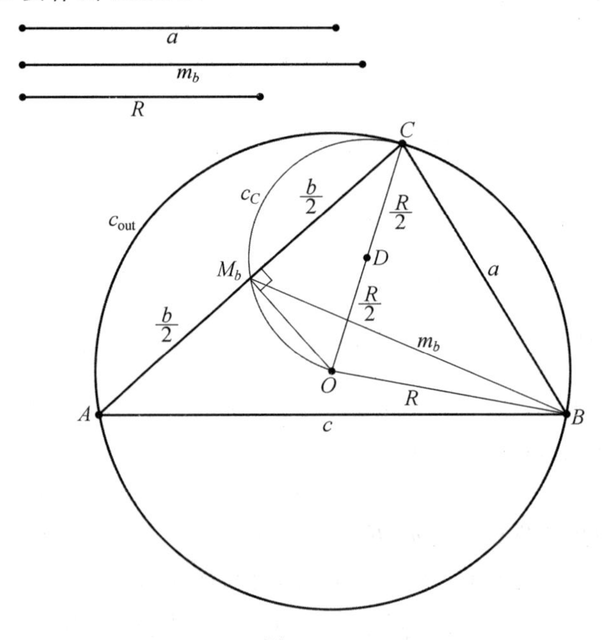

图 8.45

我们先画以 O 为圆心，R 为半径的 $\triangle ABC$ 的给定的外接圆. AC 边的中点

是 M_b. OC 上的半圆是用来确定直角的，从外接圆的圆心出发的线段和长为 m_b 的线段相交于公共点 M_b. 一旦确定了这一点，其余的作图就很简单了，只要作 CM_b 与外接圆相交得到点 A 即可.

根据上面的概括，可以在图 8.46 中看到作图的步骤：

① 作等腰 $\triangle BCO$，使 $a=BC$，$R=BO=CO$.

② 以 O 为圆心，R 为半径作圆 $c_1=c(O,R)$.

③ 平分线段 CO，得到点 D. 再以 D 为圆心，$\frac{R}{2}$ 为半径作圆 $c_2=c\left(D,\frac{R}{2}\right)$.

④ 以 B 为圆心，m_b 为半径作圆 $c_3=c(B,m_b)$，交圆 $c_2=c_C$ 于 M_{b1}，M_{b2} 两点.

⑤ 作 CM_{b1}，CM_{b2} 分别交外接圆 c_1 于 A_1，A_2 两点.

于是就作出了两个不全等的三角形：$\triangle A_1BC$ 和 $\triangle A_2BC$.

考虑存在一解的条件

$$\sqrt{R^2+2a^2}-R\leqslant 2m_b\leqslant\sqrt{R^2+2a^2}+R$$

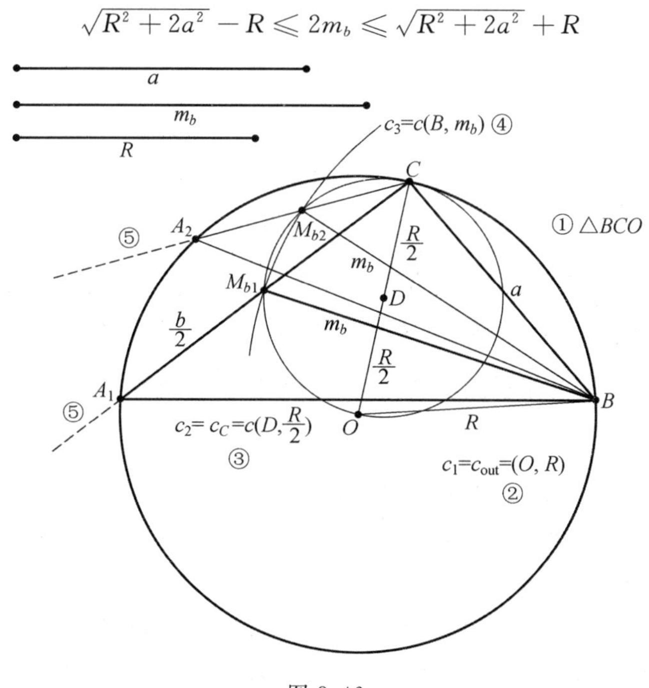

图 8.46

例 19 给出条件$(\angle A, m_c, R)$，作 $\triangle ABC$.

我们要从给出 $\triangle ABC$ 的一个角 $\angle\alpha$，另一顶点出发的中线 m_c 和三角形的外接圆的半径 R，作一个三角形. 在图 8.47 中我们看到根据已知条件 $\alpha=\angle BAC$，$m_c=CM_c$，$R=OA=OB=OC$ 要作出三角形($\triangle ABC$).

我们有 $\triangle ABC$ 的外接圆的圆心 O. AB 的中点是 M_c，M_{BO} 是 BO 的中点.

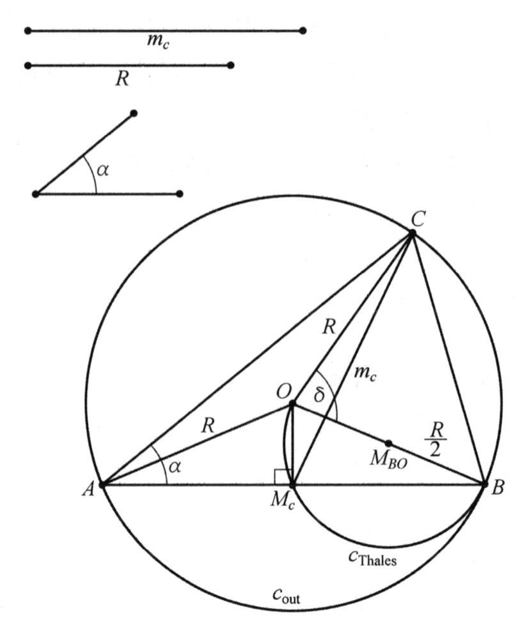

图 8.47

(因此 $OM_{BO}=M_{BO}B=\frac{R}{2}$.) $\angle\delta=\angle BOC$, $\angle\alpha=\angle BAC$ 都是同一条弧$\overset{\frown}{BC}$所对的角. 因为一个是圆心角,另一个是圆周角,所以 $\angle\delta=2\angle\alpha$. 于是有等腰$\triangle BCO$,其中 $R=BO$, $\angle\delta=\angle BOC=2\angle\alpha$, $R=CO$.

过点 O 与 $c=AB$ 的垂直的直线必经过 $c=AB$ 的中点 M_c. 于是点 M_c 必在以 M_{BO} 为圆心,$\frac{R}{2}$ 为半径的半圆上,M_c 也在以 C 为圆心,m_c 为半径所确定的圆上.

于是,当 BM_c 与圆心为 O,半径为 $R=BO=CO$ 的圆相交时确定点 A.

在图 8.48 中,我们逐步叙述作图的步骤:

① 作直线 g,在直线 g 上取点 O.

② 以 O 为顶点,以直线 g 为边作 $\angle\delta=2\angle\alpha$,设角的另一边为 h.

③ 以 O 为圆心,R 为半径作圆 $c_1=c(O,R)$,分别交直线 g 和 h 于 B, C 两点.

④ 作 BO,取 BO 的中点 M_{BO}.

⑤ 以 M_{BO} 为圆心,$\frac{R}{2}$ 为半径作圆 $c_2=c(M_{BO},\frac{R}{2})$.

⑥ 以 C 为圆心,m_c 为半径作圆 $c_3=c(C,m_c)$,交圆 $c_1=c(O,R)$ 于 M_{c1}, M_{c2} 两点.

⑦ 作 BM_{c1}，交圆 $c_1 = c\ (O,R)$ 于点 A_1.

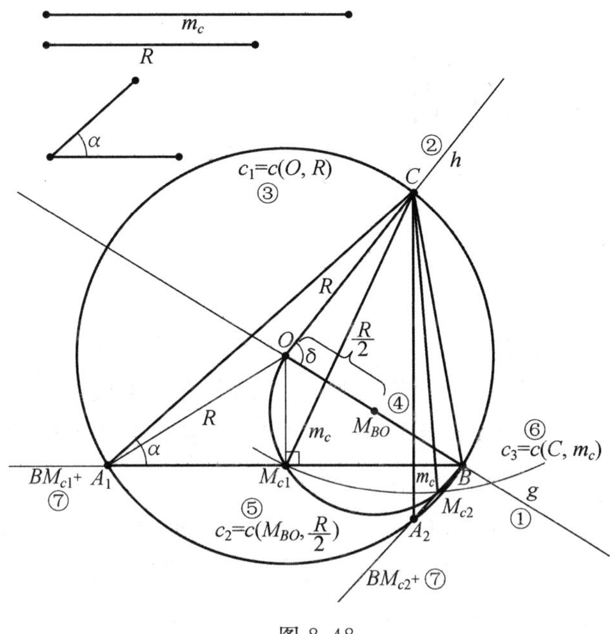

图 8.48

同样作 BM_{c2}，交圆 $c_1 = c\ (O,R)$ 于点 A_2.

结果就从已知条件作出了两个不全等的三角形：$\triangle A_1BC$ 和 $\triangle A_2BC$.

希望读者去思考一下何时无解，何时只有一解.

还有许多这类可能的三角形的作图. 我们只是选择了其中的一部分，以展示对许多三角形作图必须实施的各种技巧. 其余一些作图十分困难，并具有相当的挑战性. 另一些相当容易. 我们鼓励读者深入探究其余一些三角形的作图. 千万要记住，这是欧几里得几何领域中真正的解题形式之一.

三角形中的不等式

第

9

章

到目前为止，我们集中讨论了与三角形有关的边、角的大小和面积，以及三角形的对称方面，总体来说包括共线点，共点线，对称性和某些等式. 现在我们将探索三角形的另一方面：在三角形内以及与三角形有关的不等式.

为了使三角形存在，考虑三角形的各边之间的相对大小关系必须满足的条件，即三角形的任何两边的长的和大于第三边的长，由此我们在第一章中引进了三角形. 我们在图 9.1 中看到当和 $a+b<c$ 时发生的情况.

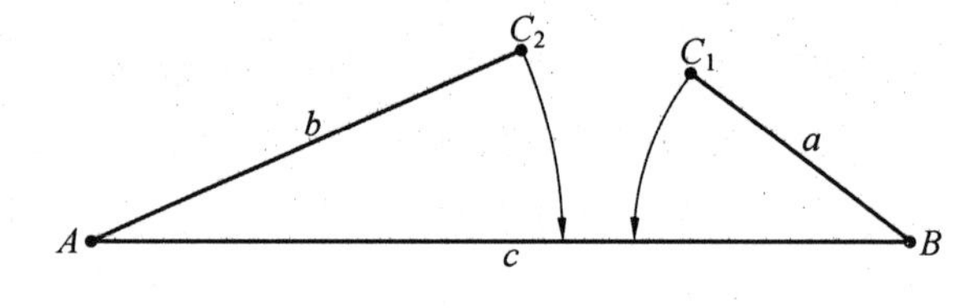

图 9.1

这表明在图 9.2 中存在 $\triangle ABC$，我们有以下不等式：

$$a+b>c$$
$$a+c>b$$
$$b+c>a$$

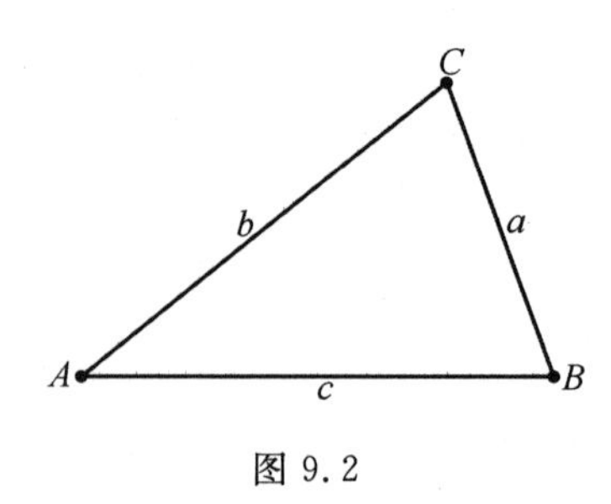

图 9.2

这一三角形不等式使我们得以建立三角形中的许多有趣的不等式，例如，我们可以证明四边形的两条对角线之和大于每一组对边之和.

如图 9.3，对 $\triangle APB$ 和 $\triangle CPD$ 应用三角形不等式，得到

$$AP + BP > AB$$

$$DP + CP > CD$$

将这两个不等式相加，得到

$$AP + BP + DP + CP = (AP + CP) + (BP + DP) = AC + BD > AB + CD$$

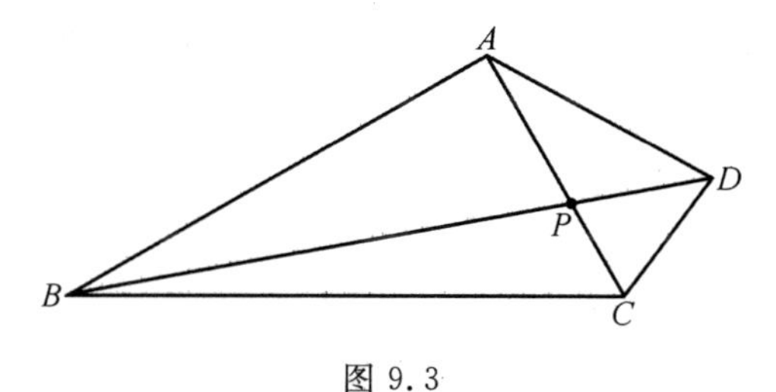

图 9.3

因此证明了四边形的两条对角线之和大于每一组对边之和. 即 $AC + BD > AB + CD$. 对另一组对边同样成立.

§1 边之间的不等式

假定在不等式 $a + b > c$ 的两边都加上 $a + b$，得到 $2a + 2b > a + b + c$，也可写成 $a + b > \frac{1}{2}(a + b + c)$.

类似地，用于三角形的另两边，得到

$$a + c > \frac{1}{2}(a + b + c) \text{ 和 } b + c > \frac{1}{2}(a + b + c)$$

对这三个不等式取倒数，得到

$$\frac{1}{a+b} < \frac{2}{a+b+c}, \frac{1}{a+c} < \frac{2}{a+b+c}, \frac{1}{b+c} < \frac{2}{a+b+c}$$

分别乘以 c, b, a，得到

$$\frac{c}{a+b} < \frac{2c}{a+b+c}, \frac{b}{a+c} < \frac{2b}{a+b+c}, \frac{a}{b+c} < \frac{2a}{a+b+c}$$

将这三个不等式相加，得到

$$\frac{a}{b+c} + \frac{b}{a+c} + \frac{c}{a+b} < \frac{2a}{a+b+c} + \frac{2b}{a+b+c} + \frac{2c}{a+b+c} = \frac{2(a+b+c)}{a+b+c} = 2$$

或

$$\frac{a}{b+c}+\frac{b}{a+c}+\frac{c}{a+b}<2$$

可以证明这里的常数 2 不能缩小了.

现在我们来研究三角形的三边 a,b,c 之积. 于是我们需要再引进半周长 $s=\frac{1}{2}(a+b+c)$. 现在引进三个变量

$$x=s-a=\frac{1}{2}(b+c-a),\ y=s-b=\frac{1}{2}(c+a-b),\ z=s-c=\frac{1}{2}(a+b-c)$$

相加后得到 $a=y+z$, $b=z+x$, $c=x+y$. 由三角形不等式,我们有 $x>0$, $y>0$, $z>0$. 可以认为 x,y,z 是三角形的内切圆切三边所得的各线段的长,见图 9.4.

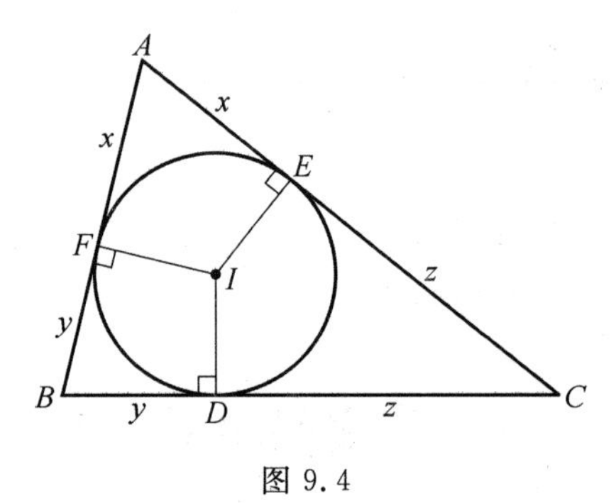

图 9.4

还可得到

$$2x+2y+2z=a+b+c$$

或

$$x+y+z=\frac{1}{2}(a+b+c)=s$$

记得有 $a=y+z,b=z+x,c=x+y$,现在准备考虑三边的积 $a\cdot b\cdot c$

$$a\cdot b\cdot c=(y+z)(z+x)(x+y)$$

由积 $(a+b-c)(b+c-a)(c+a-b)$ 可推出

$$(a+b-c)(b+c-a)(c+a-b)=2x\cdot 2y\cdot 2z=8xyz$$

不等式 $(y+z)(z+x)(x+y)\geqslant 2x\cdot 2y\cdot 2z=8xyz$ 源于不等式[1] $(\sqrt{x}-\sqrt{y})^2\geqslant 0$,该不等式先后由罗道夫·勒莫斯(Ludolph Lehmus, 1780－1863)和亚历山德罗·巴杜阿(Alessandro Padoa,1868－1937)发表的,这使我们得到

$$a\cdot b\cdot c\geqslant(a+b-c)(b+c-a)(c+a-b)$$

我们将回到这一不等式去证明著名的欧拉不等式(第 167 页).

我们也可以写成三边的平方和与三边的和的平方之间的关系

$$\frac{1}{3} \leqslant \frac{a^2+b^2+c^2}{(a+b+c)^2} \leqslant \frac{1}{2}\text{，这里}\frac{1}{2}\text{是上确界}$$

在包括有关三角形的边的其他许多不等式中有

$$\sqrt{a+b-c}+\sqrt{b+c-a}+\sqrt{c+a-b} \geqslant \sqrt{a}+\sqrt{b}+\sqrt{c}$$

或

$$a^2b(a-b)+b^2c(b-c)+c^2a(c-a) \geqslant 0$$

这些不等式的证明在我们后面提供的参考文献中都能找到.

§2　外　角

也有包括三角形的角的不等式.最基本的是任何一个三角形的外角大于它的每一个不相邻的内角.在图9.5中,$\angle ACD$ 是外角,它的不相邻的内角是 $\angle ABC$ 和 $\angle BAC$.

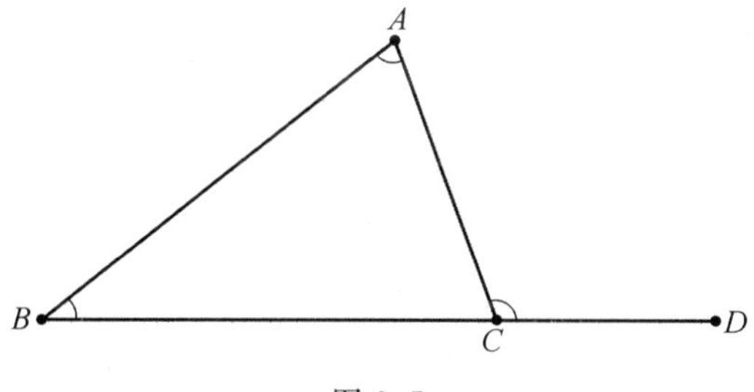

图9.5

我们可以用一些小技巧来证明这个不等式.添一些辅助线,如图9.6.取 AC 的中点 M,延长 BM 到等长的点 E.由 $\triangle ABM$ 和 $\triangle CEM$ 全等,$\angle ACE = \angle A$,然而 $\angle ACD > \angle ACE$,于是也有 $\angle ACD > \angle A$,$\angle A$ 是一个不相邻的内角.因为 $AB \parallel EC$,所以 $\angle ECD = \angle ABC$.但是 $\angle ACD > \angle ECD$.于是 $\angle ACD > \angle ABC$,这表明另一个不相邻的内角 $\angle ABC$ 也小于外角 $\angle ACD$.

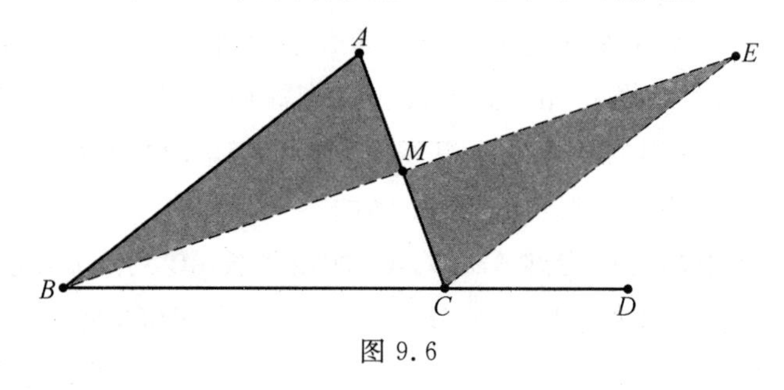

图9.6

这一关系帮助我们证明一些看上去很明显的事实，如图 9.7 中的 $\angle BDC > \angle A$. 为此我们只要延长 BD，交 AC 于点 E.

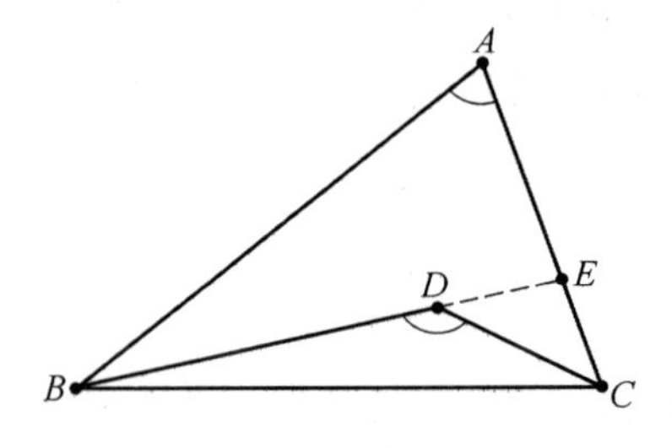

图 9.7

考虑 $\triangle DEC$，$\angle BDC$ 是一个外角，$\angle DEC$ 是不相邻的内角. 于是 $\angle BDC > \angle DEC$. 但是对 $\triangle ABE$，外角 $\angle DEC > \angle A$. 于是 $\angle BDC > \angle A$.

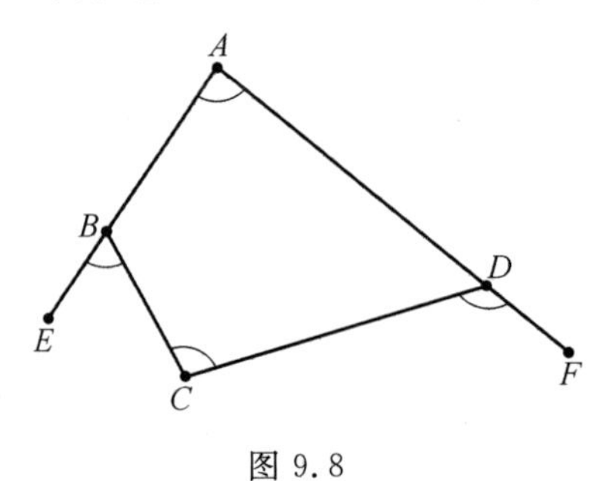

图 9.8

利用三角形的这一简单关系，我们还能证明另一些几何图形中的一些有趣的关系. 考虑图 9.8 中的四边形 $ABCD$. 这里我们可以证明 $\angle EBC + \angle FDC > \frac{1}{2}(\angle A + \angle C)$.（这里有个如何证明这个不等式的提示：联结 AC，并考虑 $\angle EBC$ 和 $\angle FDC$ 是两个新形成的三角形的外角. 然后利用外角不等式.）

§3　三角形中进一步的不等式

如果知道三角形中某条边或某个角的大小，我们就能确定三角形的最大边和最小边，或最大角和最小角. 听上去有点糊涂吗？简单地说，如果三角形的两边不相等，那么它们的对角也不相等 —— 大边对大角. 利用我们前面建立的三角形的外角的关系，可以证明这是正确的.

在图 9.9 中显然可以看到 $AB > AC$. 所以延长 AC 到点 D，使 $AB = AD$. 外角 $\angle ACB$ 大于 $\angle D$. 因为 $\angle D = \angle ABD$，$\angle ABD > \angle ABC$，所以可以肯定 $\angle D > \angle ABC$. 但是外角 $\angle ACB > \angle D$. 于是 $\angle ACB > \angle ABC$，这就是我们要证明的.

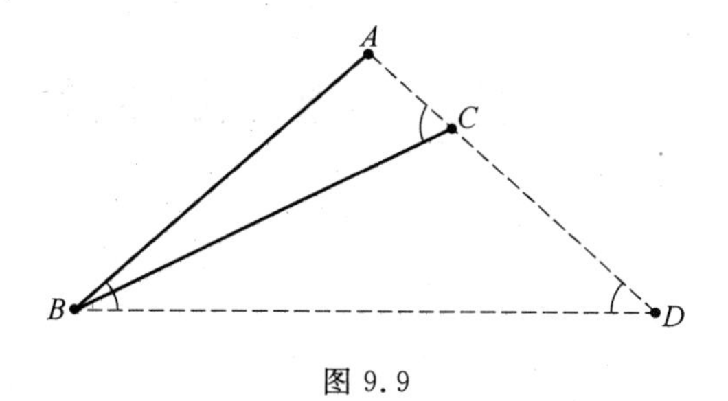

图 9.9

当三角形的两个角不相等时,三角形的大角对的边也大.

这些关系很有用,因为我们从图 9.10 中的图形看到,等腰三角形的两腰的长相等,且 $BE > CD$. 我们立刻看到,在 $\triangle AED$ 中,因为 $AE > AB$,所以 $\angle D > \angle E$.

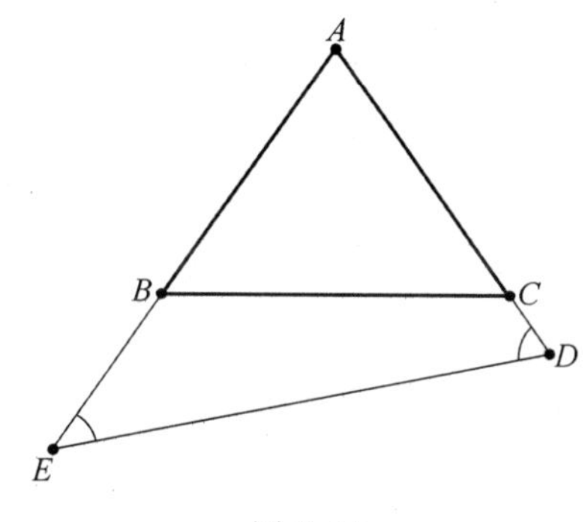

图 9.10

我们还可证明一点,到一直线的最短的距离是垂直距离这一事实. 为此从点 P 出发任意画一条直线,该直线不是垂直于 AB 的直线 PD;假定我们画的是 PC. (见图 9.11) 因为 $\angle PDC > \angle PCD$,所以 $PC > PD$,于是 PD 是从 P 到 AB 的最短的线段.

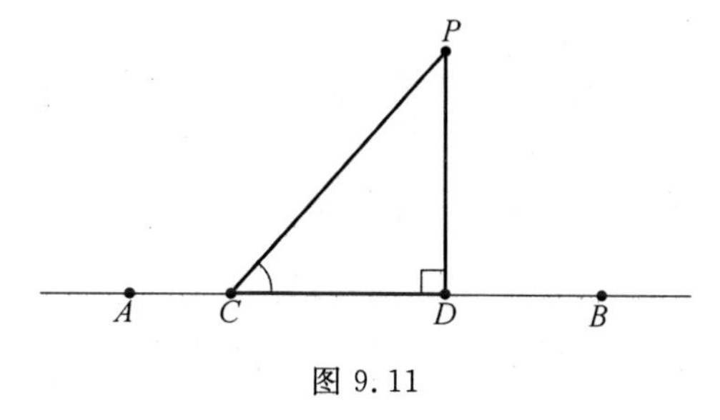

图 9.11

§4　利用三角形比较平均数

算术平均(AM)是最早学到的概念之一，通常称为“平均”，它来自于统计学，只是需要平均的各数的和除以数的个数. 例如，对于 a,b 两数，算术平均数是$\frac{a+b}{2}$.

几何平均(GM)可以在几何中遇到(常称为比例中项)，它是 n 个数的乘积的 n 次方根. 对于 a,b 两数，几何平均数是 $\sqrt{ab}$.

第三个平均是调和平均(HM)，因为它不常用，所以不常见. 它通常是在求对同一个基的比率的平均时出现. 调和平均用于定义为与某个单位有关的数集，例如速度(每单位时间移动的距离).

n 个数的调和平均是这 n 个数的积除以 n 个数中取 $n-1$ 个数的积的和的 n 倍. 听上去有点难懂，所以我们提供一个等价的定义：倒数的算术平均数的倒数. 让我们来看看一些数的情况如何.

对于 a,b 两数，调和平均是$\dfrac{1}{\dfrac{\frac{1}{a}+\frac{1}{b}}{2}}=\dfrac{2}{\frac{1}{a}+\frac{1}{b}}=\dfrac{2ab}{a+b}$.

对于 a,b,c 三数，调和平均是$\dfrac{1}{\dfrac{\frac{1}{a}+\frac{1}{b}+\frac{1}{c}}{3}}=\dfrac{3}{\frac{1}{a}+\frac{1}{b}+\frac{1}{c}}=\dfrac{3abc}{ab+ac+bc}$.

显然存在着主要倾向的另一些度量或平均，但是我们将不考虑这些，因为我们要显示三角形是如何体现出这三种较为常见的平均. 此外，我们还将显示如何利用三角形比较这三个平均的大小.

考虑圆心为 O，半径为 OP 的半圆. 过点 P 的垂线交直径 AB 于点 Q. 过点 Q 作 OP 的垂线交 OP 于点 S.

我们先标明在比较平均时要用到的关键线段 $AQ=a$ 和 $BQ=b$.

现在必须找到图 9.12 中表示各种平均的线段，并用 a 和 b 表示.

可以证明 OP 是 a 和 b 的算术平均，这可以用以下等式证明

$$OP=OA=OB=\frac{1}{2}AB=\frac{1}{2}(AQ+BQ)=\frac{1}{2}(a+b)$$

PQ 是 a 和 b 的几何平均，证明如下：

可以证明 $\triangle BPQ\backsim\triangle PAQ$，于是

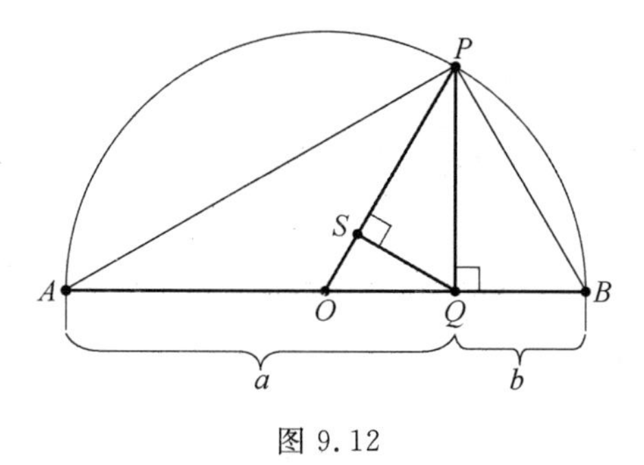

图 9.12

$\frac{BQ}{PQ}=\frac{PQ}{AQ}$，或 $PQ^2=AQ\cdot BQ=a\cdot b$，所以 $PQ=\sqrt{ab}$

PS 是 a 和 b 的调和平均，证明如下：

既然有 $\triangle OPQ\backsim\triangle QPS$；于是 $\frac{OP}{PQ}=\frac{PQ}{PS}$，或 $PS=\frac{PQ^2}{OP}$，但 $PQ^2=ab$；$OP=\frac{1}{2}(a+b)$；

于是，得到 $PS=\frac{ab}{\frac{1}{2}(a+b)}=\frac{2ab}{a+b}$.

现在准备比较这三个平均的大小.考虑 $\mathrm{Rt}\triangle OPQ$，应该记得斜边是直角三角形的最大边，于是有 $OP>PQ$.在 $\triangle PQS$ 中，$PQ>PS$.于是 $OP>PQ>PS$.

如果 $OP\perp AB$，那么 $O=Q=S$.这意味着 $a=AQ=OA=OB=BQ=b$，以及 $PQ=PS=OP=a=b$.

在所有的情况下，都有 $OP\geqslant PQ\geqslant PS$.这就是说，算术平均大于或等于几何平均，几何平均大于或等于调和平均：$\mathrm{AM}\geqslant\mathrm{GM}\geqslant\mathrm{HM}$.

§5　重观三角形的中线

现在我们关注三角形的三条中线的和.首先我们将证明任意三角形的三条中线的长的和小于三角形的周长.在图 9.13 中，AD，BE，和 CF 是三角形的三条中线.我们从选择的 AD 延长线上的点 N，使 $AD=DN$ 开始研究.

因为四边形 $ACNB$ 的对角线互相平分，所以四边形 $ACNB$ 是平行四边形，于是 $BN=AC$.

对 $\triangle ABN$，有 $AN<AB+BN$，进行适当的代换，得到 $2AD<AB+AC$，或 $2m_a<c+b$.

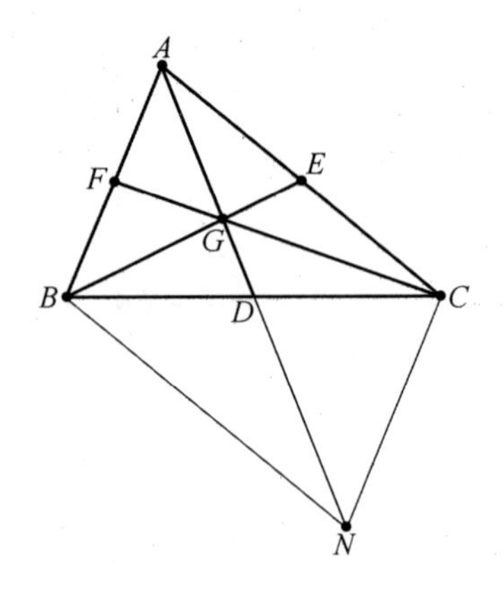

图 9.13

对另外两条中线使用这一关系，得到

$$2m_b < a + c \text{ 和 } 2m_c < a + b$$

将这三个式子相加，得到

$$2(m_a + m_b + m_c) < 2(a + b + c)$$

化简后得 $m_a + m_b + m_c < a + b + c$，这就是我们要证明的.

将三角形的三条中线的长的和与三角形的周长比较后，可得到一个预想不到的结果，即三条中线的长的和大于该三角形的周长的 $\frac{3}{4}$.

为证明这一关系，我们先利用 $\triangle ABC$ 的重心 G 的三等分的性质.

在 $\triangle BCG$ 中（图 9.13），有 $BG + CG > BC$，或 $\frac{2}{3}m_b + \frac{2}{3}m_c > a$.

将这一关系用于另外两条中线，得到

$$\frac{2}{3}m_a + \frac{2}{3}m_c > b, \text{和} \frac{2}{3}m_a + \frac{2}{3}m_b > c$$

将这三个不等式相加，得到

$$\frac{4}{3}(m_a + m_b + m_c) > a + b + c$$

因此

$$m_a + m_b + m_c > \frac{3}{4}(a + b + c)$$

将上面得到的中线的关系式相结合，就得到

$$\frac{3}{4}(a + b + c) < m_a + m_b + m_c < a + b + c$$

§6 三角形的高,角平分线和中线的比较

在三角形的高,角平分线和中线之间有一些简单的不等关系.考虑从同一顶点出发的角平分线和中线的关系.在图9.14中,有$t_a \leqslant m_a$,$t_b \leqslant m_b$,$t_c \leqslant m_c$.

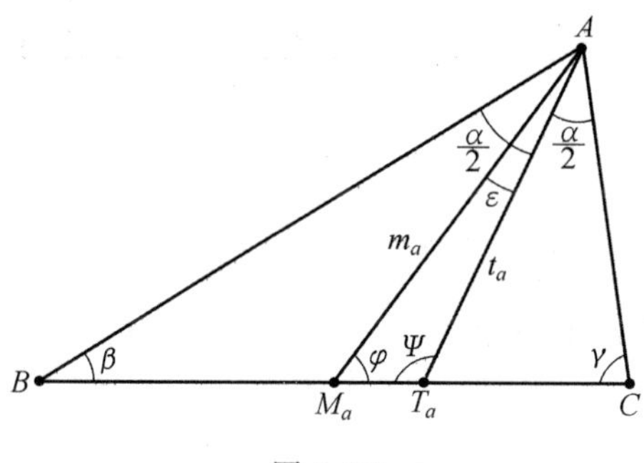

图9.14

为证明这一断言,我们从$\triangle ABC$开始(图9.14),其中$c \geqslant b$,因此$\gamma \geqslant \beta$.还有在$\triangle AM_aC$中

$$\angle AM_aC + \angle M_aCA + \angle CAM_a = \varphi + \gamma + (\frac{\alpha}{2} + \varepsilon) = 180^\circ$$

在$\triangle AT_aB$中

$$\angle AT_aB + \angle T_aBA + \angle BAT_a = \psi + \beta + \frac{\alpha}{2} = 180^\circ$$

于是,$\varphi + \gamma + (\frac{\alpha}{2} + \varepsilon) = \psi + \beta + \frac{\alpha}{2}$,得到$\varphi + \gamma + \varepsilon = \psi + \beta$.

可改写为$\psi = \varphi + \varepsilon + (\gamma - \beta)$.

如果$\varepsilon \geqslant 0$,$\gamma - \beta \geqslant 0$,那么$\psi \geqslant \varphi$.在$\triangle M_aAT_a$中,因为大角对大边,所以$m_a \geqslant t_a$.

如果和高比较,那么从任意三角形的同一顶点出发的这三条线段之间有另一个令人惊讶的关系,见图9.15

$$h_a \leqslant t_a \leqslant m_a, h_b \leqslant t_b \leqslant m_b, h_c \leqslant t_c \leqslant m_c$$

由上面证明过的不等式,只需证明$h_a \leqslant t_a$,$h_b \leqslant t_b$,和$h_c \leqslant t_c$.

我们先证明$h_a \leqslant t_a$.

因为高$h_a = AH_a$是A到BC的最短距离,所以$h_a \leqslant t_a$.于是$h_a \leqslant t_a \leqslant m_a$.对于另两个顶点,有类似的不等式.

对于角平分线的和,我们也能证明另一个很好的不等式

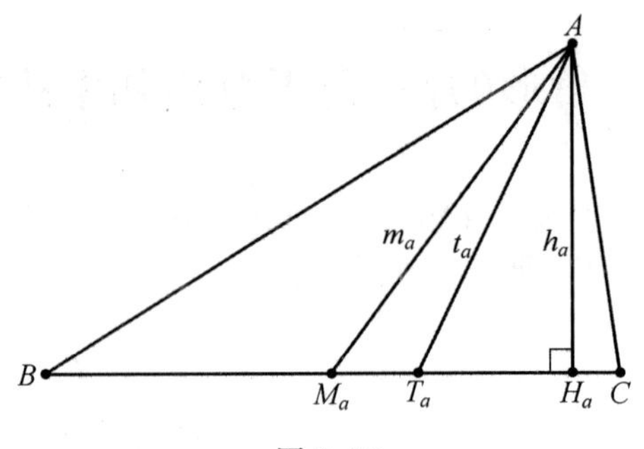

图 9.15

$$t_a+t_b+t_c\leqslant\frac{3}{2}(a+b+c)$$

在图 9.15 中，有以下不等式：

对 $\triangle ABT_a$：有

$$AT_a\leqslant AB+BT_a=c+BT_a$$

对 $\triangle ACT_a$：有

$$AT_a\leqslant AC+CT_a=b+CT_a$$

设 $t_a=AT_a$，并将以上两式相加，得

$$2t_a\leqslant c+b+BT_a+CT_a=c+b+a$$

由此推出 $t_a\leqslant\frac{a+b+c}{2}$.

类似地，有 $t_b\leqslant\frac{a+b+c}{2}$，$t_c\leqslant\frac{a+b+c}{2}$.

于是，相加后得，$t_a+t_b+t_c\leqslant\frac{3}{2}(a+b+c)$.

角平分线的和可以改进为由赛夫凯特·阿尔斯朗奇斯（Šefket Arlanagić）于 2010 年证明的以下不等式

$t_a+t_b+t_c<a+b+c$；此外，我们还可以叙述为

$$t_a+t_b+t_c\leqslant\frac{\sqrt{3}}{2}(a+b+c)$$

但是应该注意，上式中的等号只有在等边三角形时成立，此时 $a=b=c$，$t_a=t_b=t_c=\frac{\sqrt{3}}{2}a$. 惊奇的是关于三角形的高也有类似的不等式

$$h_a+h_b+h_c\leqslant\frac{\sqrt{3}}{2}(a+b+c)$$

关于三角形的高和边还有更难以预料的不等式

$$\frac{a^2}{h_b h_c}+\frac{b^2}{h_a h_c}+\frac{c^2}{h_a h_b}\geqslant 4$$

我们甚至还可以进一步推进到高的平方和与边的关系

$$h_a^2+h_b^2+h_c^2\geqslant\frac{3}{4}(a^2+b^2+c^2)$$

上式中的等号只有在等边三角形时成立，利用三角形的面积的海伦公式可以证明(见第7章)。

最后我们有以下关于高和中线的不等式

$$\frac{h_a}{m_b}+\frac{h_b}{m_c}+\frac{h_c}{m_a}\leqslant 3$$

§7　与三角形内任意一点有关的不等式

假定我们在 $\triangle ABC$ 内任取一点 P. 应用至今为止我们建立的关于三角形的不等式，可以证明在图 9.16 中有

$$PA+PB+PC>\frac{1}{2}(AB+AC+BC)$$

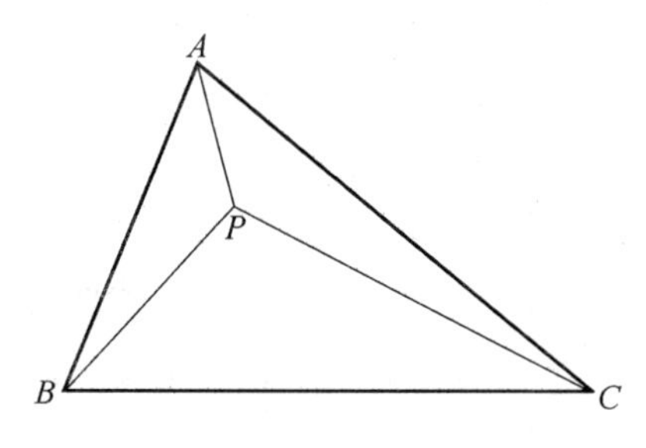

图 9.16

对 $\triangle ABC$ 内的每一个三角形用三角形不等式很容易做到这一点

$$PA+PB>AB$$

$$PA+PC>AC$$

$$PB+PC>BC$$

于是相加后得到，$2(PA+PB+PC)>AB+AC+BC$，或写成另一种形式

$$PA+PB+PC>\frac{1}{2}(AB+AC+BC)$$

除此之外，还可证明 $PA+PB+PC<2(AB+AC+BC)$.

为做到这一点，我们重复利用在图 9.17 中三角形不等式证明 $AB+AC>BP+PC$.

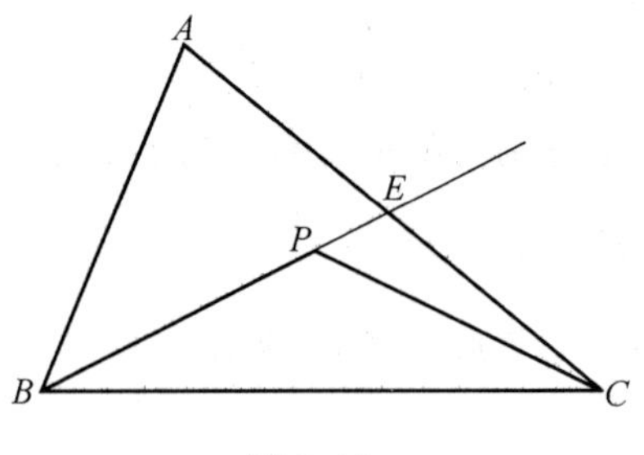

图 9.17

对 $\triangle PEC$ 有 $PE + EC > PC$. 接着对在图 9.17 中的各个三角形用三角形不等式

$$BP + PC < BP + PE + EC$$

$$BP + PC < BE + EC$$

但是，$BE < AB + AE$. 于是 $BP + PC < AB + AE + EC$，或 $BP + PC < AB + AC$.

对图 9.16 中的三角形三次使用上述不等式，得到

$$PA + PB < CA + CB$$

$$PB + PC < AB + AC$$

$$PC + PA < BC + BA$$

将这三个不等式相加，得到

$$2(PA + PB + PC) < 2(AB + AC + BC)$$

这就推出 $PA + PB + PC < AB + AC + BC$. 将所有这些结论放在一起，就得到三角形的周长小于三角形内任何一点到三个顶点的距离之和的两倍，但是大于这个和. 用符号表示则是

$$2(PA + PB + PC) > AB + AC + BC > PA + PB + PC$$

与三角形内的点到三个顶点的距离的进一步的关系是由荷兰数学家 J. N. 威歇斯(J. N. Visschers) 于 1902 年发现的，他利用假定 AB 是 $\triangle ABC$ 的最短边(图 9.18) 证明的，有 $PA + PB + PC < AC + BC$. 只有当点 P 与一个顶点重合时有：$PA + PB + PC = PA + PB + CC = PA + PB = AC + BC$.

要证明这一点，先认可图 9.18 中有 $AB \leqslant BC \leqslant AC$. 然后过点 P 作一直线平行于 AB，于是 $\triangle ABC \backsim \triangle DEC$. 得到 $DE \leqslant EC \leqslant DC$ 和 $PC \leqslant CD$.

对各个三角形应用三角形不等式，得到 $PA < AD + DP$ 和 $PB < PE + EB$，同样有 $DE < CD + EC$.

由此可得

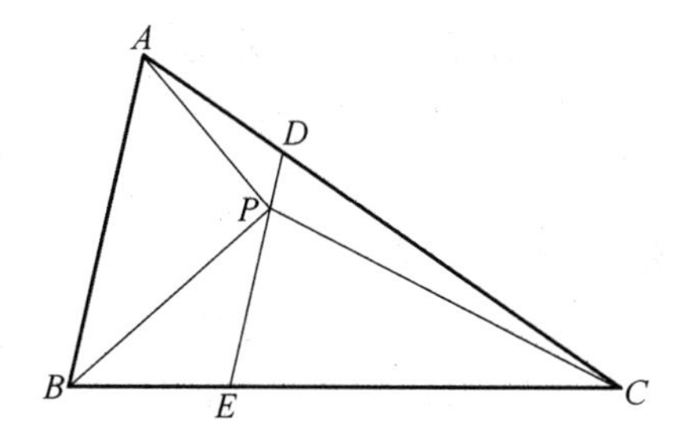

图 9.18

$$PA + PB + PC + DE < (AD + DP) + (PE + EB) + (CD + EC)$$
$$= (AD + CD) + (EC + EB) + (PD + PE)$$
$$= AC + BC + DE$$

于是，$PA + PB + PC + DE < AC + BC + DE$，两边减去 DE，得到 $PA + PB + PC < AC + BC$，这就是我们要证明的.

我们回到三角形内任取的一点，考虑与三角形的边的垂直距离. 在图 9.19 中，我们得到以下关系：$PA + PB + PC \geqslant 2(PD + PE + PF)$. 这是由保尔・爱尔杜斯(Paul Erdös，1913 — 1996) 提出，由路易斯・杰尔・莫代尔(Louis Joel Mordell，1888 — 1972) 解决的，称为爱尔杜斯 — 莫代尔不等式[2]. 应该注意的是等号只有当点是等边三角形的中心时成立. 附录中提供证明.

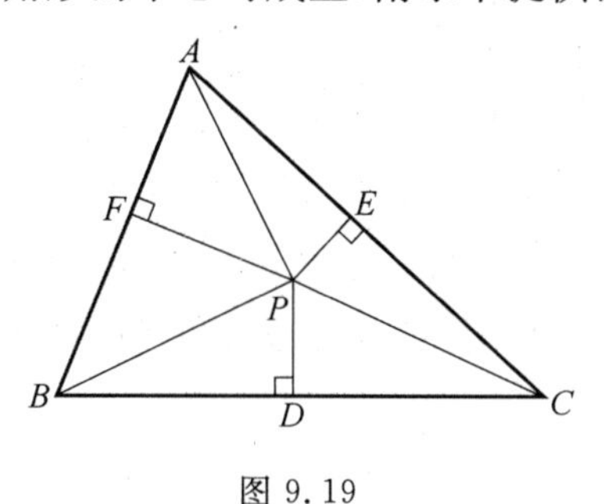

图 9.19

另一个关系认为是路易斯・杰尔・莫代尔于1962年所做出的，也可以从图 9.19 中得到. 这个关系是

$$PA \cdot PB \cdot PC \geqslant (PD + PE)(PD + PF)(PE + PF)$$

§8 等边三角形的趣事

有一个从三角形内一点引申出的有趣的不等式，即任意一点到三个顶点的三个距离 —— 有一个例外 —— 可确定一个三角形[3]. 也就是说，三个距离中的

任何两个距离之和大于第三个距离. 这个例外是点在等边三角形的外接圆上. 在这种情况下,两个距离之和等于第三个距离,因此以这三个长度为边不能作出三角形.

在图 9.20(a) 中,我们有以下不等式

$$PA + PB > PC$$
$$PB + PC > PA$$
$$PA + PC > PB$$

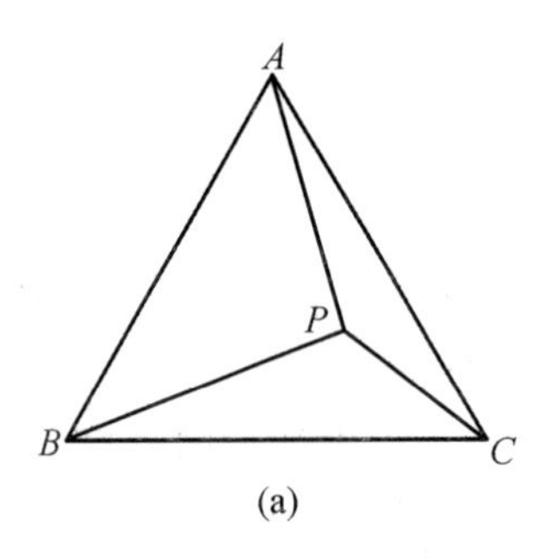

(a)

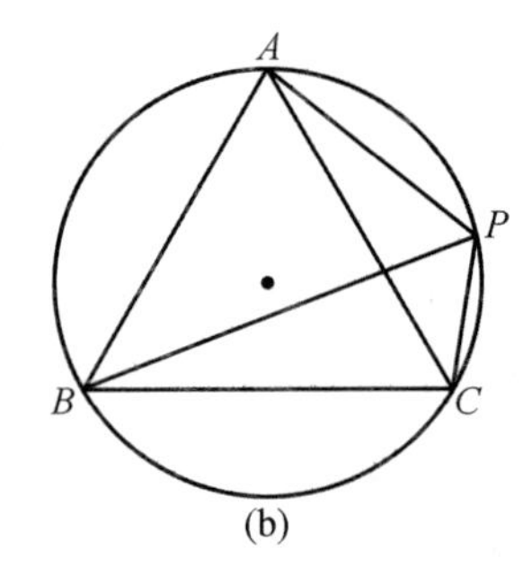

(b)

图 9.20

著名的天文学家克劳第乌斯·托勒密(Claudius Ptolemaeus,约公元 90—约 168) 在其名著《天文学大成》(*Almagist*) 中就有一个用于生成三角值的几何定理. 托勒密定理说,对于任何没有三点共线的四点 A,B,C,P,以下不等式成立:$AB \cdot CP + BC \cdot AP \geqslant AC \cdot BP$,见图 9.20(b). 因为我们处理的是等边三角形,所以 $AB = BC = AC$. 于是 $CP + AP \geqslant BP$. 但是当点 P 在 $\triangle ABC$ 的外接圆上时,得到圆内接四边形,托勒密定理变为 $AB \cdot CP + BC \cdot AP = AC \cdot BP$.

然而,当 $AB = BC = AC$ 时,就是等边三角形的情况,得到 $CP + AP = BP$. 这就是上面提到的例外.

§9 直角三角形中的一些不等式

直角三角形中的一个实际上可以用观察图 9.21(a) 和图 9.21(b)"证明". 考虑直角边为 a 和 b,斜边为 c 的 Rt$\triangle ABC$. 可以看出 $a + b \leqslant \sqrt{2}c$,这是因为正方形的两条平行边之间的最短距离是垂直距离,即 $a + b$ 显然小于图 9.21(a) 中的阴影部分的等腰直角三角形的斜边$\sqrt{2}c$. 在图 9.21(b) 中我们看到是 $a + b = \sqrt{2}c$ 的情况. 对图 9.21(a) 中的阴影部分的直角三角形用毕达哥拉斯定理,得到 $c = \sqrt{a^2 + b^2}$,于是$\sqrt{a^2 + b^2} < a + b \leqslant \sqrt{2}\sqrt{a^2 + b^2}$.

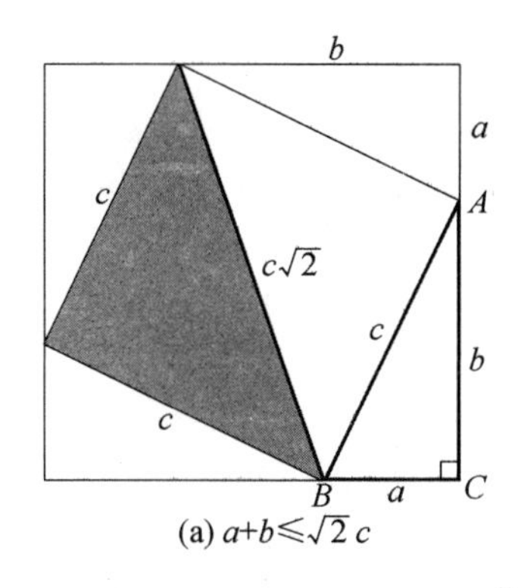

(a) $a+b\leqslant\sqrt{2}\,c$

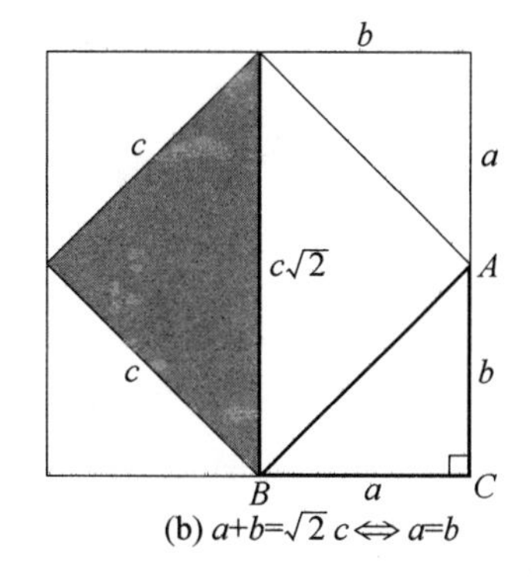

(b) $a+b=\sqrt{2}\,c\Leftrightarrow a=b$

图 9.21

如果引进直角三角形的内切圆的半径，那么又得到一个意想不到的不等式，即这个圆的直径小于直角三角形的斜边的长的一半. 在图 9.22 中，$\mathrm{Rt}\triangle ABC$ 的直角边为 a 和 b，斜边为 c. 当 r 是内切圆的半径时，得到以下不等式：$2r\leqslant c(\sqrt{2}-1)$.

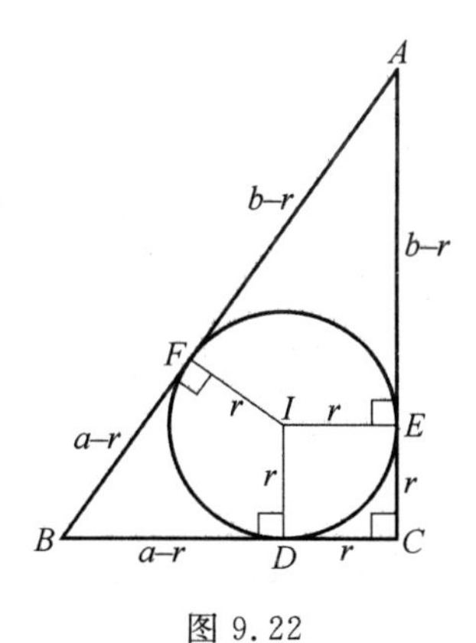

图 9.22

证明这个不等式是相对容易的. 设切点为 D,E,F. 我们有 $AF=AE=b-r$，$BD=BF=a-r$，$CD=CE=r$. 于是有边长为 $CD=CE=r$ 的正方形 $DCEI$. 由此得 $c=AB=AF+FB=b-r+a-r=a+b-2r$，或换一种写法，$2r=a+b-c$. 现在要用上面证明过的不等式 $a+b\leqslant\sqrt{2}\,c$.

当我们考虑 $2r=a+b-c\leqslant\sqrt{2}\,c-c$ 时，事实上已经得到我们着手要做的事，即 $2r\leqslant c(\sqrt{2}-1)$.

还有许多与直角三角形有关的不等式. 例如，斜边不会小于两直角边的和的 $\frac{1}{\sqrt{2}}$ 倍.（见附录.）在图 9.23 中这就是 $c\geqslant\frac{1}{\sqrt{2}}(a+b)=\frac{\sqrt{2}}{2}(a+b)$.

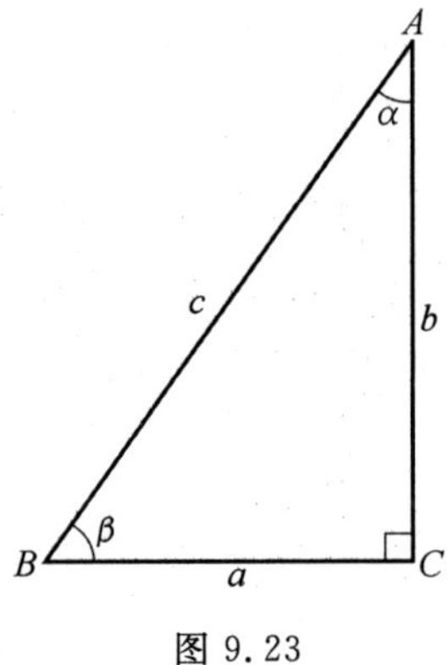

图 9.23

如果画直角三角形的斜边上的高 h_c，如图 9.24，我们又得到一个惊奇的不等式，即斜边上的高永远小于或等于两直角边的和的$\frac{1}{2\sqrt{2}}$倍. 用符号表示为

$$h_c \leqslant \frac{1}{2\sqrt{2}}(a+b)=\frac{\sqrt{2}}{4}(a+b)$$

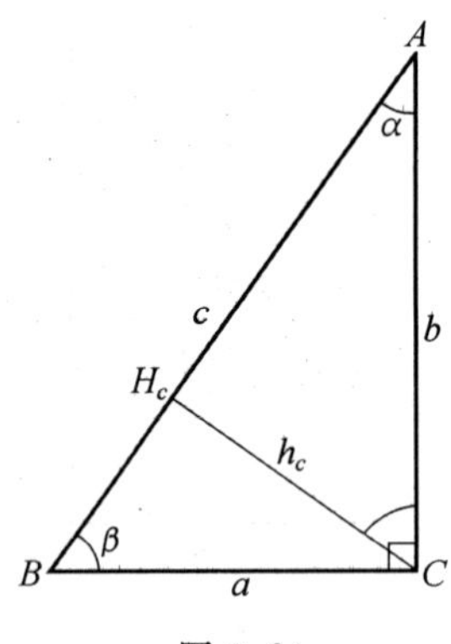

图 9.24

对两个小的直角三角形应用上面的不等式就是

$$\triangle ACH_c: b \geqslant \frac{1}{\sqrt{2}}(AH_c+h_c)$$

$$\triangle BCH_c: a \geqslant \frac{1}{\sqrt{2}}(BH_c+h_c)$$

将上面两个不等式相加，得到

$$a+b \geqslant \frac{1}{\sqrt{2}}(AH_c+h_c)+\frac{1}{\sqrt{2}}(BH_c+h_c)=\frac{1}{\sqrt{2}}(AH_c+BH_c+2h_c)$$

$$=\frac{1}{\sqrt{2}}(c+2h_c)$$

因为已知$\frac{1}{\sqrt{2}}(a+b) \leqslant c$，所以用$\frac{1}{\sqrt{2}}(a+b)$代替 c，不等号的方向保持不变，得到

$$a+b \geqslant \frac{1}{\sqrt{2}}(c+2h_c) \geqslant \frac{1}{\sqrt{2}}\left(\frac{1}{\sqrt{2}}(a+b)+2h_c\right)=\frac{1}{2}(a+b)+\frac{2}{\sqrt{2}}h_c$$

解出不等式中的 h_c，得 $h_c \leqslant \frac{1}{2\sqrt{2}}(a+b)=\frac{\sqrt{2}}{4}(a+b)$，这就是我们要证明的. 应注意的是当这个直角三角形是等腰直角三角形时，即 $a=b$ 时，中间的等号成立.

§10　一对三角形之间的不等式

现在要比较两个三角形中有两边对应相等时，第三边的大小. 此时如果一个三角形的两边的夹角大于第二个三角形的对应的夹角，那么第一个三角形的第三边大于第二个三角形的第三边. 在图 9.25 中，有 $AB=DE$，$BC=EF$. 那么如果 $\angle ABC > \angle DEF$，就有 $AC > DF$. 这个关系的逆命题成立应该是不足为奇的.

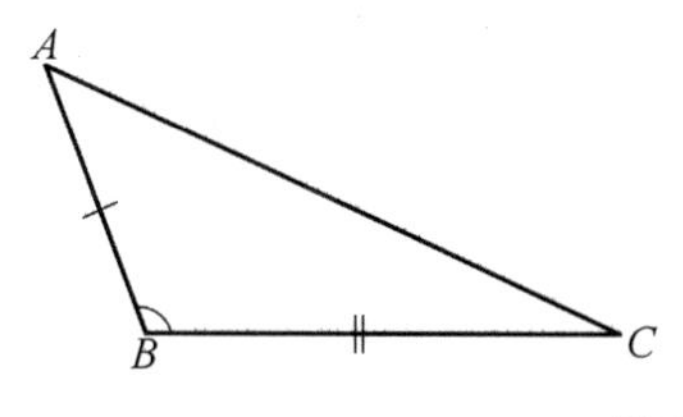

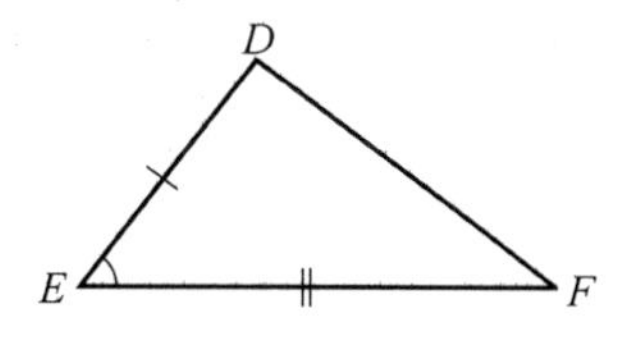

图 9.25

作为这一关系的直接结论，我们可用图 9.26 表示，中线 AM 把原三角形分割成两个三角形，$\angle AMC > \angle AMB$，推得 $AC > AB$.

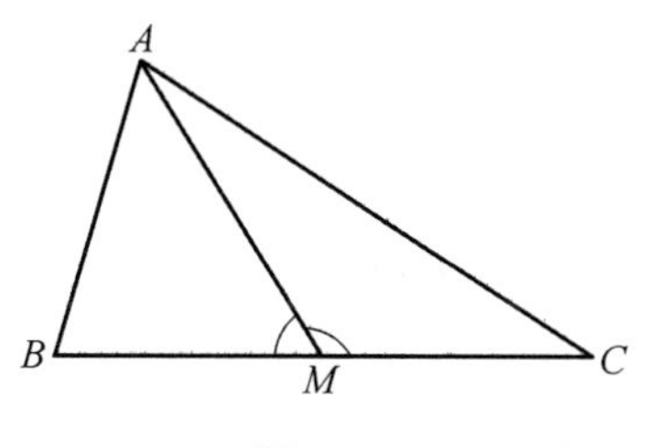

图 9.26

因为夹这两个不等的角(顶点是 M) 的两边相等，所以大边是大角所对的.

有时三角形中的不等式证明起来有点难. 这里有一个例子将用到前面遇到

过的不等关系.在图9.27中,P和Q两点分别在$\triangle ABC$的边AB和AC上.还有$BP=CQ$和$PC>QB$.我们必须证明$AC>AB$.利用上面对$\triangle PBC$和$\triangle QCB$建立的关系,得到$\angle ABC>\angle ACB$.于是在$\triangle ABC$中,有$AC>AB$.

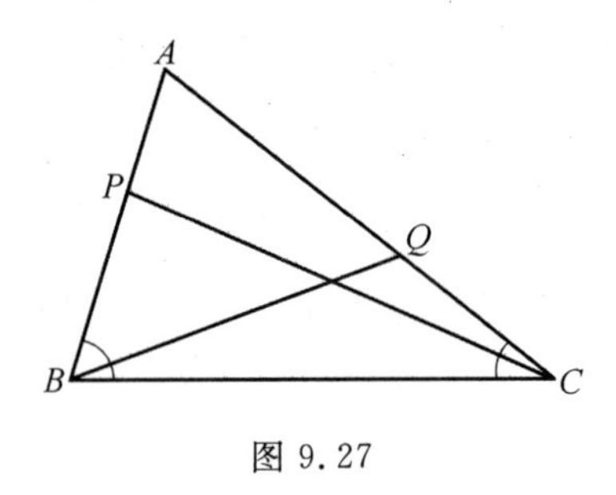

图 9.27

§11　三角形中更多的不等式

三角形中的不等式不仅存在于边之间而且也存在于$\angle\alpha,\angle\beta,\angle\gamma$之间.除此之外,如果还包括与三角形有关的各种圆的半径在内,那么还能发现许多有趣的不等式,例如外接圆的半径R,内切圆的半径r和旁切圆的半径r_a,r_b,r_c.再加上三角形的面积,那有趣的不等式就更多了.

与三角形的角有关的不等式

$$\cos\alpha+\cos\beta+\cos\gamma\leqslant\frac{3}{2}$$

$$\sin\alpha+\sin\beta+\sin\gamma\leqslant\frac{3\sqrt{3}}{2}$$

$$\sin\frac{\alpha}{2}+\sin\frac{\beta}{2}+\sin\frac{\gamma}{2}=\frac{r}{4R}\leqslant\frac{1}{8}$$

$$\frac{a}{\sin\alpha}+\frac{b}{\sin\beta}+\frac{c}{\sin\gamma}\geqslant 12r$$

$$\sin^2\alpha+\sin^2\beta+\sin^2\gamma\leqslant\frac{9}{4}$$

$$\tan^2\frac{\alpha}{2}+\tan^2\frac{\beta}{2}+\tan^2\frac{\gamma}{2}\geqslant 1$$

与三角形的各种半径有关的不等式:

边为a,b,c的$\triangle ABC$的周长p永远小于外接圆的半径R的六倍,见图9.28

$$a+b+c<6R,\text{或}\frac{a+b+c}{6}<R$$

这一不等式很容易证明.

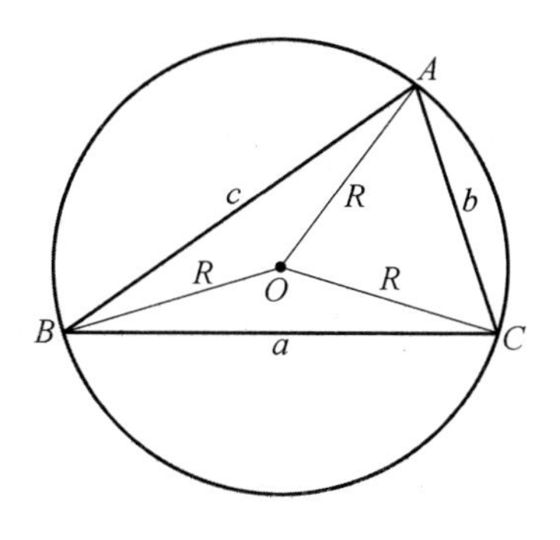

图 9.28

为证明这一结论,我们关注 $\triangle AOB$,$\triangle BOC$,$\triangle COA$,并对每个三角形用三角形不等式,于是得到如下的不等式

$$2R = BO + CO > BC = a$$

$$2R = CO + AO > AC = b$$

$$2R = AO + BO > AB = c$$

相加后,得到 $6R > a + b + c$. 这对锐角三角形,直角三角形,钝角三角形都成立.

与外接圆的半径,内切圆的半径有关的不等式常称为欧拉不等式(1765)或夏倍尔不等式(Chapple,1746),有时甚至称为夏倍尔-欧拉不等式[4]. 简单地说就是 $R \geqslant 2r$.

如果用包括这两个半径在内的面积公式,那就相当简单了. 在第 7 章中出现过的公式如下

$$S_{\triangle ABC} = \frac{abc}{4R}\ (R = \text{外接圆的半径})$$

$$S_{\triangle ABC} = r \cdot s\ (r = \text{内切圆的半径}, s = \text{半周长})$$

如果我们对每一个半径解方程,就得到

$$R = \frac{abc}{4S_{\triangle ABC}}, r = \frac{S_{\triangle ABC}}{s}$$

回顾一下第 7 章中的海伦公式

$S_{\triangle ABC} = \sqrt{s(s-a)(s-b)(s-c)}$,整理后,再将两式相除,得到

$$\frac{r}{R} = \frac{\frac{S_{\triangle ABC}}{s}}{\frac{abc}{4S_{\triangle ABC}}} = \frac{4\,(S_{\triangle ABC})^2}{abc \cdot s} = \frac{4s(s-a)(s-b)(s-c)}{abc \cdot s} = \frac{4(s-a)(s-b)(s-c)}{abc}$$

因为

$$s-a=\frac{1}{2}(b+c-a),s-b=\frac{1}{2}(c+a-b),s-c=\frac{1}{2}(a+b-c)$$

于是有

$$\frac{r}{R}=\frac{4(s-a)(s-b)(s-c)}{abc}=\frac{4\cdot\frac{1}{2}(b+c-a)\cdot\frac{1}{2}(c+a-b)\cdot\frac{1}{2}(a+b-c)}{abc}$$

$$=\frac{(b+c-a)(c+a-b)(a+b-c)}{2abc}$$

由前面的讨论,可以利用不等式 $(b+c-a)(c+a-b)(a+b-c)\leqslant abc$ 把分子换掉,得到以下不等式

$$\frac{r}{R}=\frac{(b+c-a)(c+a-b)(a+b-c)}{2abc}\leqslant\frac{abc}{2abc}=\frac{1}{2}$$

这就是我们要得到的结果:$R\geqslant 2r$.

应该注意的是当 $a=b=c$ 时,也就是等边三角形时,$R=2r$ 是成立的.

下列不等式都成立

$$\frac{R}{2r}\geqslant\frac{1}{3}\left(\frac{a}{b}+\frac{b}{c}+\frac{c}{a}\right)\text{和}\frac{R}{2r}\geqslant\frac{a^2+b^2+c^2}{ab+bc+ca}$$

著名的德国数学家哥特弗里德·威尔海姆·莱布尼茨(Gottfried Wilhelm Leibniz,1646—1716)发现了以下著名的不等式,后来称为莱布尼茨不等式

$$9R^2\geqslant a^2+b^2+c^2$$

此外,如果三角形是锐角三角形,那么得到 $9R^2\geqslant a^2+b^2+c^2\geqslant 8R^2$.

这里还有包括三角形的各个方面的不等式

$$\frac{R}{2}\geqslant\frac{a+b+c}{6\sqrt{3}}\geqslant r$$

$$\frac{1}{ab}+\frac{1}{bc}+\frac{1}{ac}\geqslant\frac{1}{R^2}$$

$$a+b+c\leqslant 3\sqrt{3}R$$

还有一个是布伦顿(Blundon)不等式[5],它通过挑战性的数学而闻名

$$\frac{a+b+c}{2}\leqslant 2R+(3\sqrt{3}-4)r$$

还可以继续列出以下不等式

$$\frac{1}{a}+\frac{1}{b}+\frac{1}{c}\leqslant\frac{\sqrt{3}}{2r}$$

$$|s^2-2R^2-10Rr+r^2|\leqslant 2(R-2r)\sqrt{R(R-2r)}$$

其中
$$s=\frac{a+b+c}{2}$$

$$24Rr-12r^2\leqslant a^2+b^2+c^2\leqslant 8R^2+4r^2$$

包括三角形的高和中线的令人惊讶的不等式有

$$h_a\leqslant\frac{b^2+c^2}{4R}\leqslant m_a, h_b\leqslant\frac{a^2+c^2}{4R}\leqslant m_b, h_c\leqslant\frac{a^2+b^2}{4R}\leqslant m_c$$

这里有一个包括三角形的高和内切圆的半径的简单的不等式

$$9r\leqslant h_a+h_b+h_c$$

当三角形是等边三角形时，等式 $h_a+h_b+h_c=9r$ 成立.

包括高和外接圆的半径的不等式有

$$\frac{2}{\sqrt{3}}\leqslant\frac{6R}{h_a+h_b+h_c}$$

还有一个只包括高的不等式

$$(h_a-h_b)\cdot h_c<h_a\cdot h_b<(h_a+h_b)\cdot h_c$$

三角形的中线有以下不等式

$$m_a^2+m_b^2+m_c^2\leqslant\frac{27}{4}R^2$$

$$\frac{ab}{m_c^2}+\frac{bc}{m_a^2}+\frac{ac}{m_b^2}\leqslant\frac{2R}{r}$$

对于角平分线，我们有以下不等式

$$\frac{t_a}{a}+\frac{t_b}{b}+\frac{t_c}{c}\geqslant\frac{a+b+c}{4r}$$

还有一些不等式只包括三角形的内切圆的半径和旁切圆的半径

$$\sqrt{r_a^2+r_b^2+r_c^2}\geqslant 6r$$

现在考虑包括面积的不等式.

对于边长为 a,b,c，面积为 $S_{\triangle ABC}$ 的 $\triangle ABC$，有[6]

$$a^2+b^2+c^2\geqslant 4\sqrt{3}\cdot S_{\triangle ABC}$$

还有令人惊叹的不等式[7]

$$a^2+b^2+c^2\geqslant 4\sqrt{3}\cdot S_{\triangle ABC}+(a-b)^2+(b-c)^2+(c-a)^2$$

另外还有一些不等式

$$4\sqrt{3}\cdot S_{\triangle ABC}\leqslant\frac{9abc}{a+b+c}$$

$$\frac{9r}{2S_{\triangle ABC}} \leqslant \frac{1}{a}+\frac{1}{b}+\frac{1}{c} \leqslant \frac{9R}{4S_{\triangle ABC}}$$

在本章之前,我们研究了三角形的秘密,我们品尝了共线点,共点线之美,所有这一切都是相等的关系.然而,在本章中我们发现了这样一些三角形,它们揭示了隐藏在永恒的不等式中的真正有趣的,通常难以预料的瑰宝,而这些不等式与所考虑的三角形的形状,位置都无关.

三角形和分形

第10章

什么是分形？关于分形，三角形能告诉我们什么？这就是本章要涉及的两个问题.我们先介绍一下动摇我们对几何信念的基石的一个著名的三角形.

§1　帕斯卡三角形和谢尔宾斯基三角形

法国数学家兼哲学家帕斯卡(Blaise Pascal,1623—1662)在1654年完成的《论算术三角形》(*Traité du triangle arithmétique*)中叙述了由某些数在排成的三角形的样式时的一些性质.由于在这些数之间存在递推关系，而且这些关系可以用简单的几何或算术术语进行描述，因此这个三角形的样式就理所当然地组成了二项式系数，将一个简单的二项式被提升为正整数次方时就出现这些系数.现在考虑

$$(x+y)^0=1$$

$$(x+y)^1=x+y$$

$$(x+y)^2=x^2+2xy+y^2$$

$$(x+y)^3=x^3+3x^2y+3xy^2+y^3$$

$$\vdots$$

有时这些代数展开式的系数可在排列成图10.1上面的版块中见到.大多数西方国家在帕斯卡的论文中见到了这样的三角形，所以把这个三角形的样式称为帕斯卡三角形.这个三角形的史料在大约六个世纪以前一些著作中有所发现，这些著作分布于世界的各个不同的地区[1].似乎可以肯定这些数的一些性质是被多次独立地发现的，而且还有诸多应用.当时肯定不会使用现代的代数记号，三角形样式的结构最初并不来自于二项式展开式，至少不是图10.1中上面的版块那样的形式.

1

1 1

1 2 1

1 3 3 1

1 4 6 4 1

1 5 10 10 5 1

1 6 15 20 15 6 1

1 7 21 35 35 21 7 1

1

1 1

1 0 1

1 1 1 1

1 0 0 0 1

1 1 0 0 1 1

1 0 1 0 1 0 1

1 1 1 1 1 1 1 1

图 10.1　八行的帕斯卡三角形(上)和八行的 0-1 帕斯卡三角形(下)

帕斯卡的整个样式确实不是三角形,因为在它的一边的方向上可以延伸无穷多行,结果永远无法全部显现出来.给出了图中的前几行,也许可以显示出行数无限增多时的一些迹象.如果已知该三角形中的第十行,无须进行烦琐的代数乘法,就可以写出$(x+y)^9$的展开式.

帕斯卡数在其他方面的应用十分广泛.例如,要确定在一副 52 张的纸牌中取出 5 张纸牌的不同取法的总数有多大,答案就是第 53 行的第六个数.这个数就是不同的取法的总数:2 598 960.帕斯卡三角形本身是用来讨论概率论中的不同问题的.

如果没有快速计算这个三角形样式中各数的一些方法,所有这一切是不会有实际的应用价值的.幸运的是这个三角形样式中各数间的关系很多.看来这些关系中最简单的要算是不在边界上的数都是上面一行中左右两数的和(边界上的数都是 1).图 10.1 中上面的版块中的箭头表示这个加法性质的两个例子.有了这个事实和左右对称,使得用相当直接的方式计算中的任意一数成为可能.

特别是近年来,部分原因是在数字时代需要的刺激下,人们已把注意力集中到帕斯卡三角形的变式上.只考虑这些数是奇数还是偶数(奇偶性).经常出现的是用数字 1 替代奇数,数字 0 替代偶数,如图 10.1 中的下面一个版块.求和的关系还适用,不过要稍作调整.由于两个偶数的和是偶数,如果三角形样式中的数的上方两数都是 0,那么这个数也是 0.由于一个奇数与一个偶数的和是奇数,总是用$0+1=1+0=1$.但是由于两个奇数的和是偶数,那么就要使用变了形的“加法”这个事实：1＋1＝0. 利用这些规则，可以迅速地将 0-1 三角形向下延伸到任何深度.

观察 0-1 三角形的许多行后发现一个有趣的几何结构. 看到这个经过转化的由 0 构成的三角形，并显现出这些三角形的大小上的某些结构. 如果用黑点表示 1，空白表示 0，那么效果就明显了. 图 10.2 就是用这种方法构成的有 64 行的帕斯卡三角形. 有趣的是这种排列模式反映了在一个完全不同的数学研究领域所产生的几乎同等的效果. 这一同样的几何模型可以不参考任何关于数的资料就能创建而成. 这个结构是一个重复的（或迭代）的过程，如图 10.3，下面进行叙述.

图 10.2　由黑点和空白构成的帕斯卡 0-1 三角形，也是打孔移除后的 5 级递推

0. 从任何一个三角形开始（这个三角形称为初始元(initiator)）

1. 联结这个三角形的三边的中点，在原三角形的内部形成一个小的相似三角形，在角上形成另三个全等三角形.

2. 将中间的三角形移去（或把这个三角形涂成相反的颜色），留下另三个三角形.

3. 回到第一步，对留下各三角形实施步骤 1 和 2. 或者退出循环.

上面给出的这些步骤描绘出一个过程，这个过程可以通过重复操作任意多次（每完成一次操作称为一次迭代，所完成的操作的次数称为递推级）. 5 级递推就得到图 10.2 的一个拷贝. 图 10.3 表示初始元以及经过前三次迭代得到的结果. 重复 n 次这样的操作，就得到像 0-1 帕斯卡三角形中的 2^{n+1} 行的样子.

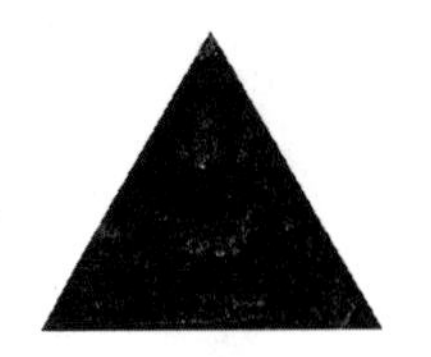   

图 10.3　从左到右是初始元，打孔移除后的 1 级递推，2 级递推和 3 级递推

这一移除三角形的方法(trema removal，源自希腊语，意为打孔移除法)是波兰数学家谢尔宾斯基(Wacław Sierpinski，1882—1969) 在 1915 年介绍他的著名的三角形，即谢尔宾斯基三角形时采用的. 它的样子与帕斯卡三角形很像，这是为了回答关于平面图形的几何方面的问题而设计的，并不是为了学习帕斯卡研究的概念. 谢尔宾斯基的几何对象是称为分形的一类集合的一个例子.

如同不能完整地表示一个帕斯卡三角形一样，一个完整的谢尔宾斯基三角形只能用无穷次迭代的方法所描绘. 两者的原因不一. 帕斯卡三角形的底部没有边界，所以实际上不是一个三角形；在有限的时间内，即使一直计算新的行，永远也不能完成. 一个完整的谢尔宾斯基三角形只有经过无穷多次三角形的移除才能完成. 在某种意义上，观察帕斯卡三角形需要用望远镜向远处望去. 与此相反，谢尔宾斯基三角形只有用显微镜观察，越望里观察，放大倍数越高. 这两个数学问题只是抽象地存在，就像正整数只能描述而永远不能全部列出是同样的道理. 数学家在无穷和无限过程方面取得举足轻重的进步是在 19 世纪末和 20 世纪初. 这正是谢尔宾斯基所处的年代. 他的墓志铭上写着:“无穷的研究者”.

§2　多重缩小复印机

谢尔宾斯基三角形对于作图，观赏和沉思诸多方面是很有意义的. 因为作图的过程十分直接、简单. 小学生都能顺利地从事这一项目的制作，并能清楚理解所用的基本方法. 可是我们最后得到什么结果呢? 谢尔宾斯基三角形“只是一张漂亮的脸蛋”吗? 有一些回答是:谢尔宾斯基三角形是一种能用十分简单的重复过程完全描绘的极其复杂的结构.

在本章的其余部分我们将演示一般的过程，这一过程不仅是构造谢尔宾斯基三角形，还构造许多其他的分形(和非分形) 的对象. 下面所介绍的大量的例子将表明其用途以及三角形在应用中所起的一些作用.

下面的方法基于一个熟知的过程.为此目的我们介绍一种叫“多重缩小复印机”(multiple reduction copy machine,MRCM)的东西.它不是一个物理机器,之所以起这个名字是因为它的方法可以用类似于物理的机器所描绘.我们举一个例子来说明这一点.从一个涂黑的正三角形开始,这个三角形用 $\triangle$ 表示.重复使用 MRCM,得到一系列中间图形 $\triangle_1$,$\triangle_2$,$\triangle_3$,…,这与用打孔移除法得到的是一样的.这个过程的唯一的差别是要构建这些中间图形.

例 1 我们从制作 $\triangle$ 的三个拷贝开始,使用一个能把每一个原件按照一个特定的比缩小的复印机.我们还假定这台机器每次都能把整个原件向着一个特定的点或者说是纸页中心的方向缩小.这个中心本身并不移动,但被复印的其余的点都向这个中心移动.最后我们假定原件 $\triangle$ 印在一张悬空的透明纸上,确保拷贝也印在类似的材料上.只有当被印的内容制作出来时,这种情况才会出现.实际上,机器考查了该扫描的区域的每一点.透明的点导致透明的拷贝.这样机器运作的这一部分变得暂时观察不到.把 $\triangle$ 的三个顶点缩小一半成为三个缩小中心,用来制作三个各自的拷贝.图 10.4 的各个板块描绘了原件和生成的拷贝.

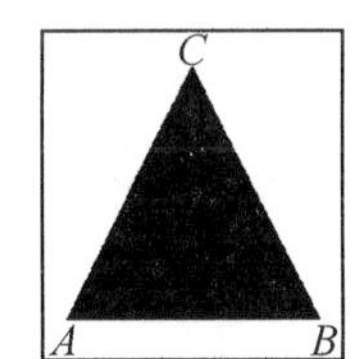

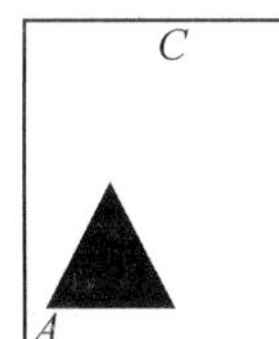

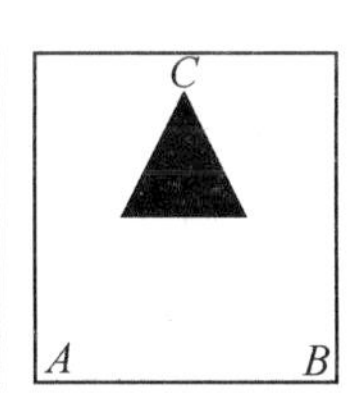

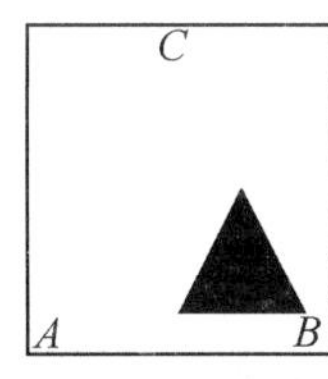

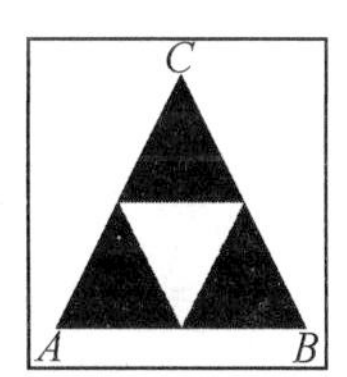

图 10.4 $\triangle$ 的三个缩小拷贝合成形式 $\triangle_1$

将包含 $\triangle$ 的纸移除后,再将这三个拷贝重叠后复印到单张的悬空的透明纸上就制成了 $\triangle_1$.图 10.4 的最后一个板块就是 $\triangle_1$,这表示使用 MRCM 的第一步已经完成.用同样的方法将 $\triangle_1$ 作为初始三角形,作出 $\triangle_2$,然后作出 $\triangle_3$,等等.以这种打孔移除法进行无穷多次重复这一过程只能生成谢尔宾斯基三角形.我们未来对 MRCM 的使用将必然包含操作的所有各个阶段.可以肯定的是我们将要为需要一个更大的复印机做好准备!

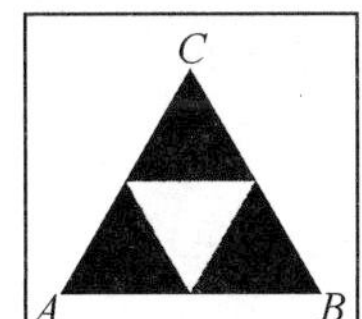

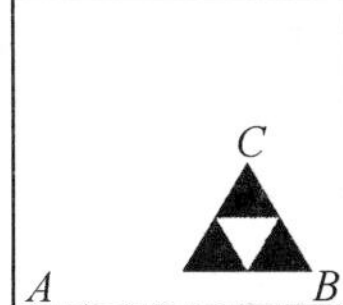

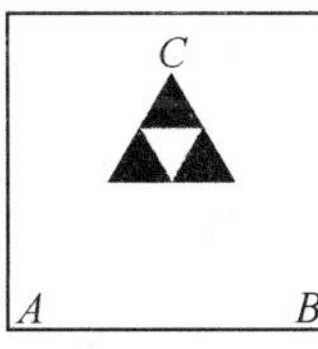

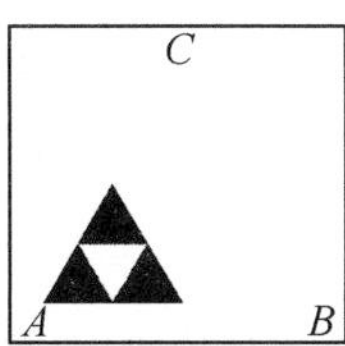

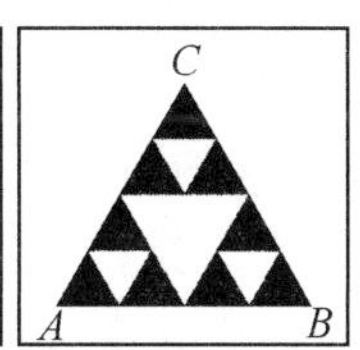

图 10.5 用 MRCM 用 $\triangle_1$ 制作 $\triangle_2$ 的过程

即使如此,在进行六次左右的复制以后,这种方法看来还是产生了相当令人信服的结果.用一个真正的复印机实施这一实验的最初几个阶段是可能的,只要使它具有缩小特性以及对拷贝进行人工定位去模拟这三个不同的缩小中心的能力.具有成本低,精确度高的更满意的结果可利用计算机软件来完成.存在大量的应用软件能制作出谢尔宾斯基三角形和其他分形.有许多是免费的;有些很昂贵.这些软件并不考虑一些人的喜好.

有一些教育工作者已经使用 Geometer's Sketchpad®,Cabri Geometry® 或者 GeoGebra® 诸如此类的动态几何软件制作分形.教学和授课计划能轻易在因特网上找到.选择模仿 MRCM 方法的软件将是阅读本章的良好伴侣.应用支持多重的分级层面的内容的几何变换特别适合于完成此类任务,因为多层面可以通过用透明材料来实施. Adobe Photoshop® 能漂亮地完成这一工作,无须编写程序,但也可采用另一些较为廉价的图像编辑器软件.应用 GIMP® 的公共资源也不失为另一种可能的选择.

在某种情况下一台 MRCM 产生等价于打孔排除法的结果,刚才显示的例子就是这种结果之一.但是,下面我们将展示一些例子以证明它的潜力远超打孔排除法的效果.

§3 迭代函数组和固定集

运作程序和缩小中心一旦建立,一架 MRCM 就能作用于任何图像,不只是作用于我们首先提出的三角形.为了描绘众多的可能性,类似的复印机就以下列方式一般化.我们将把一架 MRCM 看作是建立在一个或多个几何变换的基础之上的一个过程.不同的变换建立不同的 MRCM.一系列的变换以及这些变换在一架 MRCM 中的应用通常也称为一个迭代函数组(iterated function system)或 IFS.

每一个变换所起的作用是用下面的某一个几何规则将一个图像(点集)变换成第二个图像.在前面的例子中,这些变换是缩小的,也就是说,按照一定的比将一个图像缩小,并向一个中心点移动.另一些变换能包括将一个图像绕一点旋转或关于一直线反射.这些操作的任何结合都能成为一个单个的,甚至较为复杂的变换.

于是就可以对这些变换进行个别的讨论了.在一个 IFS 中的变换用带下标的大写字母 F 表示,所以 IFS 的系列看上去将是 $F_1, F_2, F_3, \cdots, F_k$,这里 k 是 IFS 中变换的次数.于是 MRCM(或 IFS)的一个单个的迭代由分别应用每一个变换 F_i 组成. F_i 作用于当前版本的图像,并把这些变换了的分开的图像合并整理，然后将变换了的各个部分叠加成为一个单一的组合图像.完整地执行这台机器的效果是从称为初始元(initiator)的最初的图像开始，制作出无穷多个图像.初始元并不被看作是一个 MRCM 的所定义的一部分，只是 MRCM 可以作用的许多集合中的一个.

例 1 可以用以下语言重新表述.例 1 中的 IFS 建立在 F_A，F_B 和 F_C 三次变换的基础上.每一次变换都将任何图像以 $\frac{1}{2}$ 的比缩小，并分别指向各自的中心 A，B 或 C.产生结果的 MRCM 所进行的第一次迭代是每一次都进行缩小，第一次缩小初始元 △(没有打过孔的三角形)，形成图 10.4 的中间三个板块所显示的三个像.然后用重叠的方法把这三个像合并得到 $\triangle_1$(称为第一次迭代).用 F_A，F_B，F_C 对 $\triangle_1$ 进行第二次迭代，并把所得的结果合并得到 $\triangle_2$.重复应用新的迭代得到第三次迭代，第四次迭代，第五次迭代，等等.完全应用后 MRCM 就生成一个无穷的迭代序列：$\triangle$，$\triangle_1$，$\triangle_2$，$\triangle_3$，…

由于可能存在任意多个定义 IFS 和许多不同的初始元的变换，所以迭代序列也可能很不相同.下面几个例子证明一些可能性，并力图提升对 IFS 的性质有更深入的理解.

例 2 如果把例 1 中使用的同样的 IFS 用在某个不同的初始元的集合上会发生什么情况呢？把 O 看作为一个圆(及其内部)覆盖这个三角形，例如，例 1 中的 △.这样我们感兴趣的是观察 O，O_1，O_2，O_3，… 如何与我们起初的结果相比较.图 10.6 告诉我们这个过程的来龙去脉.在图 10.6 的第二个板块中我们看到完成了迭代的第一步后，圆 O 的三个变换后的版本出现的结果.迭代 2 并没有画出，但是在图 10.6 的第三个板块中的三个角上的三角形出现的是 O_2 的缩小了的版本，合并后形成 O_3.

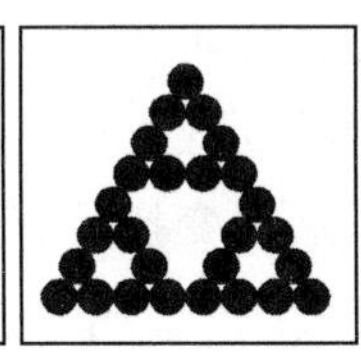
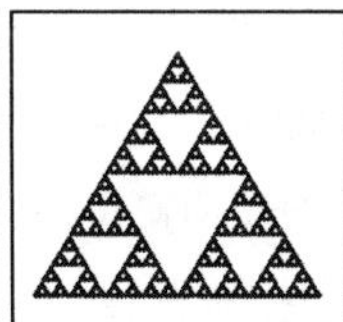
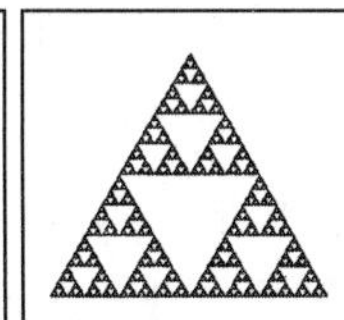

图 10.6 从左到右是 O，O_1，O_3，O_6 和 O_8
显示出收敛于谢尔宾斯基三角形的迹象

最后一个板块所显示的这个结果远不是预料之中的！我们在例 1 中用到的三角形的形状是谢尔宾斯基三角形的形状的根本原因，这自然应该是预料之中的.根据这个思路，也许可预计例 2 会生成谢尔宾斯基圆.我们实际得到的是激励我们去观察另一个初始元的例子.

例 3　图 10.7 显示出一个不同的初始元以及若干个迭代阶段的结果. 经过九次迭代，我们就得到一个与谢尔宾斯基三角形十分相像的图像. 谢尔宾斯基三角形永远不变. 原来，几乎任何非空初始元都将导致应用这种特定的 IFS 时所产生的结果. 令人惊讶的是即使开始时的集合只有一个点组成，最后也将产生同样的最后结果.

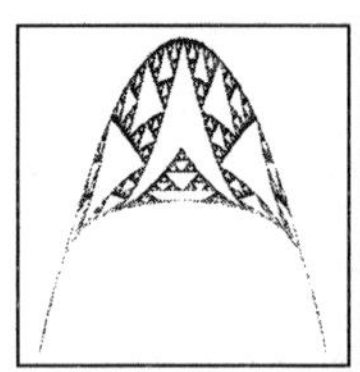
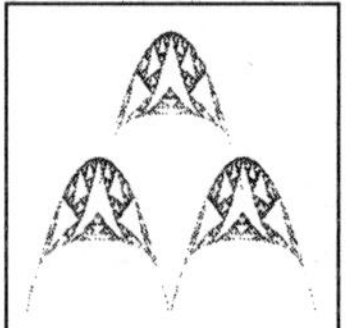
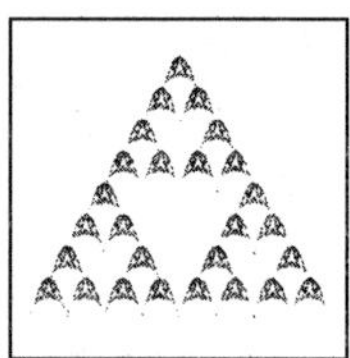
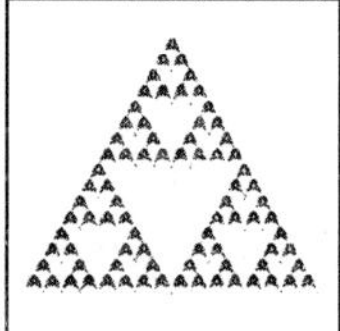
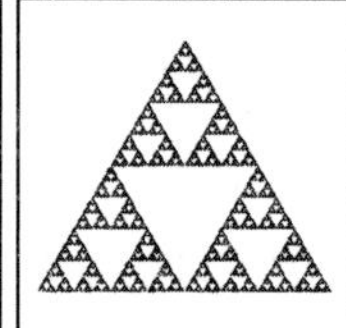

图 10.7　从左到右是 Λ，Λ_1，Λ_3，Λ_4 和 Λ_9

再一次显示出收敛于谢尔宾斯基三角形的迹象

有些初始元并不导致这一同样的结果. 例如，经过原三角形的中心的一条普通的水平线将导致水平带，其宽度等于原三角形的高. 众所周知，一切有界(即能包含在一个具有有限半径的圆内) 的初始元对一个给定的(按下面将谈到的缩小的)IFS 用永远导致同一个简单的结果. 刚才描述的直线并不是有界集.

如果在无穷多次迭代后的形状不能由所用的初始元的特征来确定，那么每次出现谢尔宾斯基三角形是什么引起的呢？不必这么远去寻求答案. 我们余下来的过程中的仅有的部分是对 IFS 本身的选取的猜疑. 原来它的变换包含谢尔宾斯基三角形一个的蓝图，就像动物的遗传密码是该动物的最本质的形式. 变换 F_A，F_B，F_C 是我们的 IFS 的"DNA". 对变换的任何不同的选择可以预期在极限集(即在无穷多次 IFS 的迭代后最后生成的图像) 中有一个相应的变化. 那还不能说变换的所有选择都能预期构建一个稳定的极限.

现在考虑对 IFS 的不同的选择而不是不同的初始元. 如果用很少的变换来定义的话情况会如何呢？所选择的变换可以是很一般的，但是现在我们把自己限制在缩小的变换中. 粗略地说，这种变换具有这样的性质，即在每次使用变换时图像中各点都越来越靠拢. 将一个图像向一个固定点收缩，大小是原来的一半，这是一个缩小变换的例子. 已经知道，在这样的限制下，(Michael Barnsley《分形无处不在》(*fractal everywhere*)，第二版 [Boston, MA: Academic Press, 1993], pp. 74-81) 当这个 IFS 用于一个可以允许的初始元时，总会导致一个稳定的极限集.

例 4　假定我们只用例 1 中的两个变换 F_A 和 F_B. 在图 10.8 中，把涂黑了圆 O 作为初始元，显示了发生的过程. 最后一个板块中出现的是极限集：一条线段.线段的两个端点是 A 和 B.只选择例 1 中的三个变换中的两个就生成一条线段.这似乎表明为了生成谢尔宾斯基三角形必须使用所有三个变换.

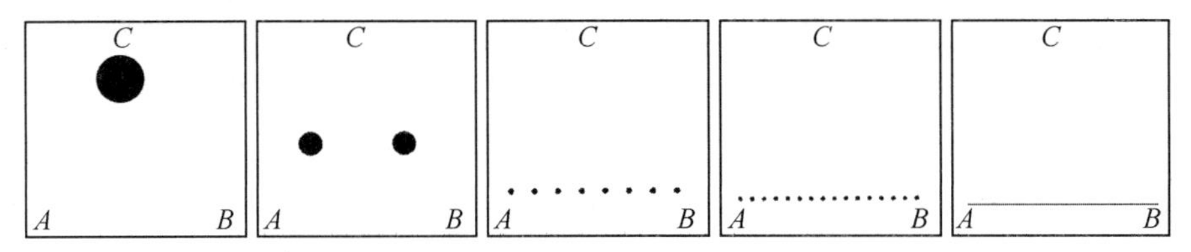

图 10.8　从左到右是 O,O_1,O_3,O_4 和 O_{11}

显示线段为极限集

例 5　如果只用一个变换 F_A 会发生什么情况呢？由于每一次迭代都需要结合被变换的各个图像,于是本质上已变得微不足道.取 T 作为初始元,结果得到 T_1,是对 T 施行 F_A 得到的同样的结果.图 10.9 显示了这一结果.我们将会发现,在进行了无穷多次迭代后极限集只是一个孤立点 A.即使不进行实验,也相对容易看出情况为什么是如此.

由于 F_A 的作用是将任意图像的点向点 A 移动一半距离,对 A 施行 F_A 将又生成 A.如果发生这种情况,我么就称这个点为变换的不动点,所以这个例子中发生的特殊情况是说明这个极限集也是 MRCM 的不动点.这是一个例外的情况.如果 MRCM 有一个非孤立点的极限集,那么对该集合应用 MRCM 的一次迭代将会使得这个集合的点动来动去,不过只是在这个极限集的内部.通常在计算机中生成的图像并不能看出这一效果,因为极限集保持不变.一般说来,当一个 MRCM 有一个极限集时,这个集合就是 MRCM 的固定集,不过只是在例外的情况下是一个不动点.

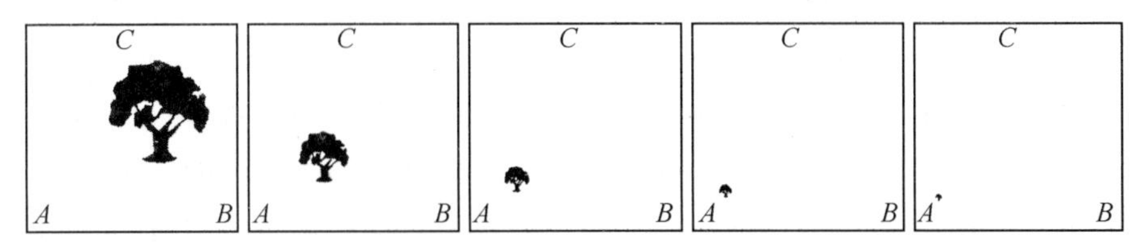

图 10.9　从左到右是 T,T_1,T_2,T_3,和 T_4

显示一个孤立点为极限集

下面是一般情况的总结.对于任何选取的正整数 k,一系列变换 F,F_1,F_2,F_3,F_4,…,F_k 确定一个 IFS.它能通过使用 MRCM 方法被迭代.这个 MRCM 能用于任何一个初始元图像 $\triangle$,它是一个闭的,有界点集(包括边缘且不是无限延伸的集合),它生成一个称为迭代的无穷序列 $\triangle$,$\triangle_1$,$\triangle_2$,$\triangle_3$,….当 IFS 的变换全是缩小的时候,那么迭代就越来越趋近于一个极限集,它是MRCM的固定集.

在到目前为止的例子中我们已经见到 $k=1,2,3$ 的情况.所用的初始元都是涂黑了的等边三角形,涂黑了的圆,一棵树的画,还有另一些不太熟悉的形状.所用的变换 F_i 都是缩小的,对每一对不同的点 P 和 Q,它们在经过变换后的像之间的距离不超过 P 和 Q 之间的距离的若干分之一.因为在我们的例子中,这个缩小的比恰好是一半,所以我们说这个一半就是每一个 F_i 的缩小因子.极限集分别是谢尔宾斯基三角形,一条线段,一个点.

至今为止的结果开始显得十分有序.三个变换生成一个三角形,两个变换生成一条线段,一个变换生成称为固定集的一个点.实际上并不是那么简单,下面一些例子将显示变换的个数本身并不能预知一个极限集的形状.

例 6 当 $k=2$ 时(即两个变换)如果我们把 F_1 和 F_2 都作为例 5 中的 F_A,并把例 5 中的 T 作为初始元,那么迭代将与例 5 中的情况相同.点 A 将是极限集,还要用到图 10.9 中的简图.

如果 $k=3$,并且都像以前那样使用三个同样的变换,那么所导致的极限集将是很容易辨认的,看上去像是变了形的三角形,这个三角形也是变换后的谢尔宾斯基三角形的版本,除非我们在平面内除了三角形的三个顶点以外的任何别处选择三个缩小中心.标准地说,谢尔宾斯基三角形这一名称含义很广.无论如何,可能是三个缩小中心共线.在这种情况下,极限集将是一条线段(甚至可能是一个孤立点).

例 7 当 $k=4$ 时是一个更为有趣的例子.这个例子就像以前把 F_A, F_B, F_C 取为固定的点(三角形 $\triangle$ 的顶点).对于再加一个变换 F_G 的描述就稍微复杂一点.三角形的三条中线是联结三角形的顶点和对边中点的线段.早就熟知的是这三条中线相交于一点 G,这一点称为三角形的重心(见第二章).把三角形的重心看作是三角形的中心是有许多原因的.F_G 的作用是先把初始元绕点 G 旋转 $180°$,然后向 G 的方向缩小一半.图 10.10 的板块 4 显示出 F_G 的作用.整个图形表明当 MRCM 的第一次迭代用于涂黑了的三角形 $\triangle$ 时发生的情况.补上虚线的边界线是为了突显结合后形成 $\triangle_1$ 的四部分的相对位置(相对于 $\triangle$).

该图只呈现这个 MRCM 一个迭代,但它也告诉我们整个过程.我们看到 $\triangle_1=\triangle$,所以 $\triangle_2=\triangle$,等等,因此 $\triangle$ 是一个固定集,也是 MRCM 的极限集.这也许有一点失望.没有得到新的,有趣的极限集.较为有趣的是一个圆或者另一个初始元在同一个 MRCM 的作用下,也收敛于 $\triangle$.当 $k=4$ 时,我们可以指望出现一些奇特的或者至少是某种具有四个顶点的图形.这个例子的真正的秘密在于图形中前四个板块中的四个子集全都相似于 $\triangle$,合在一起形成一个 $\triangle$ 的拼

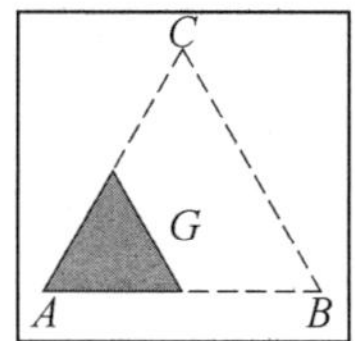

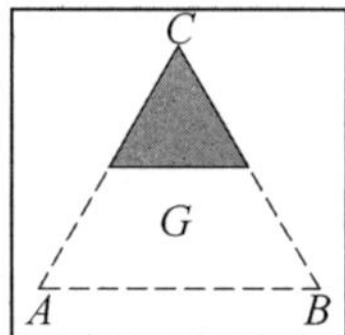

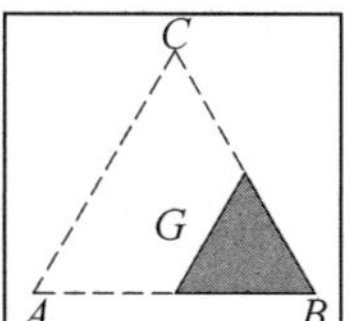

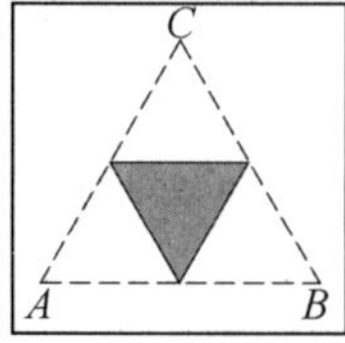

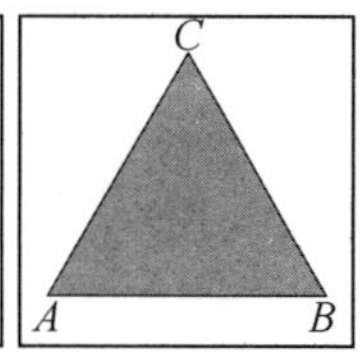

图 10.10　从左到右是 F_A，F_B，F_C 和 F_G 的作用以及它们的组合 $\triangle_1$

图. 由两块或更多的拼图，即缩小后的三角形组成的任何拼图都可用来构成这种例子. 用这种方法，在一个 IFS 中进行相当大数量的变换能生成一个简单的三角形.

也许 k 的值建立一类上界. 为了使 IFS 生成一个三角形作为极限集，k 必定是 3 或 3 以上，情况是这样吗？答案是否定的，下面的例子将说明这一点.

例 8　一个只有由两个变换组成的 IFS 仍能生成三角形. 假定水平线上有 A，B 两点，A 在左边. F_A 是向 A 移动的变换，缩小比为 $\frac{1}{\sqrt{2}}$. 在缩小以前，F_A 将图形关于直线 AB 反射，缩小后将图像绕中心 A 按逆时针方向旋转 45°. 另一个变换 F_B 以同样的方式实施变换，但是以 B 为中心按顺时针方向旋转 45°. 由这两个变换决定的 IFS 的极限集完全可以理解为作用于以线段 AB 为底，在 AB 上方的等腰直角三角形的 MRCM 的一个迭代的结果. 图 10.11 表示这个作用的结果. 由于可将该三角形看作是在一次迭代下一个固定集，所以它在所有的随后的迭代下保持不变，于是该三角形是 IFS 的极限集.

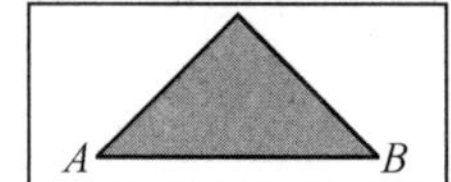

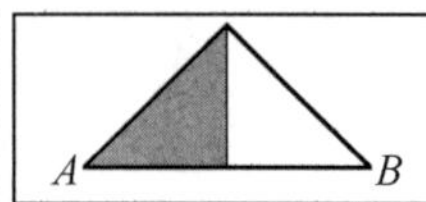

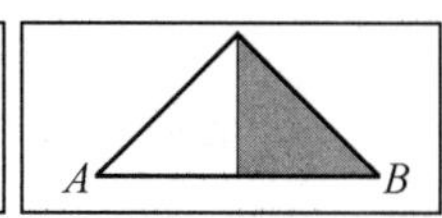

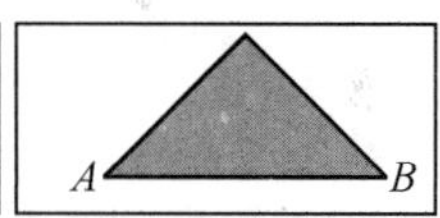

图 10.11　从左到右是 T，F_A 作用于 T，F_B 作用于 T，以及两者的并形成 $T_1 = T$

从例 4 到例 8 我们看到虽然 k 的值对一个 IFS 极限集的形状起着作用，但只有 k 的值，形状是不能完全预测的. 例 7 和例 8 也介绍了这样的思想，即变换 F_i 不必是简单的缩小并向一个点移动，还能包括其他一些作用，例如旋转和反射. 这种在三个变换中更为复杂的效果能生成谢尔宾斯基三角形的有趣的"亲戚". 下面两个例子说明这是如何完成的.

例 9　A，B，C 三点分别分布在一个正方形的左上角，左下角和右下角. 如果相应的三个变换 F_A，F_B，F_C 都是以这三个点为缩小中心，缩小比都是 $\frac{1}{2}$，那么就像例 1 那样，极限集将是谢尔宾斯基三角形，但现在是直角三角形. 根据例 7 的想法，实际上 F_A 的变形包括：先实施绕正方形的中心旋转 180°，然后向 A

缩小 50%. 另两个变换是留作单一的缩小. 为了显示这一点,我们使用涂黑了的直角三角形 T 的版本作为初始元. 一旦很好地理解了三个变换,T_1 的出现是相当容易预测的. 图 10.12 的各个板块表示几次迭代以及趋近于极限集.

    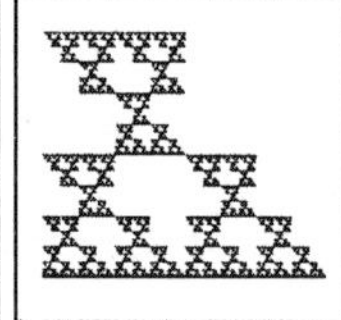

图 10.12　从左到右是 T,T_1,T_2,T_3 和 T_8

例 10　重复上述实验,但稍做变化,可以生成一个不同的极限集. 因为该例中增加了 F_C 这一步骤,即一个沿着正方形的竖直方向的轴反射,然后向点 C 缩小. 图 10.13 显示各次迭代.

  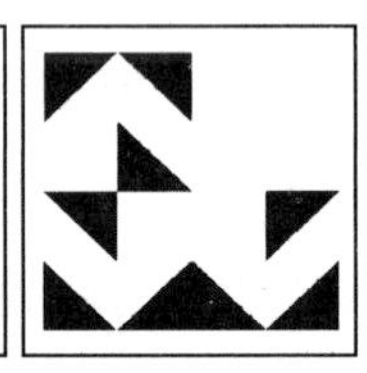  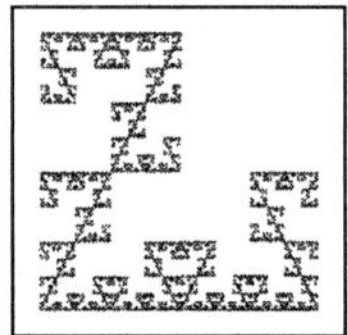

图 10.13　从左到右是 T,T_1,T_2,T_3 和 T_9

现在应该清楚,用类似的方法可能得到大量不同的极限集. 如果只允许向这三个到目前位置已识别的顶点进行 50% 的缩小,并允许在缩小前的每一个变换中所用到的正方形的某个部分作一次对称运动,那么就可以得到 $8^3=512$ 种 MRCM 版本. 数字 8 的产生是因为恰有 8 种方法将正方形变为自身的刚性变换. 旋转的角度就是 0°,90°,180° 和 270° 这四种. 另外四种是关于正方形的四条对称轴的镜对称. 因为有些不同的 MRCM 版本并不生成不同的极限集,所以实际上不同的结果总数小于 512. 例如,如果要使 F_B 能将正方形关于对角线第一次对称在缩小前从左下角运动到右上角,如果另两次变换只是原先的缩小,那么极限集恰恰就是当 F_B 只是单单缩小时得到的谢尔宾斯基三角形.

为了确定这些情况中两个像集是否真正不同,首先必须认可"不同" 的意义. 例如,如果两个极限集互为镜对称,我们是否认为它们是不同的呢? 辨明这些集合是"不同" 的一种方法有这样的要求:如果对于所应用的正方形,它的八种对称中的任何一种能把一个变换成另一个,那么认为这些极限集是相同的. 在这种定义下,有 232 种可能的不同的像集,这些集合是由当 $k=3$ 时所指定的各类变换的结果.

这一讨论是从使用一个像是复印机的东西开始，用来维持对我们所使用的变换作一个简单的描述. 现在随着我们的例子变得更为广泛，对变换的分辨越来越麻烦. 可这正是更有效描述它们的极好时机.

§4 用三角形定义变换

为创建一个 IFS 而对可能的平面变换的选择是相当广泛的. 幸运的是变换是有专门的分类的，这为有趣的例子提供了丰富的资源. 对于这一点在我们的例子中所用的变换分成两类.

1. 等距变换或欧几里得全等是保持距离和角的大小不变的变换. 也就是说，任何两点之间的距离在变换后的像之间的距离相同. 绕一点的旋转、关于一条直线的镜反射以及平移(定向移动) 都属于这一类. 对一个图形实施任何等距变换的效果可以成功地设想为平移、旋转、将一张画有图像的悬空透明纸翻转变换的结果.

2. 相似变换是保持距离的比和角的大小不变的变换. 如果 a,b 之间的距离是 c,d 之间的距离的 k 倍，那么变换后的像中相应的点之间的两个距离保持同样的比. 我们前面的例子中的向一点缩小就是相似变换，不过等距变换也是相似变换，比是 1 的相似变换(即全等图形也是相似图形).

当上面两类变换应用于任何三角形时，变换的结果也是三角形. 当这个变换是等距变换时，结果是一个全等三角形. 当这个变换是相似变换时，结果是一个相似三角形. 一个更为有用的，但鲜为人知的事实是这些变换中的全部性质都可以从单个三角形及其变换后的像中辨别出来. 只需知道原三角形的顶点是如何与像的顶点对应的. 从本质上说，这是因为三角形的三个顶点包含了足够的信息去建立平面坐标系. 有了这些信息，就有可能确定变换是如何影响平面内任何其他点的.

原三角形与其像之间的对应通常可以列举相应的顶点进行说明，但是在许多情况下，把这两个三角形画在一张图上，并用箭头说明它们的对应比较简单. 按照惯例，我们把这个箭头放在图形外的原像上，把另几个箭头放在这两个三角形内的变换后的像上. 图 10.14 表示这样的图是看上去是与前面的例 1 和例 8 中的图如何相像. 大三角形中的一个箭头和小三角形中的一个箭头表示两个顶点，这两个顶点对于把大三角形变为小三角形的变换来说必须对应(箭头的起点相对应，终点也相对应). 于是第三个(余下的) 顶点也对应.

例如，在图 10.14 的第二个板块的 IFS 中可以看到有两个变换，其中每一个都将原三角形翻转(因为小箭头绕三角形顺时针旋转与大箭头的逆时针旋转的方向相反). 每一种情况都需要缩小和旋转. 第一个板块中有三个变换. 无须翻转和旋转,但每个小三角形都有三边,其长度都是大三角形的边长的一半. 因此这种情况下的变换是比为$\frac{1}{2}$的相似变换.

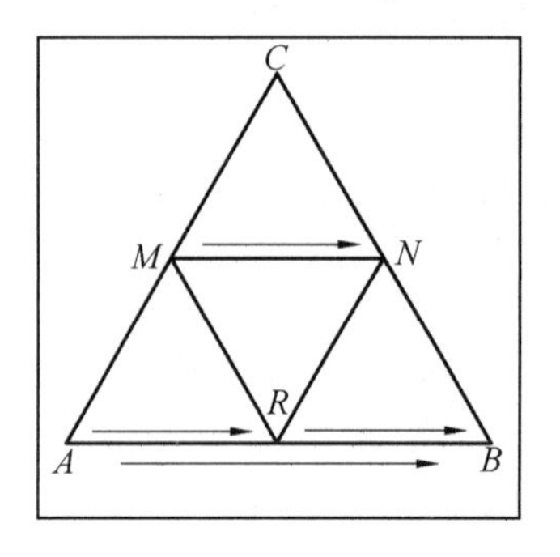

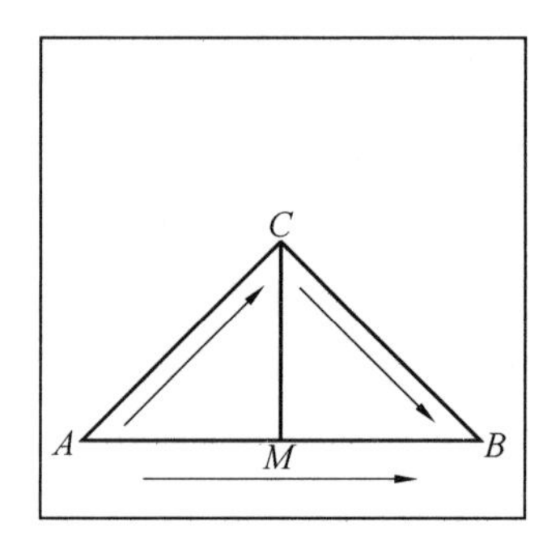

图 10.14

有向三角形所表示的变换在不少场合都起作用,但是在需要很精确表示变换时可能会不很满意. 对于后者,标明各顶点的坐标以及代数方法是常用的. 不要进行这样一种代数操作,利用额外的已知的事实将会轻松一点,这个事实是相似变换总是能描述为旋转、关于一条直线反射、平移以及单个的放缩(对一个固定点重新调节)的结合. 如果只要寻找这种结合,通常已经够了. 在余下的大多数例子中,我们将只对三角形及它们的像用箭头注明以便描述编制出一个 IFS 以及相应的 MRCM 的变换.

图 10.15 显示在类似的情况下简单的几何运动可能是如何确定的. 反射轴、旋转角和旋转中心、平移方向和缩小中心可以选择不同于已经表明的那些组合,而这些组合能生成同样的组合效果. 复合作用也可以不同的顺序使用. 例如,可以首先使用旋转. 极为重要的一点是一旦指明了组合的各个部分,应用它

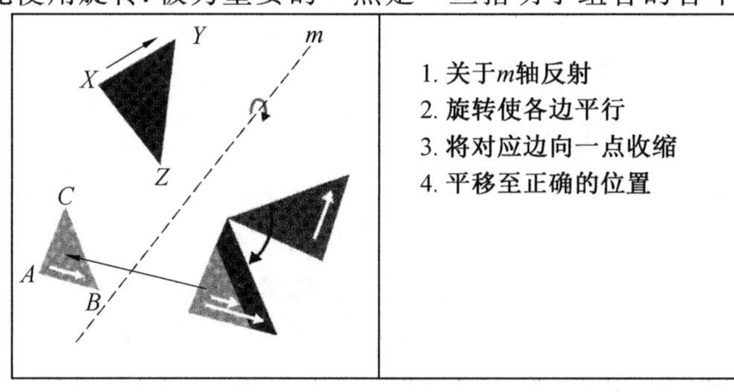

图 10.15　把 $\triangle XYZ$ 变换为相似 $\triangle ABC$ 的运动

们的顺序对正确的结果是极为关键的. 同样的运动而顺序不同经常会产生不同的复合变换. 已经知道,仅仅一次重新调节和一些反射总能得到一个给定的相似变换. 从不需要超过三次反射.

值得强调的是这些变换不仅作用于内部的点和原来的三角形,而且将其作用扩展到平面内的每一点. 一般说来,允许用MRCM对任何所选择的初始元进行连续迭代.

有一件事情变得清楚了,那就是三角形的配对结果如何确定一个变换,反之,指定一个IFS就是如何将一个三角形任意再分割,得到一组与原三角形相似的小三角形,这样的分割能用来建立一个把原三角形作为其初始元的IFS. 如果所有再分割后的小三角形都应用于这一定义,那么原三角形就成为固定集. 例7和例8说明了这一事实. 这一思想能够扩展到非三角形,能以自身相似的方法进行铺砌的图形. 矩形、六边形、五边形甚至线段都是这种图形. 谢尔宾斯基三角形给出了一个例子,即如何把很不相同的初始元,但是适当的子集变为这个固定集.

所有这一切的冲击令人十分惊讶. 现在我们知道,存在大量的几何对象,其中每一个都能由单一的IFS完整地描绘出来. 在众多的情况下,作出这个IFS的变换完全可以用一对相似三角形对象之间的所指定的关联来说明. Michael Barnsley等人的研究聚焦于以一种有效的方法对复杂的自然现象模式化的这一事实的应用潜力(图10.16).

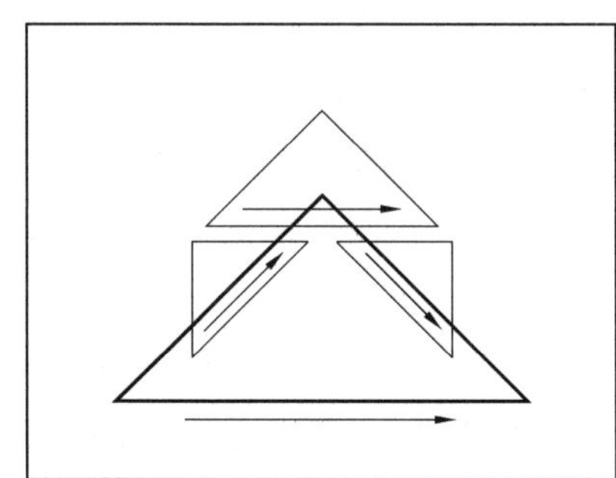
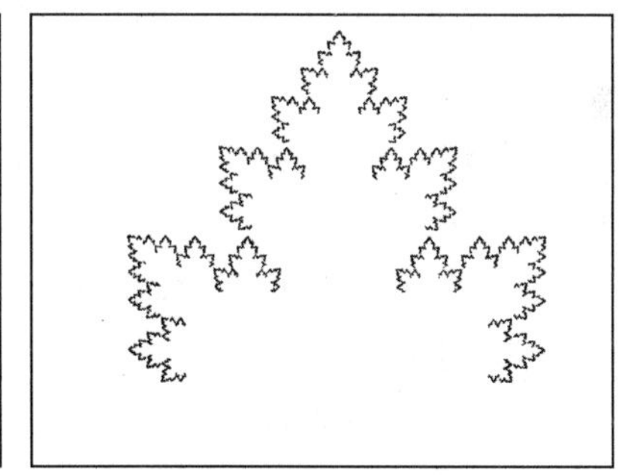

图10.16　左边的板块显示 $k=3$ 时IFS的定义
右边的板块显示其固定集

§5　分形和分形维数

贝诺伊特·曼德伯罗特(Benoît Mandelbrot,1924—2010)在1975年引进了分形这一术语.《分形:形式,机会,维数》(Benoît Mandelbrot, *Fractals*:

Form, *Chance and Dimention*, [San Fracisco, CA: W. H. Freeman, 1977]).从那时起部分原因是信息技术革命,分形这一词语进入了主流词汇,以至于相当不精确地用于一些大致近似于具有分形特征的对象.这一术语特别宽松地用于一些自然界的对象,如树和植物.关于分形的正式定义,即使在科学界也没有完全一致.在本章中并没有力图解决这一课题,我们只是把注意力集中在两个与分形有关的性质:自身相似和分形维数.

分形中的自身相似已经被描述为"逐级重复".有一种相当简单的形式出现在视觉反馈中,其效果可在一个摄像机对准一个与摄像机的输出端联结的电视监视器时看到.所形成的电视图像有时称为德洛斯特(Droste)效应,显示出一个循环的,貌似无限延伸的图像中的图像.所显示的图的任何放大和剪辑的版本都与原来的图并不出现差别.谢尔宾斯基三角形有本身固有的性质,但形式更为复杂.如果抽象的谢尔宾斯基三角形被剪辑到只包含三个角上的小三角形中的一个,于是结果放大成原来的两倍大小,得到了谢尔宾斯基三角形的精确拷贝.由于MRCM的迭代过程的性质,所以用IFS生成的分形象将永远具有自身相似性.

有人简单地采用自身相似作为分形的性质,这就导致一些不令人满意的后果,我们可能指望是分形的一些对象,其实它们只在十分近似地具有自身相似性.另一方面,有些通常并不认为是分形的对象倒恰恰具有自身相似性.从这一观点来看,Kazimir Malevich的画 *The Black Square* 却是一幅分形之画.上面的一些例子构建了涂黑了的三角形作为自身相似集.

通常把物体的维数理解为一维、二维和三维,但是要提出一个分数维,例如1.3维,这对许多人来说似乎是毫无意义的.尽管如此,提出一个维数是分数值的几何维数的定义恰恰是数学家已经完成的事情.如何处理维数的问题必定与几乎每件东西如何度量长度,面积和体积有关.

几何中关于面积的概念的理解的争论具有很长的历史.几何的度量大多数并不是绝对的,而是相对的.一条线段能与另一条重合,那么就说它们的长度相等.因此测量长度是与一个标准的单位线段比较而言.

分割也重要,当一条线段能被分割成两条长度都是1的线段时,就说原线段的长度是2.这一思想就是我们如何应用直尺度量的基础.

几何变换与度量的应用有一个基本关系.当我们用等距变换,再用欧几里得的SSS全等定理时,由于等距变换不改变距离,所以也不改变三角形的面积.由于多边形可分割成三角形,所以一切多边形的面积的度量都以三角形的面积为基础.于是等距变换对被变换的对象保持长度不变,也保持面积不变.

收缩于一个中心点的变换保持角的大小不变，也保持对应线段的长度的比不变. 这是初等几何中相似概念的基础. 与等距变换保持面积不变的性质相结合后，这一事实表明相似变换遍及不同的几何形状进行相应的缩小(或放大)面积.

当一个正方形被分割成四个全等的，边长是原正方形的边长的一半的小正方形时，它们的面积必都是原正方形的面积的$\frac{1}{4}$. 假如不是这样，而是把边长分割成原来的$\frac{1}{3}$，那么九个小正方形的面积都是原正方形的面积的$\frac{1}{9}$(A. S. Posamentier and I. Lehmann, *The Glorious Golden Ratio* [*Amherst*, NY: Prometheus Books, 2012], pp 269－292). 当缩小比是$\frac{1}{k}$，全等的块数是n时，一般的关系是$k^2=n$. 一般地说，这个关系可推广到所有几何图像的面积.

一般把这一特征看作为是二维对象的特有的性质. 当我们把这个对象以相似比为$\frac{1}{k}$缩小时，那么它的面积就缩小为$\frac{1}{k^2}$. 对于一维的对象而言这个比是$\frac{1}{k}$. 对于三维的对象而言这个比是$\frac{1}{k^3}$. 对于任何对象而言，这个关系是

$$\left(\frac{1}{k}\right)^d=\frac{1}{n}$$

这里$\frac{1}{k}$是相似比，n是分割后全等的相似部分块数，d是维数.

这样的理解可以使见到谢尔宾斯基三角形的真正的神奇之处成为可能. 利用缩小比为$\frac{1}{2}$可以做到这一点的，但所得的结果相应于恰好分割成三个本身的拷贝. 这里的关系是

$$\left(\frac{1}{2}\right)^{1.53\cdots}=\frac{1}{3}$$

它使谢尔宾斯基三角形区别于一维和二维对象.

上式中的数值 1.53… 是解方程

$$\left(\frac{1}{k}\right)^d=\frac{1}{n}$$

对d用对数计算得到的. 这就导致公式

$$d=\frac{\log n}{\log k}$$

这就当所有相似的小块都全等时，自身相似的对象的维数. 当情况不是这

样时，自身相似的维数也能算出，但稍微有点难.

重新观察对涂黑了的正方形计算维数将支持这一公式的结论. 这个正方形可看作是自身相似的，因为它是在两个方向上分割后得到 4 个小的正方形的并. 因此 n 的值是 4，缩小比是 $\frac{1}{k}=\frac{1}{2}$. 于是计算维数得到

$$d=\frac{\log 4}{\log 2}=\frac{\log 2^2}{\log 2}=\frac{2\log 2}{\log 2}=2$$

恰好是传统的维数 2.

一条线段可以看作为两条线段的并，其中每一条的长度都是其长度的一半. 于是我们有 $n=2$，$\frac{1}{k}=\frac{1}{2}$，所以

$$d=\frac{\log 2}{\log 2}=1$$

这又是我们所预料的结果.

非整数维数对于称为分形的几何对象是典型的. 的确我们前进了一步，确定了分形的特性也提出分数维数.

例 11 有一个等腰直角三角形 △，它以自身相似的方式由九个小的等腰直角三角形铺砌而成，如图 10.17. 可以从这些小三角形中任意选取 1 ～ 9 个，并用大三角形定义变换，建立 IFS. 每一个变换都有相似比 $\frac{1}{3}$. 每一个这样的 IFS 都有一个自身相似的固定集，我们就能计算这个几何对象的维数. 一般说来，维数是

$$d=\frac{\log k}{\log 3}$$

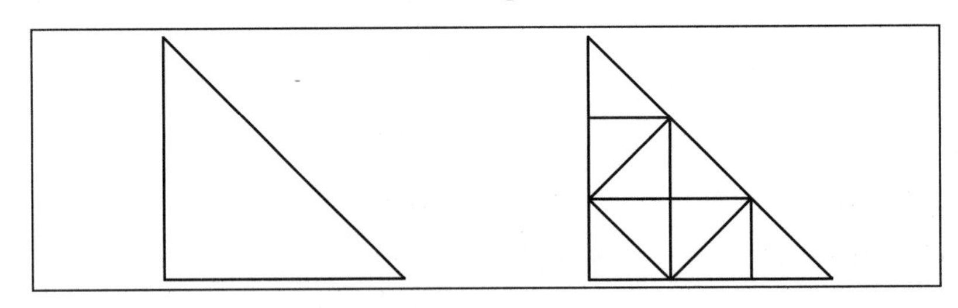

图 10.17

这里 k 是变换的次数，所以这样得到的固定集的可能维数是

0，0.631，1.0，1.262，1.465，1.631，1.771，1.893 和 2.0

图 10.18 显示了应用于一个涂黑了的 △，$k=6$ 的版本后生成的运算元之一的效果. 经过 MRCM 的第五次迭代所生成的分形的结构变得相当清楚了. 由

△映射出的六个小三角形确定了在图 10.18 的第二个板块中能观察到的变换. 这种情况下的维数是 1.631,略大于谢尔宾斯基三角形的维数 1.585. 从最可能的结果推断是生成的分形较谢尔宾斯基三角形稍接近于二维的对象.

   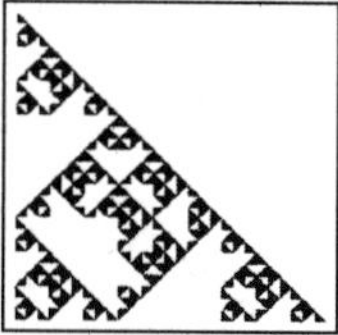 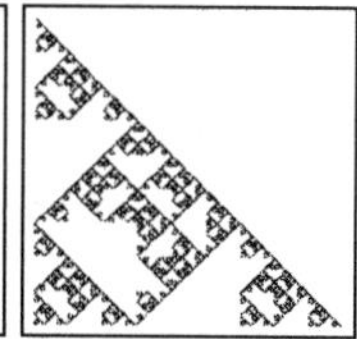

图 10.18　从左到右是 $\triangle$,$\triangle_1$,$\triangle_2$,$\triangle_3$ 和 $\triangle_5$

隐藏在大量可能的例子之中的奇怪现象之一是 $k=3$ 维数是 1.0 的情况. 例如,如果三个小三角形的斜边都选取在大三角形的斜边上,并且 $k=3$,那么极限集就是大三角形的斜边. 对于这条线段维数 1 似乎是适当的. 与此相反,大三角形的三个顶点选定后,结果显得有点像分形,更奇怪的是维数是 1.

自身相似的维数的另一些困难必须要处理. 我们要描述成分形的集合并不是全都有一个简单的,可探求出生成自身相似的方法. 对此可能要用到一种维数的另一个定义. 对于在不同的维数版本中的一些例子中的像,矛盾的结果已经出现. 另一个麻烦之处是两个不同的 IFS 有时候能生成同一个极限集,这导致了数值的潜在分歧.

§6　轨道和轨道集

IFS 有更多方面比分形的吸引子更有趣. 所有的迭代的集合(迭代的每一阶段得到的集合)称为 IFS 的轨道(图 10.19). IFS 的轨道中的集合的并称为轨道集. 这种轨道集的最简单的例子在图 10.20 的右边的板块中可以见到. 由一个单一的,在左边的板块中定义的变换组成. 极限集只是这个变换的单个不动

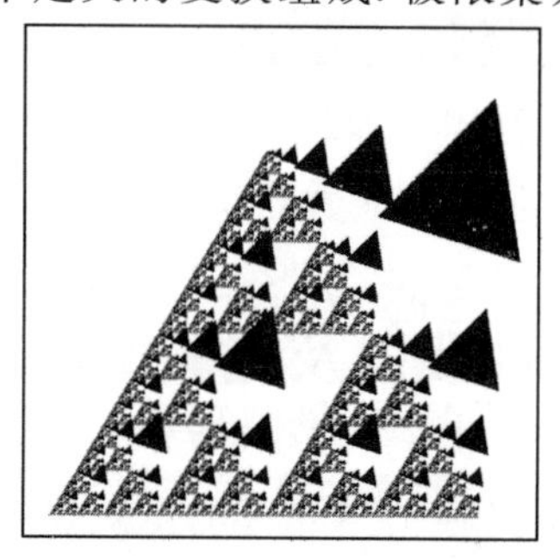

图 10.19　显示小三角形的轨道集,力图成为谢尔宾斯基三角形

点,它位于初始三角形的顶点.这种情况下的轨道集比这个极限集有趣.所有个别的花朵的集合包括了这个 IFS 的轨道.一般说来,轨道集的图是一种有用的方法,它能总结 IFS 的迭代通过各个层次迭代是如何改变的.其中有许多是很美的,为艺术创作提供潜在的内容.这种例子很多,存在于荷兰绘画艺术家 M. C. Escher (1898－1972) 的作品中,他以作品"impossible dipictions"而闻名.

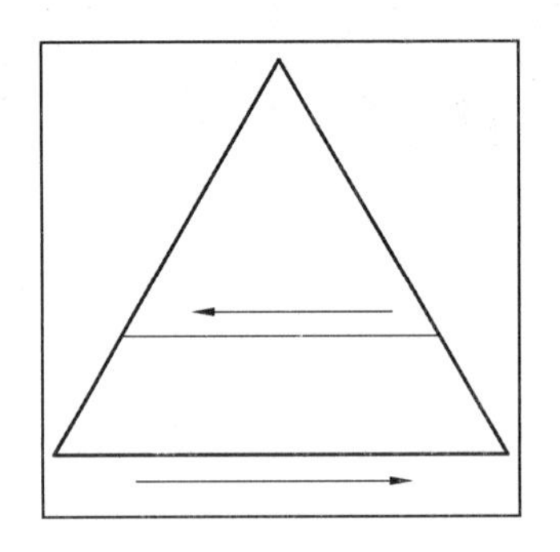

图 10.20　© ROBERT A. CHAFFER

如图 10.20,当集合 P_i 对于这个初始元 P 没有重叠时,那么就说 IFS 的轨道被 IFS 的迭代所铺砌.当轨道被铺砌时,那么轨道和极限集是不连贯的.正是某些轨道集的并称为轨道集的一条线段.这就是我们在描绘轨道时经常画的线段,因为这些线段能够接近我们观察到的范围内的轨道.图 10.21 显示了两个轨道集的例子,其中一个铺砌了轨道,另一个则没有.

图 10.21　左边的板块中的树木在谢尔宾斯基三角形的框架内生长,但没有铺砌轨道集.与此相反,右边的却被其生成元的迭代所铺砌© ROBERT A. CHAFFER

§7　曲线以及充满空间的曲线

Humpty Dumpty 是 Lewis Carroll (英国数学家 Charles Lutdwig Dodgson,[1832－1898] 的笔名) 的《透过穿衣镜和艾莉斯在那儿发现了什

么》(*Through the Looking-Glass, and What Alice Found There*[1871]) 中的人物，他说，"当我们使用一个单词时，这正意味着我们要选择它的用意，别无他意."

于是要与术语曲线打交道. 对一般的人来说，曲线常被认为是直线的反义词. 在几何研究中，意思就很不同了. 各个领域的数学工作者通常对这个词有一个唯一的定义. 在本章中，我们直觉地把曲线理解为路径的痕迹. 这种类型的简单曲线不会有任何突破，但可能包含尖角，也可能自交. 这种曲线包括直线、线段、圆弧、多边形的一些线段. 作为曲线的本质条件是它能连续绘出，每一点至少能访问一次(图 10.22).

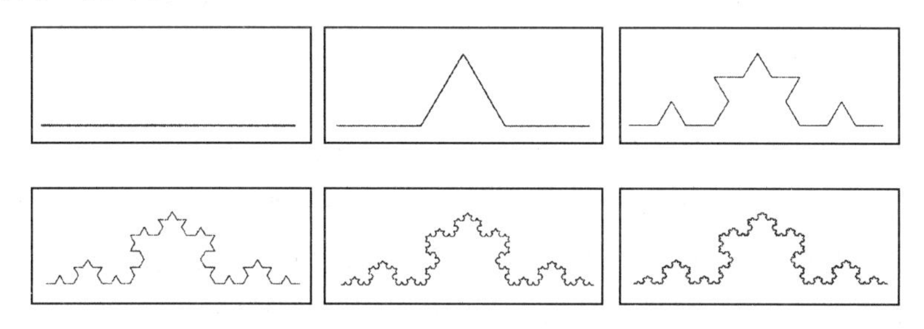

图 10.22　初始元和接下来五个是科克雪花曲线的轨道集

十九世纪末和二十世纪初的数学家们对奇奇怪怪的新曲线感到惊讶. 这些曲线所显示的种种性质是以前不可能想到的. 下面几个例子将表明与三角形以及迭代函数组有关的一些内容.

正如刚才所说的那样，曲线可以有尖角，但是曾经预料任意一条不折断的曲线的两个这样的尖角之间会有一段光滑的部分. 瑞典数学家 Niels Fabian Helge von Koch(1870－1924) 在 1904 年发表名为《论由初等几何可作出的无切线的连续曲线》(*On a Continuous Curve without Tangent, Constructible from Elementary Gometry*) 的论文，这引起人们对这样的曲线极大的兴趣. 他的这条新的曲线全部由角点组成. 例 12 显示了它是如何用 IFS 作出的.

例 12　科克雪花可描绘成四个变换的 IFS 的极限集. 这是由一个大的等边三角形连同四个相似的小三角形确定的，如图 10.23 的第一板块. 相似比是 $\frac{1}{3}$. 当大三角形的底边为初始元时，IFS 迭代就在 IFS 的轨道中生成连续曲线(图 10.22). 极限集就是科克曲线. 它是自身相似维数为 $\frac{\log 4}{\log 3}=1.262$ 的分形. 尽管表明极限集的确是一条曲线(对于所有收敛于一个极限集的曲线无限序列则不是这样)，以及全部由角组成的这些细节都十分有技巧的，但可清楚地显露出许多角是如何生成的大致结果. 可以看出生成的角在后阶段并不被删除，所以角的数量无限增加，变得越来越稠密.

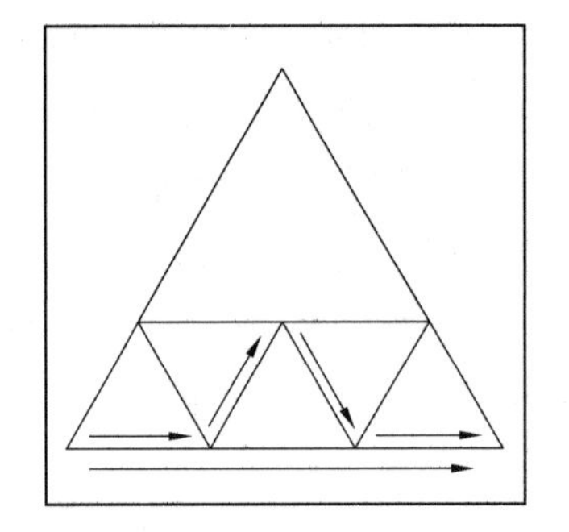

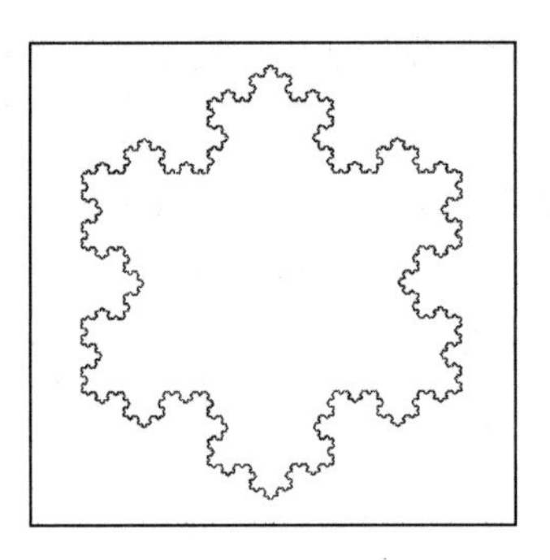

图 10.23　雪花曲线 IFS 的平面(左)和围绕三角形的科克雪花曲线的三个拷贝形成科克雪花曲线(右)

图10.25中第一个板块伽马曲线十分特殊. 它的独特性源于图10.24定义的IFS之下将这条伽马曲线作为初始元时发生的情况. 这条曲线在顶点 A 处进入 $\triangle ABC$，沿着三角形内的一条途径移动从顶点 B 处出. 在这个 IFS 下，这个初始元的轨道中的每一个像也是一条开始于 A 结束于 B 的曲线，其全部极限集就是 $\triangle ABC$.

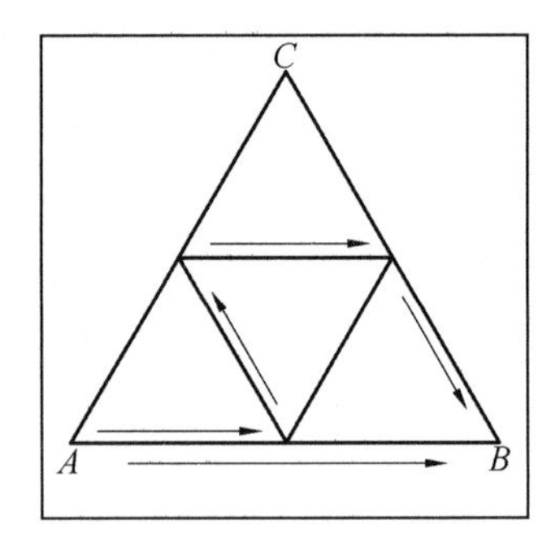

图 10.24　填满 $\triangle ABC$ 的 IFS 的一个平面，它与例 7 中的 IFS 类似但并不相同

作为曲线的上述意义的结果，曲线上有一些特殊点：从 A 到 B 的 $\frac{1}{2}$ 处，从 A 到 B 的 $\frac{3}{5}$ 处，等等. 在图 10.25 的板块 1 中半程处的点用箭头表示，$\frac{3}{5}$ 处的点用黑点表示. 伽马轨道上的每下一段曲线也都有 $\frac{1}{2}$ 处的点，$\frac{3}{5}$ 处的点. 图 10.25 中的各个板块中，半程处的点都用箭头表示，$\frac{3}{5}$ 处的点都用黑点表示. 为了比较，$\frac{3}{5}$ 处的点的前面位置的初始元保留在各个板块中.

因为曲线在后面的迭代中自交，所以描绘在 IFS 作用后沿每一条曲线行进

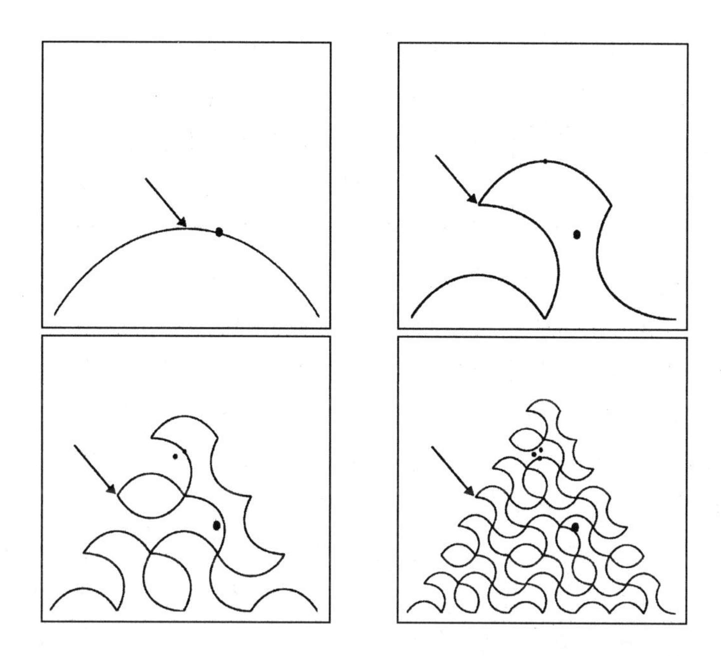

图 10.25　从左上角到右下角依次是 $\Gamma,\Gamma_1,\Gamma_2,\Gamma_3$，表示每一次迭代时 $\frac{1}{2}$ 的位置(箭头)，$\frac{3}{5}$ 的相继的位置(黑点)，$\frac{3}{5}$ 收敛于终点的位置

的路径变得越来越难了.黑点显示仔细分析 MRCM 后的结果以确定适当的位置.

半程处的点从初始元到第一次迭代，位置发生很大的改变. 此后随着不断迭代，不再改变位置. 进点和出点保持不动. $\frac{3}{5}$ 处的点就很不相同. 通过无穷多次 MRCM 的迭代，它在三角形内连续改变位置. 即使如此，它的行为还是很有条理的. 随着不断迭代，在连续两次迭代位置间的跳跃变得越来越小. 对这种行为的分析，使得识别经过无穷多次迭代后作为 $\frac{3}{5}$ 处点在曲线上的路径的唯一的位置成为可能，换句话说，$\frac{3}{5}$ 处点是通过极限集的路径.

对于 $\frac{1}{2}$ 和 $\frac{3}{5}$ 的位置的最终稳定并不罕见. 对于从 A 到 B 的每一个分数距离在 $\triangle ABC$ 中存在唯一的点对应这个分数. 这些距离的选取，如 $\frac{1}{2}$ 点，在经过一定次数的迭代后到达一个静止点. 还有另一些点，如 $\frac{3}{5}$ 处点却继续游荡，但范围越来越小，经过一次次的迭代，就能确定一个静止的位置. 正是这个事实，导致数学家把极限曲线看成一个特殊的类别 —— 充满空间的曲线.

当意大利数学家朱塞佩·皮亚诺(Giuseppe Peano,1858－1932),在1890年第一次发现此类曲线的存在时,数学界感到十分惊讶.以往一直认为本质上是一维的对象(一条曲线)不能覆盖一切可度量面积的二维的对象.现在知道IFS能够用来构建许多(不是全部)这样的例子.原先的方法有点不同.发现了第一个例子以后,具有各自奇怪的性质的充满空间的种种额外的曲线纷纷宣布问世.这些新发现的清单记载在汉斯·萨根(Hans Sagen,《充满空间的曲线》,Spece-Filling Curves,[Berlin Germany Springer-Verlag,1944.])的书中.

由于充满空间曲线的复杂性和对称性,利用计算机软件制作此类曲线的图像变得越来越受人欢迎.图10.25中的例子是自身相似的,其维数是2,所以此类曲线与许多例子并不相像,也许它永远不会被认为是分形.例13是由Knopp提出的一条维数是分数的充满三角形的曲线.

例13 图10.26表示另一条充满三角形的曲线.这条曲线是德国数学家孔拉德·克诺泊(Konrad Knopp,1882－1957)所描述,它是一条充满空间的谢尔宾斯基三角形的曲线.在这种情况下,曲线并不完全由一个IFS定义.依照每一个迭代,一条衔接的线段需要联结两条生成的曲线段.

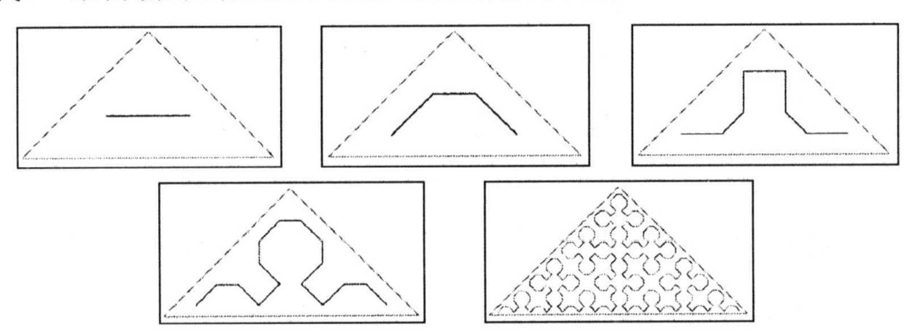

图10.26 从左上角到右下角依次是$\Pi,\Pi_1,\Pi_2,\Pi_3,\Pi_4$和$\Pi_8$

例14 充满空间的曲线能填满分形集如同它们能填满传统的几何图形一样.图10.27表示一个IFS的定义.一个初始元曲线的第二次迭代和第四次迭代(联结这个大三角形的左下角和右下角的一条弧).这条曲线所填满的分形的样子有点像谢尔宾斯基三角形,但还不是那个三角形.从与标准的核能图标相像这一点来看,我们可以把这个分形冠以“核三角形”的名称.这个分形可从等边三角形的拼图变为九个相似的小三角形导出.使用一个适当的六次变换IFS可生成这个分形,其思想方法类似于在例11中所用到的.就像上面的例子那样,该自身相似的维数是1.631.核分形也与谢尔宾斯基三角形有关.在上述讨论中,一个0-1三角形是用0代替帕斯卡三角形中的2的倍数,其余各数都用1代替.如果用0代替3的倍数,其余各数都用1代替,那么就出现该分形的模样.

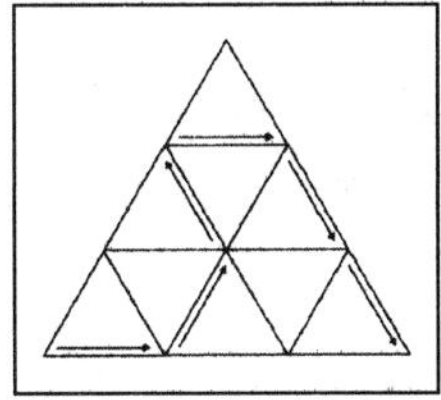
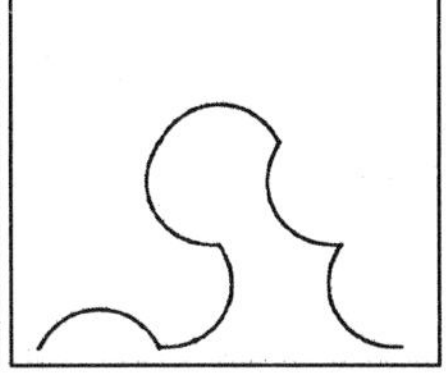

图 10.27

最后一个值得注意的是提出一个以 IFS 为基础，且收敛于填满空间的一部分的曲线的例子是容易的.但实际上这种曲线是没有真正的曲线作为极限的.(例如，见 Heinz-Otto Peitgen, Hartmut Jürgens, and Dietmar Saupe, *Chaos and Fractals*: New Frontiers of Science [New York : Spring - Verlag 2004], pp. 98-101.)

§8 混沌游戏

用 MRCM 生成的分形象是相当复杂的计算机任务.另一种令人感到惊奇的是以 IFS 为基础的算法称为"混沌游戏"或"幸运轮缩小复印机(fortune-wheel reduction copy machine)"或 FRCM.

当我们经常想到由一个 IFS 得到的 MRCM 作用于包含大量的点的一个初始元时，它同样能很好地应用于只包含单个点的集合.已经指出即使一个单元素的初始元也能导致同样的极限集，只要变换是缩小的，这一点已经明确指出了.因为随着 MRCM 迭代的进行，点的个数快速增加，所以这是能进行的.图 10.28 显示了在单元素的集合 Π 中的点 P 的"孩子"在例 1 中的 IFS 作用下是怎样倍增的.这不是 $\triangle ABC$ 中的几何位置的图像，而是列举复制事件.树木中第

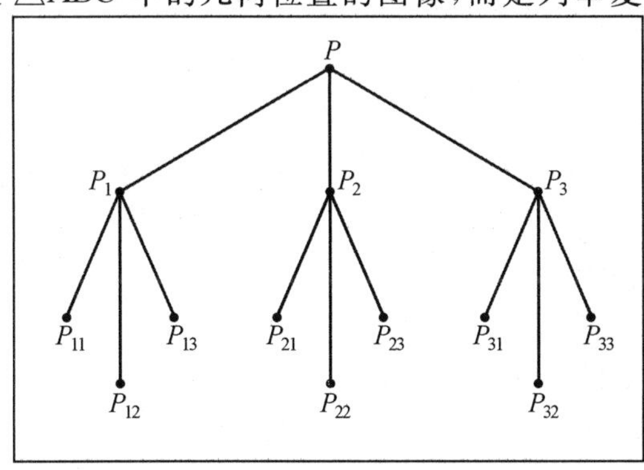

图 10.28　列举 Π_2 中点 P 的"孩子"

二行表示 Π_1 中的点集,第三行(错开处)表示 Π_2 中的点集.

因为这个 IFS 的 $k=3$,所以点的个数每级是三倍地增加.点数的序列是 1,3,9,27,81,243,… 或等价的 $3^0,3^1,3^2,3^3,3^4,\cdots$. Π_{12} 中的点的个数已超过 50 万!

图 10.29 表明,在使用 MRCM 后 P 产生的结果.左边的板块显示决策树的前三级作用下的所有的位置.右边的板块显示决策树随机下降十级到一个特定点的效果.树的每一个分叉处任意选择三种变换已被应用.要直觉探求出显著差异,显示的点是不够的,但是在左边的板块中,我们已经见到谢尔宾斯基三角形的框架,而右边的板块显然相当杂乱无章.右边的板块显示的过程通常归结为混沌游戏,典型的描述如下.

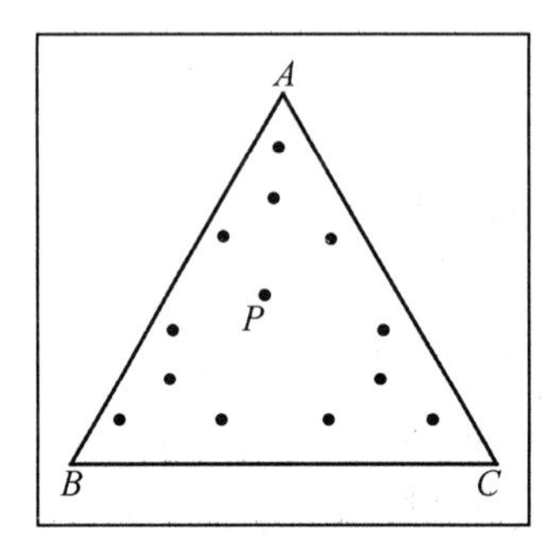

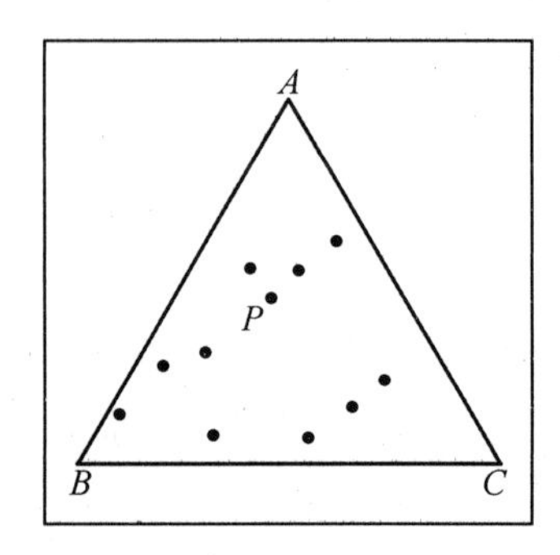

图 10.29 Π_1 和 Π_2 中的点 P 的"孩子"(左)
点 P 在随机下降决策树期间产生的十代(右)

随机选定一个起点.随机设计一个骰子用来在对集合{1,2,3} 随机选取.与此随机选择相应的是 F_A,F_B 或 F_C 之一用于这一点.像例 1 的情况那样也可能确定为"从当前位置随机选择向顶点 A,B 或 C 移动."所生成的新点落在该三角形的内部,然后对这个新点随机应用一个变换.这一过程将继续大量重复,也许可达十万次甚至于百万次.

尽管选择的随机性,并且当我们从点到点运动时,似乎是混沌的路径,结果还是很好的表示了谢尔宾斯基三角形,所以游戏的结局是令人惊讶的.这项技术是具有一般意义的.它能使用任何 IFS,随机选取变换的特殊集合,而且结果将是该 IFS 的近似于固定集的图形.

生成分形集的像的混沌游戏的有效性原先十分奇怪.两个主要的想法解释了它的工作的原因.其一是使用一个缩小的 IFS,其二是依赖于概率分布去完成像的所有区域(详见 Heinz-Otto Peitgen,Hartmut Jürgens,and Dietmar Saupe,*Chaos and Fractals*: New Frontiers of Science. [New York : Spring-Verlag 2004],pp. 98-101).

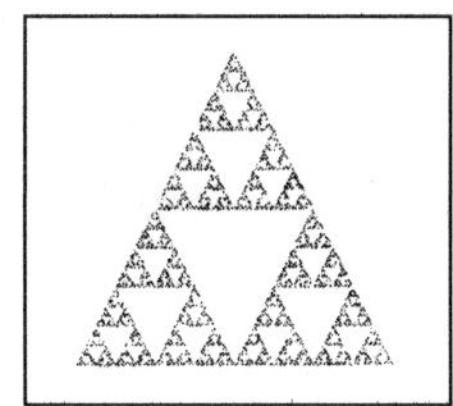 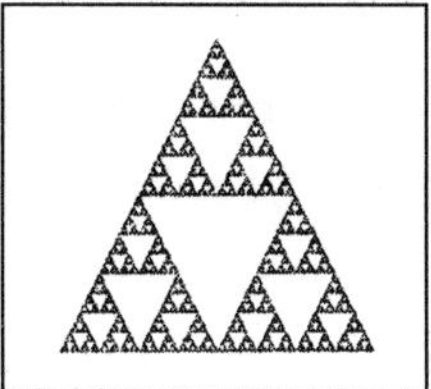 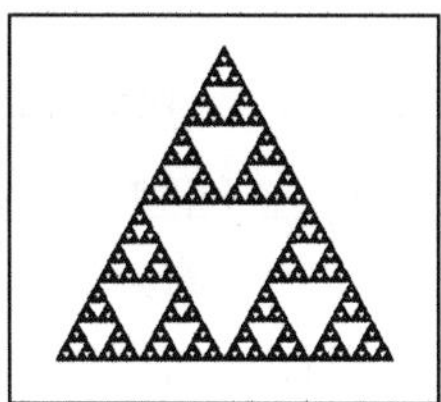 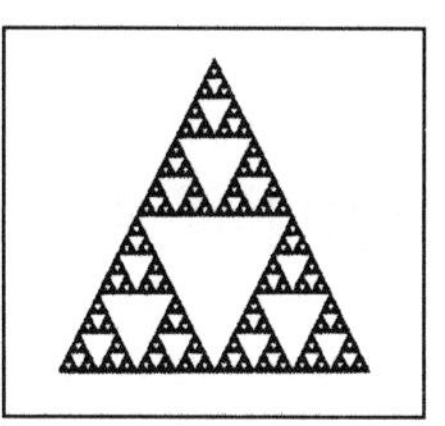

图 10.30 经过 10 000,25 000,100 000,250 000 次迭代后混沌游戏的结果

混沌游戏在探索多种分形集时是相当有效的.编写出实施此项工作的计算机程序是相对容易的.一个简单的版本只有十二行左右的编码的编程语言,例如像 Java®,BASIC®,Progressing®,就列举这些.大量已完成的,免费的,或廉价的混沌游戏实施软件可在网上找到,适合于初步的探索.只要对软件加以限制来满足使用者的需要(图 10.31).

图 10.31 由例 7 的 IFS 用混沌游戏中的色彩得到的像

©ROBERT A. CHAFFER

混沌游戏方法的引人之处在于合理的精确结果,哪怕是计算机资源在时间,储存,计算能力方面受到限制.IFS 的变换可以是能用代数方法表示的点的坐标任何函数.更好的是它很容易将彩色的图案编为需要定位的点,这种能力允许我们直观地洞察变换是如何映射点的,哪怕在极限集是一个简单的三角形或正方形的情况下.

§9 IFS 和三角形场地

本章的思想可以和配置一个虚拟的场地用来探索分形几何与迭代函数组相结合.这些活动支持娱乐性质的数学,严肃的数学学习和研究,甚至可用于各种艺术.喜欢这些地方的人可以涉及各种水平的数学难题.还可以改变所配置的场地集合,以便与可利用的资源相匹配.由于场地的边界并不明确,所以要全面描绘是不可能的.我们以两个基本的例子结束本章.

一个问题是顾及在没有计算机和专门软件的情况下能做什么.特别对于入门水平的研究而言,这是一个问题.一种手工探索的方法是制作并利用 IFS 绘画纸.图 10.32 就是这样的纸.有许多方法制作这些模块,其中包括在标准的方格绘画纸上用手画或者用计算机画图软件画.一旦原始图制作完成,一台复印机足够复印所需的纸张.

图 10.32 中的各个图案适合于使用一种这样的 IFS:它包含一个能向角上或纸张中心缩小的变换,其缩小比为$\frac{1}{2}$.每一个这种变换也可以包括在缩小之前旋转 90°的倍数,关于水平直线的反射,竖直直线的反射,或者对角线方向的反射.

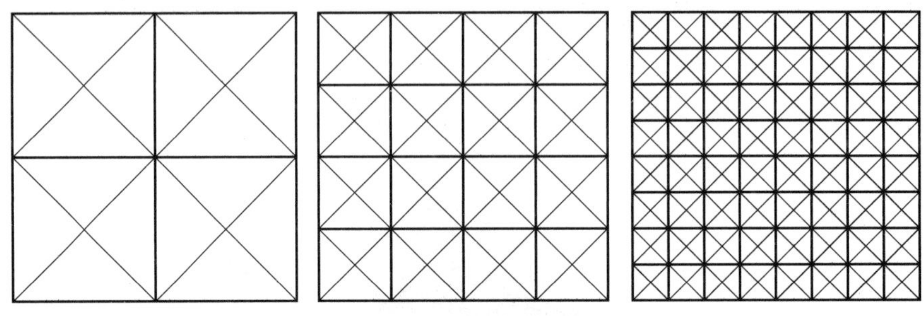

图 10.32　1 级 2 级 3 级绘图纸

实验从在 1 级绘画纸上选取若干个三角形开始,用适当的颜色涂满各三角形.根据 IFS 的变换方法.接着在 2 级绘画纸上根据需要的次数将颜色涂满合适的三角形就得到结果.用类似的方法对以后各级继续这一过程就可得到酷似这个极限集的性质的迹象.图 10.33 显示了例 10 中 IFS 前两步的过程.

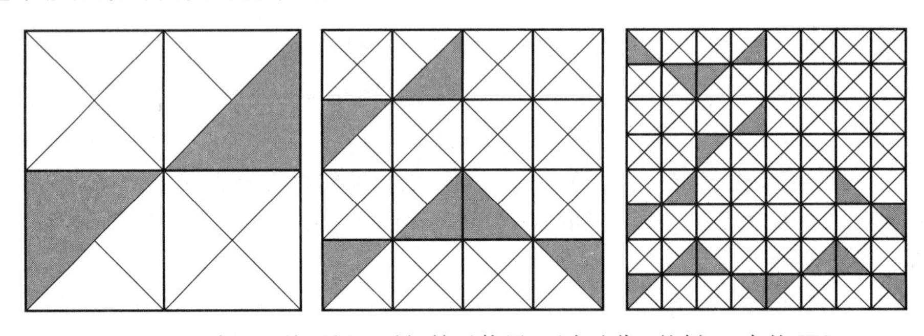

图 10.33　在 IFS 绘画纸上对初始元使用(两次迭代)的例 10 中的 IFS

第二个例子主要是一个创造性的艺术活动.一个三角形的拷贝可以重复使用来铺砌平面.当该三角形是直角三角形,等腰三角形或等边三角形时,进行铺砌方法数就增加.对一个选定的初始元用一个像例 9,10,11 的 IFS 进行一次或几次迭代生成一个基本的像,这个像可以用来铺砌在墙上.图 10.35 提供了一个用于在这样一个拼图中的 IFS 迭代的简单的装饰例子.图 10.34 展示这两个墙纸的设计是用 IFS 构建的，在一个三角形和所选择的涂色的区域中生成一个图样. 于是出现三角形的两个拷贝，形成一个位于被铺砌的平面内的各行之中的平行四边形. 各种设计的变式主要来自于 IFS 的拷贝，迭代的次数和三角形中的彩色的图案. 用三角形铺砌也能以各种方式进行.

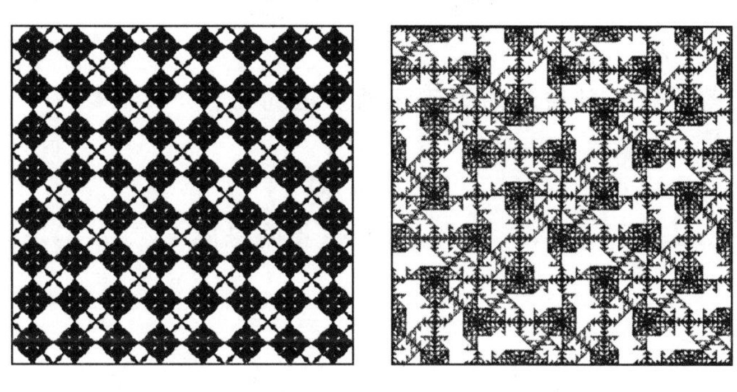

图 10.34　由一个 IFS 和平行四边形铺砌平面得到拼图的两个例子© ROBERT A. CHAFFER

用等边三角形进行铺砌的方法很多，其中之一就是将三角形旋转 60°的倍数得到一个六边形. 重复使用六边形可铺砌平面. 图 10.35 列举了这一想法的例子. 左边板块的主题是由涂色区域得到的，这个涂色区域由图 10.24 确定的 IFS 第一次迭代所限定. 将该图的 IFS 应用于图 10.35 左边的板块就生成一个基本的等边三角形，然后像最后的板块中那样铺砌整个平面.

图 10.35　选自具有艺术阴影，以及用六边形铺砌平面的 IFS 轨道中的作品 © ROBERT A. CHAFFER

对丰富内容的探索等待着有志于进一步研究本章中讨论的思想的读者. 我们使用了迭代函数组用来整合这一主题，但是其他许多观点也是合适的. 互联网对“帕斯卡三角形”、“谢尔宾斯基三角形”、“充满空间的曲线”或“模 3 的帕斯卡三角形”这些项目的研究必定会得到来自于各种机会的丰盛回报.

附　　录

第 2 章，角平分线分对边的比等于两邻边的比.

$$\frac{AC}{AB}=\frac{CT_a}{T_aB}$$

我们从 $\triangle ABC$ 开始，AT_a 是角平分线(见附录图 1，图 2.5，图 5.3).

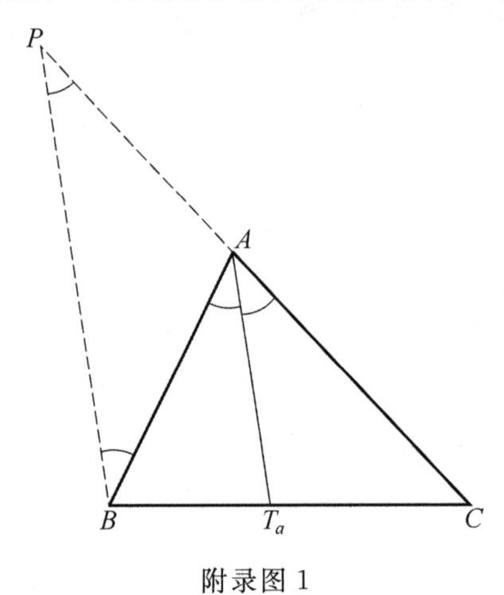

附录图 1

作 BP 平行于 AT_a，交 CA 的延长线于点 P，所以 $\angle CAT_a=\angle APB$，$\angle T_aAB=\angle ABP$，但是 $\angle CAT_a=\angle T_aAB=\frac{\alpha}{2}$，于是 $\angle APB=\angle ABP$，$\triangle ABP$ 是等腰三角形；于是 $AB=AP$. 由平行线得$\frac{AC}{AP}=\frac{CT_a}{T_aB}$，用 AB 代替 AP，得到所求的结果：$\frac{AC}{AB}=\frac{CT_a}{T_aB}$.

第 3 章，拿破仑定理：如果在任意三角形的边上各作一个等边三角形(无论是向外作还是向内作)，那么这三个等边三角形的中心形成一个等边三角形(第 35 页).

我们考虑 $\triangle ACB'$ 证明这一定理(见附录图 2 和图 3.5). 因为 Q 是 $\triangle ACB'$ 的重心(中线的交点)，所以 AQ 是高(或中线) 的长的$\frac{2}{3}$. 利用 30°-60°-90° 的三角形中的各边之间的关系，得到 $AC:AQ=\sqrt{3}:1$.

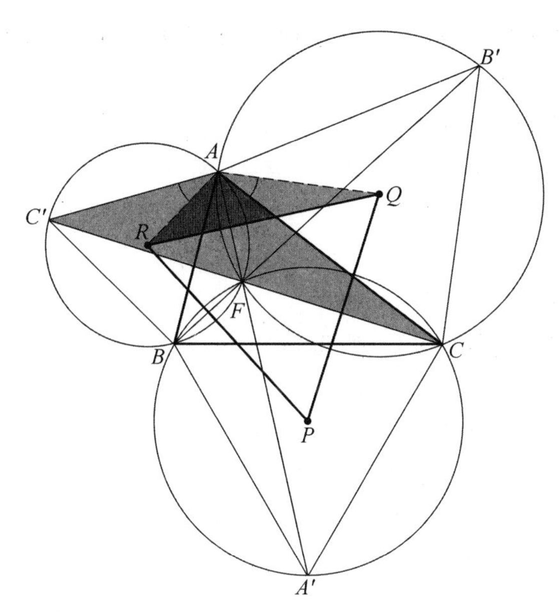

附录图 2

同样,在 $\triangle ABC'$ 中,有 $AC' : AR = \sqrt{3} : 1$.

于是,$AC : AQ = AC' : AR$. 还有 $\angle QAC = \angle RAC' = 30°$,$\angle CAR = \angle CAR$(本身),相加得 $\angle QAR = \angle CAC'$.

于是可以说 $\triangle QAR \backsim \triangle CAC'$. 于是 $CC' : QR = CA : AQ = \sqrt{3} : 1$.

同样可以证明 $BB' : PQ = \sqrt{3} : 1$,$AA' : PR = \sqrt{3} : 1$.

于是 $BB' : PQ = AA' : PR = CC' : QR$.

但是因为 $BB' = AA' = CC'$(前面已证过),所以得到 $PQ = PR = QR$.

由此可以得出结论:$\triangle PQR$ 是等边三角形.

第 5 章,斯台沃特定理的推导(第 71 页).

这一定理在三角形的边长和塞瓦线的长之间产生一个关系(见图 5.19):$a(d^2 + mn) = b^2 m + c^2 n$.

在 $\triangle ABC$ 中,设 $BC = a$,$AC = b$,$AB = c$,$CD = d$. 点 D 把 BC 分成两条线段;$BD = m$,$CD = n$. 作高 $AE = h$,设 $DE = p$.

为了证明斯台沃特定理,我们首先推导两个必要的公式. 第一个用于 $\triangle ABD$.

对 $\triangle ABE$ 用毕达哥拉斯定理,得到 $AB^2 = AE^2 + BE^2$.

因为

$$BE = m - p, c^2 = h^2 + (m - p)^2 \quad (\text{I})$$

但是,对 $\triangle ADE$ 用毕达哥拉斯定理,得到 $AD^2=AE^2+DE^2$,或 $d^2=h^2+p^2$,也可写成 $h^2=d^2-p^2$.

将 h^2 代入等式(Ⅰ),得到

$$c^2=d^2-p^2+(m-p)^2=d^2-p^2+m^2-2mp+p^2$$

于是

$$c^2=d^2+m^2-2mp \tag{Ⅱ}$$

同样的结论也适用于 $\triangle ACD$.

对 $\triangle ACE$ 用毕达哥拉斯定理,得到 $AC^2=AE^2+CE^2$.

因为

$$CE=n+p, b^2=h^2+(n+p)^2 \tag{Ⅲ}$$

但是,$h^2=d^2-p^2$,所以将 h^2 代入等式(Ⅲ),得到

$$b^2=h^2+(n+p)^2=d^2-p^2+n^2+2np+p^2=d^2+n^2+2np$$

于是

$$b^2=d^2+n^2+2np \tag{Ⅳ}$$

由等式(Ⅱ)和(Ⅳ)给出我们需要的公式.

等式(Ⅱ)乘以 n,得到

$$c^2n=d^2n+m^2n-2mnp \tag{Ⅴ}$$

等式(Ⅳ)乘以 m,得到

$$b^2m=d^2m+mn^2+2mnp \tag{Ⅵ}$$

将(Ⅴ)和(Ⅵ)两式相加,得到

$$b^2m+c^2n=d^2m+d^2n+m^2n+mn^2+2mnp-2mnp$$

于是

$$b^2m+c^2n=d^2(m+n)+mn(m+n)$$

因为 $m+n=a$,所以 $b^2m+c^2n=d^2a+mna=a(d^2+mn)$,这就是我们要建立的关系.

第 5 章,证明三角形内任意一点到三顶点的距离的平方和用边长的平方和的表达式

$$AP^2+BP^2+CP^2=AG^2+BG^2+CG^2+3GP^2$$

这里 G 是 $\triangle ABC$ 的重心,设点 Q 是 AG 的中点(附录图 3). 对以下三角形的每一条中线用前面证明的关系(第五章 74 页)

$$\triangle PBC: 2PM_a^2=BP^2+CP^2-\frac{BC^2}{2} \tag{Ⅰ}$$

$$\triangle PAG: 2PQ^2=AP^2+GP^2-\frac{AG^2}{2} \tag{Ⅱ}$$

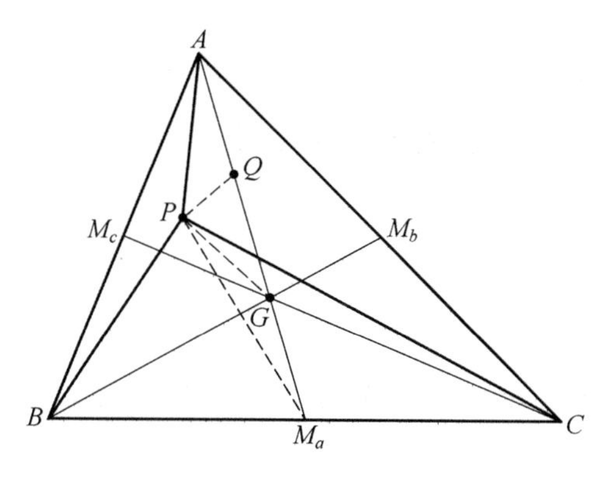

附录图 3

$$\triangle PQM_a : 2GP^2 = PQ^2 + PM_a^2 - \frac{QM_a^2}{2} \tag{Ⅲ}$$

因为 $QM_a = \frac{2}{3}AM_a$，$AG = \frac{2}{3}AM_a$，所以 $QM_a = AG$.

代入(Ⅲ)，再乘以 2，得

$$4GP^2 = 2PQ^2 + 2PM_a^2 - AG^2 \tag{Ⅳ}$$

将(Ⅰ)，(Ⅱ)，(Ⅳ)三式相加

$$2PM_a^2 + 2PQ^2 + 4GP^2 = BP^2 + CP^2 - \frac{BC^2}{2} + AP^2 + GP^2 - \frac{AG^2}{2} + 2PQ^2 + 2PM_a^2 - AG^2$$

或

$$4GP^2 = BP^2 + CP^2 - \frac{BC^2}{2} + AP^2 + GP^2 - \frac{AG^2}{2} - AG^2$$

或

$$AP^2 + BP^2 + CP^2 - 3GP^2 = \frac{3}{2}AG^2 + \frac{1}{2}BC^2 \tag{Ⅴ}$$

对中线 BM_b 的类似的关系得到

$$AP^2 + BP^2 + CP^2 - 3GP^2 = \frac{3}{2}BG^2 + \frac{1}{2}AC^2 \tag{Ⅵ}$$

对中线 CM_c 得到

$$AP^2 + BP^2 + CP^2 - 3GP^2 = \frac{3}{2}CG^2 + \frac{1}{2}AB^2 \tag{Ⅶ}$$

将(Ⅴ)，(Ⅵ)，(Ⅶ)三式相加

$$3 \cdot (AP^2 + BP^2 + CP^2 - 3GP^2) = \frac{3}{2} \cdot (AG^2 + BG^2 + CG^2) +$$

$$\frac{1}{2}(BC^2+AC^2+AB^2) \qquad (\text{Ⅷ})$$

对 $\triangle ABC$ 用前面证明过的关系(第 5 章)

$$AM_a^2+BM_b^2+CM_c^2=m_a^2+m_b^2+m_c^2=\frac{3}{4}\cdot(a^2+b^2+c^2)$$

$$=\frac{3}{4}\cdot(BC^2+AC^2+AB^2)$$

因为 $AG=\frac{2}{3}AM_a$, $BG=\frac{2}{3}BM_b$, $CG=\frac{2}{3}CM_c$,所以

$$\frac{9}{4}\cdot(AG^2+BG^2+CG^2)=\frac{3}{4}\cdot(BC^2+AC^2+AB^2)$$

或

$$3\cdot(AG^2+BG^2+CG^2)=AB^2+BC^2+AC^2$$

将该式代入式(Ⅷ)得到我们要求的结果

$$3(AP^2+BP^2+CP^2-3GP^2)=\frac{3}{2}\cdot(AG^2+BG^2+CG^2)+\frac{1}{2}[3\cdot(AG^2+BG^2+CG^2)]$$

即

$$3\cdot(AP^2+BP^2+CP^2-3GP^2)=2\cdot\frac{3}{2}\cdot(AG^2+BG^2+CG^2)=3\cdot(AG^2+BG^2+CG^2)$$

或

$$AP^2+BP^2+CP^2=AG^2+BG^2+CG^2+3GP^2$$

第 5 章,作为平衡点的重心(75 页)

$$AX=BY+CZ$$

作中线 AM_a, BM_b, CM_c(见附录图 4).过 AG 的中点 Q 作 $PQ\perp YZ$.再作 $RM_a\perp YZ$.因为 $\angle AGX=\angle RGM_a$, $AQ=GQ=GM_a$(重心的性质),$\triangle GRM_a\cong\triangle GPQ$,所以 $RM_a=PQ$. $AX /\!/ CZ$, RM_a 是梯形 $BYZC$ 的中位线, $RM_a=\frac{1}{2}(BY+CZ)$(梯形的中位线的性质). $PQ=\frac{1}{2}AX$(中位线的性质).于是由 $RM_a=PQ$,得 $\frac{1}{2}AX=\frac{1}{2}(BY+CZ)$(传递性), $AX=BY+CZ$.

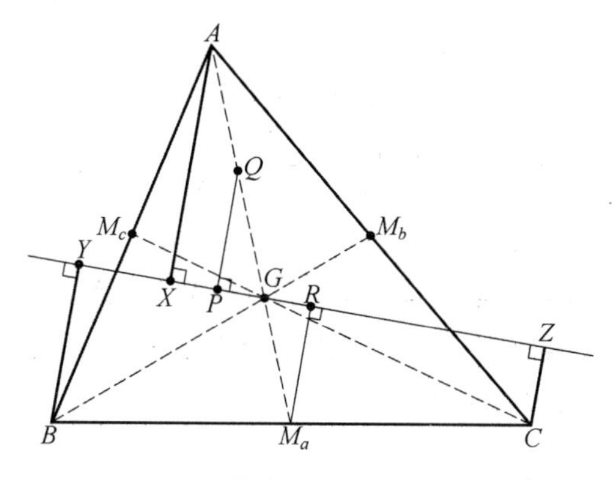

附录图 4

第 6 章,证明梅涅劳斯定理(第 77 页)

当且仅当 X,Y,Z 共线时,$AZ \cdot BX \cdot CY = AY \cdot BZ \cdot CX$.

要证明的是当 X,Y,Z 共线时,$AZ \cdot BX \cdot CY = AY \cdot BZ \cdot CX$.

过点 C 作一直线平行于 AB,交 XYZ 或 YXZ 于点 D(见附录图 5). 我们从给定的共线点 X,Y,Z 开始.

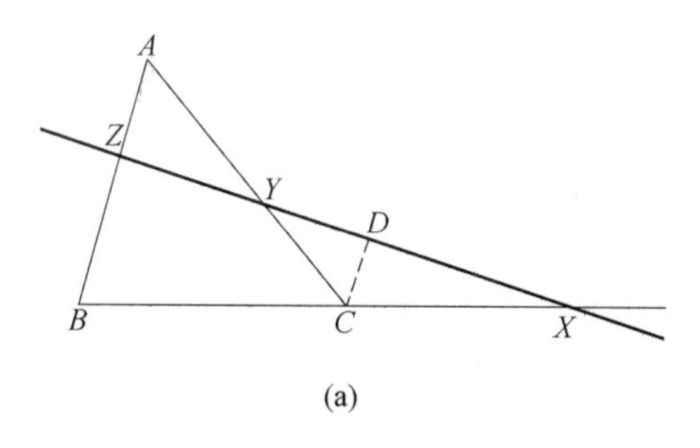

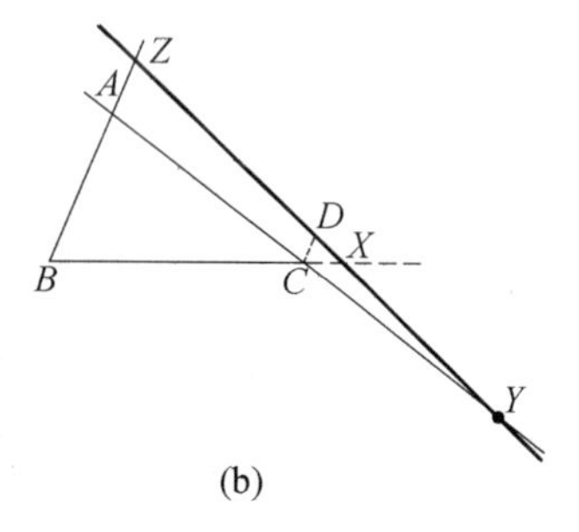

附录图 5

因为 $\triangle CDX \backsim \triangle BZX$,所以

$$\frac{CD}{BZ} = \frac{CX}{BX}, CD = \frac{BZ \cdot CX}{BX} \tag{Ⅰ}$$

因为 $\triangle CDY \backsim \triangle AZY$,所以

$$\frac{CD}{AZ} = \frac{CY}{AY}, CD = \frac{AZ \cdot CY}{AY} \tag{Ⅱ}$$

由等式(Ⅰ)和(Ⅱ),得$\frac{BZ \cdot CX}{BX} = \frac{AZ \cdot CY}{AY}$,由此容易得到 $AZ \cdot BX \cdot CY = AY \cdot BZ \cdot CX$.

现在证明:如果点 X,Y,Z(其中有一点在三角形的边的延长线上)处于使 $AZ \cdot BX \cdot CY = AY \cdot BZ \cdot CX$ 成立(另一种表示方法是$\frac{AY}{CY} \cdot \frac{BZ}{AZ} \cdot \frac{CX}{BX} = 1$)的

位置，那么 X,Y,Z 三点共线.

设 AB 和 XY 的交点是 Z'. 必须证明 $Z=Z'$.

因为(上面的)第一部分有$\frac{AY}{CY}\cdot\frac{BZ'}{AZ'}\cdot\frac{CX}{BX}=1$，所以$\frac{BZ}{AZ}=\frac{BZ'}{AZ'}$. 于是 $Z=Z'$，所以 X,Y,Z 三点共线.

第 6 章，(用梅涅劳斯定理) 证明西姆松定理(第 77 页).

过三角形的外接圆上任意一点向三边作垂线，三垂足共线.

先画 PA,PB,PC (见附录图 6).

$\angle PBA=\frac{1}{2}\overset{\frown}{AP}$，$\angle PCA=\frac{1}{2}\overset{\frown}{AP}$. 于是 $\angle PBA=\angle PCA=\alpha$.

由此$\frac{BZ}{PZ}=\cot\alpha=\frac{CY}{PY}$(在 $\triangle BPZ$ 和 $\triangle CPY$ 中)，或$\frac{BZ}{PZ}=\frac{CY}{PY}$，于是

$$\frac{BZ}{CY}=\frac{PZ}{PY} \qquad (\text{Ⅰ})$$

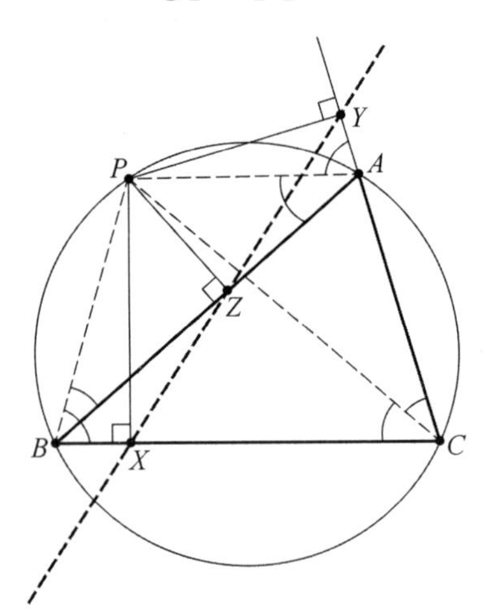

附录图 6

同样有 $\angle PAB=\angle PCB=\beta$(都是$\frac{1}{2}\overset{\frown}{BP}$).

于是$\frac{AZ}{PZ}=\cot\beta=\frac{CX}{PX}$(在 $\triangle APZ$ 和 $\triangle CPX$ 中)，或$\frac{AZ}{PZ}=\frac{CX}{PX}$，于是

$$\frac{CX}{AZ}=\frac{PX}{PZ} \qquad (\text{Ⅱ})$$

因为 $\angle PBC$ 和 $\angle PAC$ 是圆内接四边形的一组对角，所以互补. 但 $\angle PAY$ 也与 $\angle PAC$ 互补. 所以 $\angle PBC=\angle PAY=\gamma$.

于是，$\frac{BX}{PX}=\cot\gamma=\frac{AX}{PY}$(在 $\triangle BPX$ 和 $\triangle APY$ 中)，或$\frac{BX}{PX}=\frac{AX}{PY}$，于是

$$\frac{AY}{BX}=\frac{PY}{PX} \tag{Ⅲ}$$

将(Ⅰ),(Ⅱ),(Ⅲ)三式相乘,得

$$\frac{BZ}{CY}\cdot\frac{CX}{AZ}\cdot\frac{AY}{BX}=\frac{PZ}{PY}\cdot\frac{PX}{PZ}\cdot\frac{PY}{PX}=1$$

于是由梅涅劳斯定理,X,Y,Z 三点共线.这三点确定了 $\triangle ABC$ 关于点 P 的西姆松线.

第 6 章,三角形的九点圆的圆心是垂心到外心的线段的中点(第 78 页).

除了垂心 H,重心 G 和外心 O 以外,我们还有九点圆的圆心 N(见附录图 7).

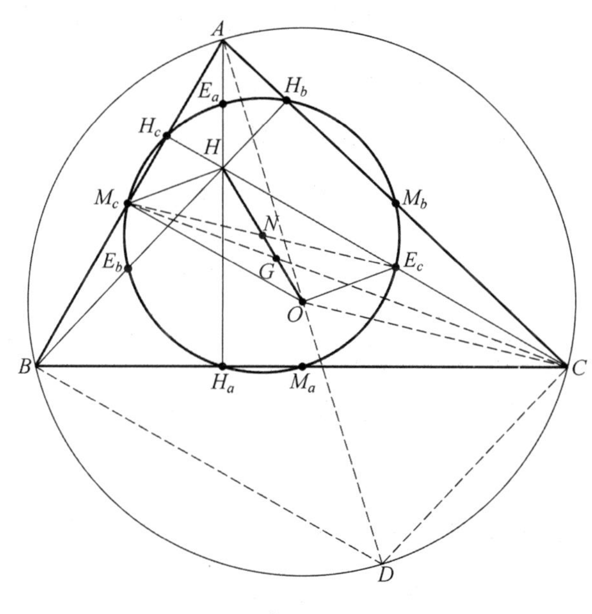

附录图 7

M_a,M_b,M_c ——$\triangle ABC$ 的边的中点;

H_a,H_b,H_c ——$\triangle ABC$ 的高的垂足;

E_a,E_b,E_c——$\triangle ABC$ 的欧拉点($\triangle ABC$ 的垂心和顶点之间的线段的中点).

由于 E_cM_c 对顶点 H_c 的角是直角,所以它必定是九点圆的直径.因此 E_cM_c 的中点 N 是九点圆的圆心.

延长 AO 交外接圆圆 O 于点 D.然后作 BD,CD. OM_c 是 $\triangle ABD$ 的中位线.于是 OM_c // BD.因为 $\angle ABD$ 是半圆所对的圆周角,所以是直角. BD 和 CH_c 都垂直于 AB,所以 BD // CH_c.同理,CD // BH_b.

于是四边形 $CDBH$ 是平行四边形，$BD = CH$，$OM_c = \frac{1}{2}BD$（OM_c 是 $\triangle ABD$ 的中位线）.

于是 $OM_c = \frac{1}{2}CH = E_cH$，四边形 OM_cHE_c 是平行四边形（一组对边既相等又平行）. 因为平行四边形的对角线互相平分，所以 E_cM_c 的中点 N 也是的 OH 中点.

三角形的九点圆的半径的长是外接圆的半径的长的一半.

在附录图 7 中，我们注意到 E_cN 是 $\triangle OHC$ 的中位线. 因此 $E_cN = \frac{1}{2}OC$，这就证明了上述结论. 欧拉于 1765 年发表的论文证明了三角形的重心 G 三等分线段 OH，即 $OG = \frac{1}{3}OH$. 直线 OH 就是三角形的欧拉线（见图 6.8 和 6.9.）.

三角形的重心三等分垂心到外心的线段.

我们已经证明了 $OM_c \parallel CH$，见附录图 7，也证明了 $OM_c = \frac{1}{2}CH$.

于是有 $\triangle OGM_c \backsim \triangle HGC$（AA），相似比是 $\frac{1}{2}$. 因此 $OG = \frac{1}{2}GH$，也可写成 $OG = \frac{1}{3}OH$.

余下来要证明的是，点 G 是 $\triangle ABC$ 的重心. 由上面证明过的相似三角形，我们有 $GM_c = \frac{1}{2}GC = \frac{1}{3}CM_c$.

但因为 CM_c 是中线，G 正好三等分中线，所以 G 必是重心.

[我们将点 $D(G, -\frac{1}{2})$ 对中心 G 进行伸缩，伸缩因子是 $-\frac{1}{2}$，此时还有一种非常简短而漂亮的证明. 这里 $\triangle M_aM_bM_c$ 是 $\triangle ABC$ 的像. 因此 $\triangle M_aM_bM_c$ 的高是 $\triangle ABC$ 的高的像. 这就是说，垂心 H 的像是垂线的交点 O；又 H, G, O 共线，所以 $HG = 2GO$.]

有趣的是注意到 $\frac{HN}{NG} = \frac{3}{1} = \frac{HO}{OG}$.

我们还能看到 HG 被点 N 内分，被点 O 外分为同样的比. 这就是熟知的调和分割.

内接于给定的三角形，并具有公共垂心的所有三角形有同一个九点圆.

因为内接于一个给定的圆，并具有公共垂心的所有三角形也必有同一条欧拉线，所以所有这些三角形的九点圆的圆心固定在欧拉线上的线段 OH 的中点

(上面已证明). 由于对每一个这样的三角形的九点圆的半径都是外接圆的半径的一半(见上面),所以它们的九点圆的半径都相等,圆心也相同. 于是它们必有同一个九点圆(第 89 页).

过三角形的各边的中点的九点圆的切线平行于垂足三角形的边(第 87 页).

九点圆的半径 NM_c 垂直于切线 DM_c,见附录图 8. 经过 $\triangle ABC$ 的顶点的外接圆的半径垂直于垂足 $\triangle H_aH_bH_c$ 的相应的边. 于是 $OC \perp H_aH_b$.

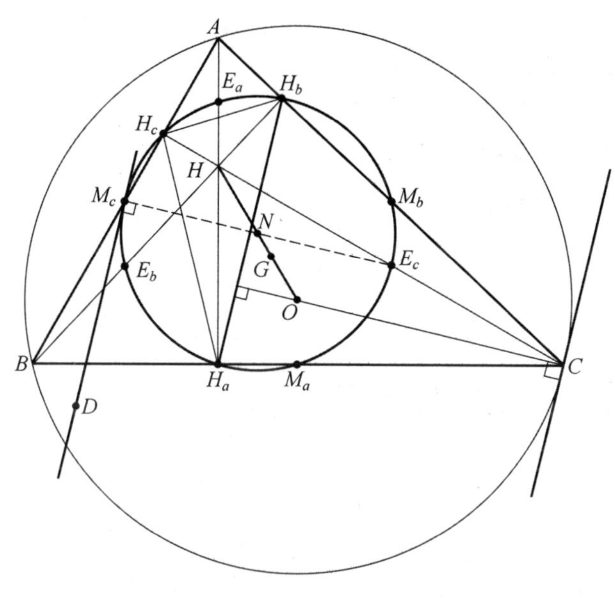

附录图 8

前面证明过 E_cN 是 $\triangle OHC$ 的中位线,因此 $E_cN \mathbin{/\!/} OC$.

这表示 $E_cNM_c \mathbin{/\!/} OC$. 于是 $DM_c \mathbin{/\!/} H_aH_b$. 对垂足三角形的其余两边的证明可以用上面的方法完成.

过三角形的各边的中点的九点圆的切线平行于过给定三角形的相对的顶点的切线.

因为过三角形的顶点的外接圆的切线和九点圆的过三角形的边的中点的切线都平行于垂足三角形的边,所以它们也互相平行.

四点中的每个点都是其余三点组成的三角形的垂心,那么这四点组成垂心组. 在附录图 8 中,A,B,C,H 四点组成垂心组,这是因为

H—— 是 $\triangle ABC$ 的垂心;

A—— 是 $\triangle BCH$ 的垂心;

B—— 是 $\triangle ACH$ 的垂心;

C—— 是 $\triangle ABH$ 的垂心.

垂心组中的四个三角形有同一个九点圆(第 89 页).

这一性质的证明留给读者了,因为所有需要验证的是对于四个三角形的每一个,看看这九个确定的点是否在同一个圆 N 上(见附录图 8,见图 6.20 和 6.21).

三角形的九点圆和三角形的内切圆,旁切圆都相切.

N 是九点圆的圆心,I 是内心,H 是垂心,O 是外心(见附录图 9,见图 6.11 和 6.22):

F_i—— 与内切圆(圆 I) 的切点;

F_a—— 与(切 a 边的) 旁切圆的切点;

F_b—— 与(切 b 边的) 旁切圆的切点;

F_c —— 与(切 c 边的) 旁切圆的切点.

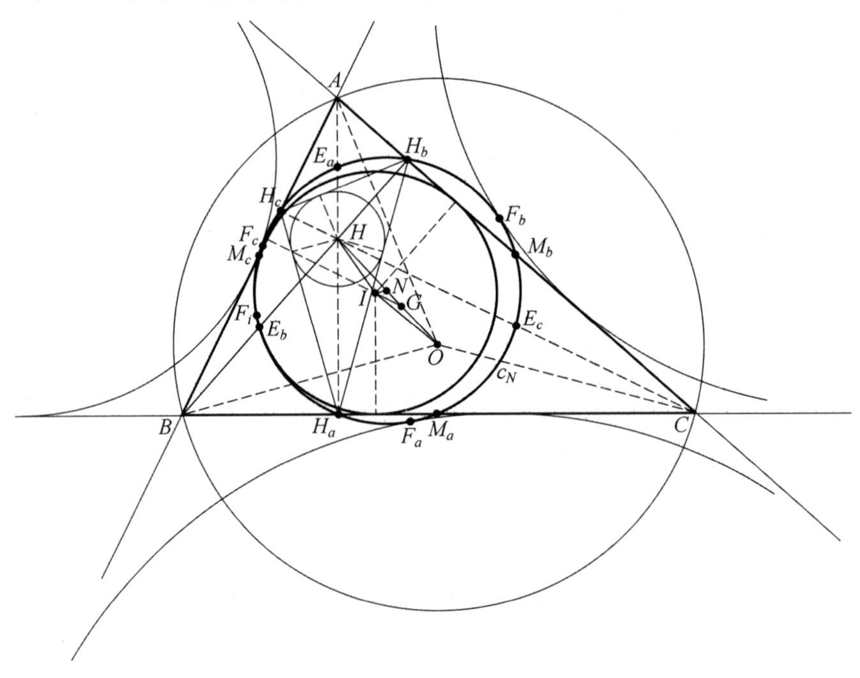

附录图 9

这一性质的证明很复杂,也很费时间. 有兴趣的读者可以在罗杰尔·约翰森的《现代几何》(*Modern geometry*) 中找到费尔巴赫定理的四种不同的证明.([Boston,MA:Houghton Miffilin,1929] pp. 200 — 205).

费尔巴赫实际上所用的证明由计算九点圆的圆心,内切圆 r 的圆心,外接圆 R 的圆心和垂足 $\triangle H_aH_bH_c$ 的内切圆半径为 p 的圆心之间的距离组成. 这些距离等于相应的半径的和与差

$$OI^2 = R^2 - 2Rr\text{(欧拉)}$$

$$IH^2 = 2r^2 - 2Rp$$

$$OH^2 = R^2 - 4Rp$$

$$IN^2 = \frac{1}{2}(OI^2 + HI^2) - NH^2$$

或

$$IN^2 = \frac{1}{4}R^2 - Rr + r^2 = (\frac{R}{2} - r)^2$$

[注意:I 是内心,G 是重心,H 是垂心,O 是外心.]

第 6 章,91 页:莫莱定理的证明:

在任意三角形中,相邻的角的三等分角线相交的三个交点形成一个等边三角形.

(见第 6 章,图 6.24.)

我们提供三种证明.

证明 1 (Y. 桥本(Y. Hashimoto),“莫莱定理的一个简短证明”, *Elemente der Mathematik*,62[2007]:121.)

桥本原来的证明很短,而且没有图,现补上(附录图 10):

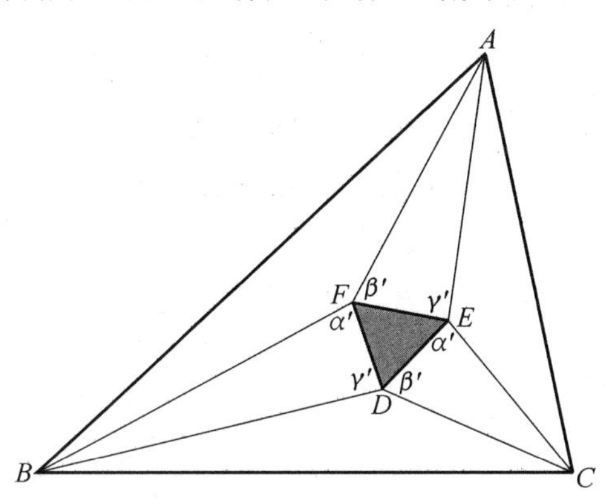

附录图 10

设 α,β,γ 是任意正角,且有 $\alpha+\beta+\gamma=60°$. 对于任意角 η,设 $\eta'=\eta+60°$. 设 $\triangle DEF$ 是等边三角形,A 和 D 位于 EF 的两侧,且满足 $\angle AFE=\beta'$,$\angle AEF=\gamma'$. 于是 $\angle EAF=180°-(\beta'+\gamma')=\alpha$.[$B$ 和 E,C 和 F 分别位于 FD,DE 的两侧],同样有 $\angle FBD=\beta$,$\angle DCE=\gamma$. 根据对称性,只要证明 $\angle BAF=\alpha$,$\angle ABF=\beta$ 就够了.

F 到 AE 和 BD 的垂线段的长都是 s. 如果 F 到 AB 的垂线段的长 $h<s$,那

么 $\angle BAF < \alpha$，$\angle ABF < \beta$. 另一方面，如果 $h > s$，那么 $\angle BAF > \alpha$，$\angle ABF > \beta$. 因为 $\angle BAF + \angle ABF = \alpha' + \beta' + 60° - 120° = \alpha + \beta$，可以看出必有 $h = s$，$\angle BAF = \alpha$，$\angle ABF = \beta$.

证明 2 桥本的有附录图 11 的证明：

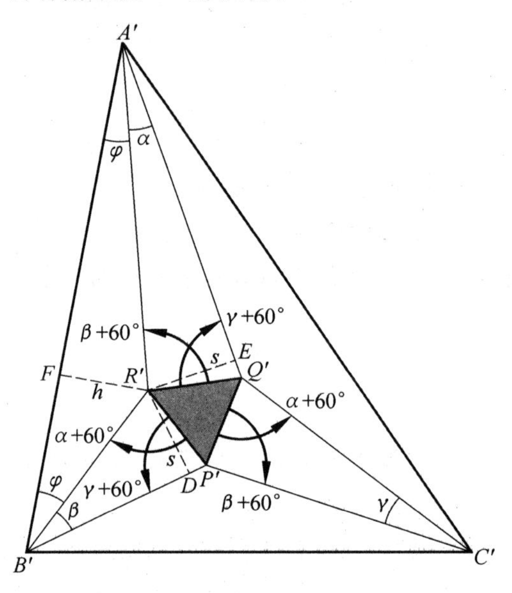

附录图 11

设 α, β, γ 是任意角，且 $\alpha + \beta + \gamma = 60°$. 再设 $\alpha' = \alpha + 60°$，$\beta' = \beta + 60°$，$\gamma' = \gamma + 60°$. 把 $\triangle P'Q'R'$ 看作等边三角形. 在等边 $\triangle P'Q'R'$ 的每一边上作 $\triangle Q'A'R'$，$\triangle R'B'P'$ 和 $\triangle P'C'Q'$，使

$\angle Q'A'R' = \alpha$，$\angle Q'R'A' = \beta' = \beta + 60°$，$\angle A'Q'R' = \gamma' = \gamma + 60°$

$\angle P'B'R' = \beta$，$\angle R'P'B' = \gamma' = \gamma + 60°$，$\angle B'R'P' = \alpha' = \alpha + 60°$

$\angle Q'C'P' = \gamma$，$\angle P'Q'C' = \alpha' = \alpha + 60°$，$\angle Q'P'C' = \beta' = \beta + 60°$

于是有 $\angle Q'A'R' = 180° - (\beta' + \gamma') = 180° - (\beta + 60° + \gamma + 60°) = 60° - (\beta + \gamma) = \alpha$，类似地有，$\angle R'B'P' = \beta$，$\angle Q'C'P' = \gamma$. 由于对称性，只要证明 $\varphi = \angle R'A'B' = \alpha$ 和 $\psi = \angle R'B'A' = \beta$ 就够了.

R' 到 $A'Q'$ 和 $B'P'$ 的垂直距离都是 s. 如果 R' 到 $A'B'$ 的垂直距离是 h，且 $h < s$，那么以下式子成立：$\varphi = \angle R'A'B' < \alpha$ 和 $\psi = \angle R'B'A' < \beta$.

另一方面，如果 $h > s$，那么 $\varphi = \angle R'A'B' > \alpha$ 和 $\psi = \angle R'B'A' > \beta$.

但是，$\angle A'R'B' = 360° - \angle A'R'Q' - \angle Q'R'P' - \angle P'R'B' = 360° - (\beta + 60°) - 60° - (\alpha + 60°) = 180° - (\alpha + \beta)$.

由此 $\varphi + \psi = 180° - \angle A'R'B' = 180° - 180° + (\alpha + \beta) = \alpha + \beta$.

于是得到 $h=s,\varphi=\angle R'A'B'=\alpha,\varphi\angle R'B'A'=\beta$.

证明 3 （L. 班考夫 Bankoff,《莫莱定理的一个简单证明》(*Mathematics Magazine*),no. 4,[1962]:223－24.）

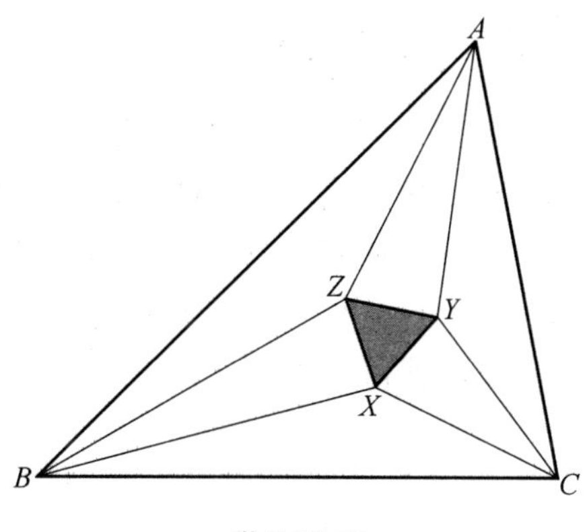

附录图 12

在附录图 12 中

$$\sin\angle AYC=\sin(\pi-\frac{\alpha+\gamma}{3})=\sin\frac{\alpha+\gamma}{3}=\sin\frac{\pi-\beta}{3}=\sin\frac{2\pi+\beta}{3}$$

$$\begin{aligned}\sin 3\theta&=\sin\theta\cos 2\theta+\sin 2\theta\cos\theta=\sin\theta(3\cos^2\theta-\sin^2\theta)\\&=4\sin\theta(\frac{\sqrt{3}\cos\theta+\sin\theta}{2})(\frac{\sqrt{3}\cos\theta-\sin\theta}{2})\\&=4\sin\theta\sin(\frac{\pi}{3}+\theta)\sin(\frac{\pi}{3}-\theta)\qquad(*)\end{aligned}$$

对 $\triangle AYC$ 用正弦定理

$AY\cdot\sin\frac{\pi-\beta}{3}=AC\cdot\sin\frac{\gamma}{3}=2R\cdot\sin\beta\sin\frac{\gamma}{3}$,其中 R 是 $\triangle ABC$ 的外接圆的半径.

由(＊)得 $AY=8R\cdot\sin\frac{\beta}{3}\sin\frac{\gamma}{3}\sin\frac{\pi+\beta}{3}$. 类似地

$$AZ=8R\cdot\sin\frac{\beta}{3}\sin\frac{\gamma}{3}\sin\frac{\pi+\gamma}{3}$$

因此,$\frac{AZ}{AY}=\frac{\sin\frac{\pi+\gamma}{3}}{\sin\frac{\pi+\beta}{3}}$.

但是,$\angle AZY+\angle AYZ=\pi-\frac{\alpha}{3}=\frac{2\pi+\beta+\gamma}{3}=\frac{\pi+\beta}{3}+\frac{\pi+\gamma}{3}$.

由此得,$\angle AZY=\frac{\pi+\beta}{3}$,$\angle AYZ=\frac{\pi+\gamma}{3}$,对 $\triangle BXZ$ 和 $\triangle CXY$ 有类似的等

式. 这就得到在 X 的周围除了 $\angle YXZ$ 以外的角的和是 $300°$，或 $\angle YXZ=60°$. 另外两角同样是 $60°$.

第 7 章，97 页：[前面的图 7 ~ 9] 三角形的面积公式，即海伦公式的推导

$S_{\triangle ABC}=\sqrt{s(s-a)(s-b)(s-c)}$，其中 $s=\frac{1}{2}(a+b+c)$

有一个很好的几何证明 —— 实际上归功于海伦 —— 是由托马斯·希思(Thomas Heath) 的《希腊数学手册》(*A Manual of Greek Mathematics*)(New York：Dover，1963) 一书中提供的. 但是为节约篇幅，我们提供一个十分简单的三角推导方法，这一方法基于中学水平的两个关系式：余弦定理，$c^2=a^2+b^2-2ab\cos C$ 和毕达哥拉斯恒等式：$\sin^2\theta+\cos^2\theta=1$. 我们前面刚证明过的三角形的面积公式 $S_{\triangle ABC}=\frac{1}{2}ab\ \sin C$.

利用 $\cos^2 C=\frac{(a^2+b^2-c^2)^2}{4a^2b^2}$，并把上面的一个面积等式中的 $\sin C$ 代掉，得到

$$S_{\triangle ABC}=\frac{1}{2}ab\sqrt{1-\cos^2 C}=\frac{1}{2}ab\sqrt{1-\frac{(a^2+b^2-c^2)^2}{4a^2b^2}}$$
$$=\frac{1}{2}ab\sqrt{\frac{4a^2b^2-(a^2+b^2-c^2)^2}{4a^2b^2}}$$
$$=\frac{1}{4}\sqrt{4a^2b^2-(a^2+b^2-c^2)^2}$$

现在必须将根号中的式子分解因式

$$4a^2b^2-(a+b-c)^2=-(a+b+c)\cdot(a+b-c)\cdot(a-b-c)\cdot(a-b+c)$$
$$=-(a+b+c)\cdot(a+b-c)\cdot[-(-a+b+c)]\cdot(a-b+c)$$
$$=(a+b+c)\cdot(a+b-c)\cdot(-a+b+c)\cdot(a-b+c).$$

由于

$$a+b+c=2s, a+b-c=2(s-c)$$
$$-a+b+c=2(s-c), a-b+c=2(s-b)$$

得到

$$S_{\triangle ABC}=\frac{1}{4}\sqrt{2s\cdot 2(s-a)\cdot 2(s-b)\cdot 2(s-c)}=\sqrt{s(s-a)(s-b)(s-c)}$$

第9章,161页:爱尔杜斯－莫代尔不等式

$$PA+PB+PC\geqslant 2(PD+PE+PF)$$

我们采用的是H.李(H. Lee)的“爱尔杜斯－莫代尔定理的另一个证明”(“*Another Proof of the Erdös – Mordell Theorem*”,*Forum Geometricorum* 1[2001]:7－8).证明用托勒密定理(见图9.19).

先画直线HB和GC垂直于直线$FHEG$.当$BHGC$是矩形时,BC等于HG,当$BHGC$不是矩形时,BC大于HG.用符号表示$BC\geqslant HG=HF+FE+EG$.

因为$AFPE$是圆内接四边形[1],所以$\angle APE=\angle AFE$(圆周角).但是$\angle AFE=\angle BFH$.于是$\angle APE=\angle BFH$,这就确定$\triangle BFH\backsim\triangle APE$(附录图13).

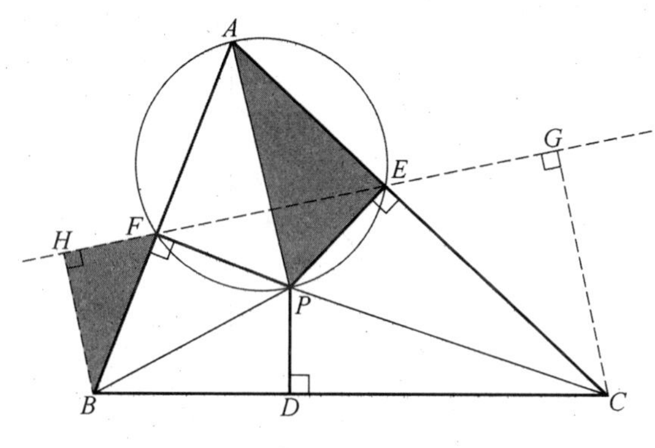

附录图13

于是$HF=\dfrac{PE}{PA}\cdot BF$.

利用这一过程,可以证明$EG=\dfrac{PF}{PA}\cdot CE$.

对圆内接四边形$AFPE$使用著名的托勒密定理[2],得到$PA\cdot FE=AF\cdot PE+AE\cdot PF$,也可写成$FE=\dfrac{AF\cdot PE+AE\cdot PF}{PA}$.

进行适当的代换,得到$BC\geqslant\dfrac{PE}{PA}\cdot BF+\dfrac{AF\cdot PE+AE\cdot PF}{PA}+\dfrac{PF}{PA}\cdot CE$.

也可写成

$$\begin{aligned}PA\cdot BC&\geqslant PE\cdot BF+AF\cdot PE+AE\cdot PF+PF\cdot CE\\&=PE(BF+AF)+PF(AE+CE)\\&=PE\cdot AB+PF\cdot AC\end{aligned}$$

两边除以BC,有$PA\geqslant PE\cdot\dfrac{AB}{BC}+PF\cdot\dfrac{AC}{BC}$.

如果用于 $\triangle ABC$ 的另外两条边，可以像对 BC 那样做垂线，将可得到

$$PB \geqslant PF \cdot \frac{BC}{CA} + PD \cdot \frac{BA}{CA} \text{ 和 } PC \geqslant PD \cdot \frac{CA}{AB} + PE$$

利用对于正实数 m 和 n，有 $\frac{n}{m} + \frac{m}{n} \geqslant 2$ 这一事实，我们可以得出结论说，$PA + PB + PC \geqslant 2(PD + PE + PF)$. 当然，当且仅当 $\triangle ABC$ 是等边三角形，且 P 是外心时，那么 $PA + PB + PC = 2(PD + PE + PF)$.

第 9 章，163 页：证明 $c \geqslant \frac{1}{\sqrt{2}}(a + b) = \frac{\sqrt{2}}{2}(a + b)$.

我们从 Rt$\triangle ABC$ 开始，其中 $\angle C = 90°$，$\angle A = \alpha$，$\angle B = \beta$（见附录图 14）. 也有 $AB = c$，$AB = a$，$AC = b$.

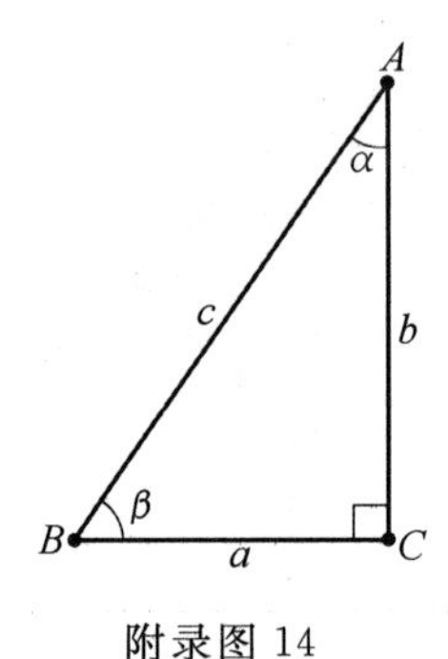

附录图 14

我们将用三角函数 $\cos\alpha = \frac{b}{c}$ 和 $\cos\beta = \frac{a}{c}$ 证明. 可推得

$$\begin{aligned} a + b &= c \cdot (\cos\beta + \cos\alpha) = c \cdot 2\cos\frac{\alpha + \beta}{2} \cdot \cos\frac{\alpha - \beta}{2} \\ &= c \cdot 2 \cdot \cos 45° \cos\frac{\alpha - \beta}{2} \\ &= c \cdot 2 \cdot \frac{\sqrt{2}}{2} \cdot \cos\frac{\alpha - \beta}{2} = c \cdot \sqrt{2} \cdot \cos\frac{\alpha - \beta}{2} \end{aligned}$$

或另写成

$$c = \frac{1}{\sqrt{2} \cdot \cos\frac{\alpha - \beta}{2}} \cdot (a + b)$$

因为 $0 < \cos\frac{\alpha - \beta}{2} \leqslant 1$，所以也能写成

$$c = \frac{1}{\sqrt{2} \cdot \cos\frac{\alpha - \beta}{2}} \cdot (a + b) \geqslant \frac{1}{\sqrt{2}}(a + b)$$

只有当$a=b$时等式成立，此时是等腰直角三角形. 考虑到$c<a+b$，从上面的不等式，得到

$$0<(a+b)-c\leqslant\left(1-\frac{1}{\sqrt{2}}\right)(a+b)\text{，或 }0<(a+b)-c\leqslant\frac{2-\sqrt{2}}{2}(a+b)$$

注

第1章:三角形概述

1. Isidore Lucien Ducasse, *Maldoror* (*And the Complete Works of the Comte de Lautréamont*) 由 Alexis Lykiard 翻译(Cambridge, MA: Exact Change, 1994). 原著《马尔多罗之歌》(*Les Chants de Maldoror*)出版于1874年,由法国诗人Lautréamont即著名的Lautréamont伯爵所写,两人都把Isidore Lucien Ducasse (1846—1870)作为笔名.

2. 关于毕达哥拉斯定理的更多内容,见由Alfred S. Posamentier所著的 *The Pythagoream Thorem: The Story of Its Power and Beauty*. (Amherst NY: Prometheus Books, 2010).

3. 单词obtuse用在数学文章以外的意思是迟钝的(dull),钝角就是迟钝的角.

4. 单词acute用在数学文章以外的意思是尖锐的(sharp),锐角就是尖锐的角.

5. 可在Wikipedia网上找到一个证明,参见最后修改于2012年4月11日的"Apollonius' Theorem," http://en.wikipedia.org/wiki/Apollonius%27_theorem. 这一关系是斯台沃特定理的特殊情况(见第5章).

6. 这一公式的证明最早出现在亚里山大的海伦约公元60年的著作 *Metrica* 中. 稍晚,阿拉伯学者Abu'l Raihan Muhammed al-Biruni把这一公式归功于的海伦的前辈,早于公元前212年的阿基米德(Eric W. Weisstein "Heron's Formula," MathWorld, http://mathworld.wolfram.com/HeronsFormula.html).

7. 毕达哥拉斯定理用三角术语表示是 $\sin^2\angle A+\sin^2\angle B=1$,或 $\sin^2\alpha+\sin^2\beta=1$.

8. 如果 $\angle A=90°$,那么 $\cos\angle A=0$,因此得到 $a^2+b^2=c^2$(毕达哥拉斯定理).

9. 关于这个到处存在的比,见A. S. 伯斯曼梯尔和I. 勒曼所著的 *The Glorious Golden Ratio* 一书. (Amherst, NY: Prometheus books, 2012).

10. 利用代数运算,得到以下关系;首先我们用 b 表示 a 和 c

$$c=\phi b=\frac{\sqrt{5}+1}{2}\times b,\text{以及 } a=c\phi=\phi^2 b=\frac{1+\sqrt{5}}{2}\times b$$

那么 $a=c+b=\phi b+b=(\phi+1)b$,就是 $a=\phi^2 b=(\phi+1)b$.

此外,用 c 表示 a 和 b,得到 $a=\phi c=\frac{\sqrt{5}-1}{2}\times c$ 以及

$$b=\phi^{-1}\times c=\frac{\sqrt{5}-1}{2}\times c$$

用 a 表示 c 和 b,得到 $c=\phi^{-1}\times a=\frac{1}{\phi}\times a=\frac{\sqrt{5}-1}{2}\times a$ 以及

$$b=\phi^{-1}\times c=\phi^{-2}\times a=\frac{1}{\phi^2}\times a=\frac{3-\sqrt{5}}{2}\times a$$

第 2 章:三角形的共点线

1. 三角形的高是顶点到对边的垂直线段.

2. 三角形的角平分线是顶点到对边的线段,并平分该角.

3. 三角形的中线是顶点到对边中点的线段.

4. Wilfried Haag, *Wege zu geometrischen Sätzen* (Stuttgart/Düsseldorf / Leipzig Germany: Klett,2003)p. 40.

5. 这是一个双条件命题,说的是如果这三条直线共点,那么该等式成立,并且如果该等式成立,那么这三条直线共点.

6. Albert Gminder, *Ebene Geometrie* (München and Berlin: Oldenbourg 1932). p. 421.

7. 对锐角三角形和钝角三角形同样的证明都成立.

8. Carl Adams, *Die Lehre von den Transversalen in ihrer Anwendung auf die Planimetrie. Eine Erweiterung der euklidischen Geometrie* (Winterthur,Switzerland: Druck und Verlag der Steiner'schen Buchhandlung,1843).

9. John Rigby 的证明可在 Ross Honsberger, *Episodes in Nineteenth and Twentieth Century Euclidean Geometry* 中找到(Washington,DC: Mathematical Association of America,1995),pp. 63—64.

第 4 章:三角形中的共点圆

1. Auguste Miquel,"Mémoire de Géométrie," *Journal de Mathématiques pures et appliquées de Liouville* 1(1838):485—87.

2. 这一关系的第一个初等证明是由 William Clifford(1845—1879)完成的. 第一个代数证明是 Hongbo Li 于 2002 年发表的. ("Automated Theorem

Proving in the Homogeneous Model with Clifford Bracket Algebra", *Applications of Geometric Algebra in Computer Science and Engineering*, 由 L. Dorst et al 编辑的.(Boston MA: Birkhauser,2002),pp. 69—78.

3. R. Johnson,"A Circle Theorem", *American Mathematic Monthly* 23 (1916): 161—62.

第5章:三角形的特殊直线

1. 在法国和英国称为 Lemoine 点,在德国称为 Grebe 点.

2. 这里点 G 不是$\triangle ABC$ 的重心.

3. 三角形的重心是这样的点:将一张三角形的硬纸片的这一点放在针尖上能够使三角形硬纸片平衡.

第6章:有用的三角形定理

1. E. H. Lockwood, *A Book of Curves* (London: Cambridge University Press, 1971) pp. 76—79,参照 Jakob Steiner 的"Über eine besondere Curve dritter Classe (und vierten Glades)," *Burchardt's Journal Band LIII*, pp. 231—37(刊登在 Academy of Science—Berlin January 7,1856 上). Steiner 的论文发表在由 K. Weierstrass 编辑的 *Gesammelte Werke*, Band II 上(Berlin, Germany: G. Reimer,1882),pp. 639—647.

2. 西姆松线的更多关系的一个来源可在由 A. S. 伯斯曼梯尔和 Salkind 的 *Challenging Problems in Geometry* 中找到.(NewYork: Dover,1988).

3. Leonhard Euler,"Solutio facilis problematum quorundam geometricorum difficillimorum,"*Novi Commentarii Academiae Scientiarum Imperialis Petropolitanae* 11(1767):103—23. 重印于 *Opera Omnia* 1,no. 26(1953):139—57.

根据欧拉档案,该文于 1763 年 12 月 12 日在彼得堡科学院发表的(Euler Archive"17. All Publiciation," http//: www. math. dartmouth. edu/～euler/ tour/ tour_17. html).

4. 这一共线的另一个证明可在 A. S. 伯斯曼梯尔的 *Advanced Euclidean Geometry* 中找到.(Hoboken,NJ:John Wiley,2002)pp. 161—63.

5. C. J. Brianchon and J. —V. Poncelet,"Géométrie des courbe. Recherchers sur la détermination d'une hyperbole équilatère au moyen de quatres condition donnée". *Annales de Mathématques pures et appliquées* 11 (1820—1821): 205—20.

6. Roger A. Johnson, *Advanced Euclidean Geometry* (Mincola, NY: Dover,1960),p. 200.

7. Howard Eves, A Survey of Geometry, rev. ed. (Boston, MA: Allyn & Bacon,1972;repr. 1965) p. 133.

8. 有志向的读者可以参阅三角形中的更多重要的点. 我们提供网站: MathWorld,http://mathworld. wolfram. com / KimberlingCenter. html.

第7章:三角形及其一部分的面积

1. Jens Carstensen"Die Seitenhalbierenden—Ein schöner Satz"," *Die Wurzel*,"July 2004,pp. 160—62.

2. 答案是 $S_{\triangle EFG}=\frac{8}{27}S_{\triangle ABC}$.

3. 这一证明可在"Napoleon's Theorem"中找到, Mathpages, http://www. mathpages. com/home/kmath270/kmath270. html.

4. Hugo Steinhaus, *Mathematical Snapshots* (Mineola, NY: dover, 1999),p. 9.

5. Ingmar Lehmann,"Dreiecke im Dreieck. Vermutungen und Entdeckungen —DGS als Wundertüte,"由 Andreas Filler,Mathias Ludwig,和 Reinhard Olderburg 编辑的 *Werkzeuge im Geometrieunterricht* (Hildesheim/Berlin, Germany :Franzbecker,2011),pp. 101—20.

6. Edward Routh(1831—1907)是英国数学家,也是培训学生参加剑桥大学数学考试的优秀教练. Edward J. Routh,*A Treatise on Analytical Statics, with Numerous Examples*,vol. 1,2nd. ed. (Cambridge,Cambridge University Press,1896)p. 82.

7. Lehmann,"Dreiecke im Dreieck,"pp. 101—20.

第8章:三角形的作图

1. 各种正多边形的作图可以在 A. S. 伯斯曼梯尔和 I. 勒曼所著的(*The Glorious Golden Ratio*)一书中找到. (Amherst, NY: Prometheus Books, 2012).

2. 高斯使用的是以下关系

$$\cos\frac{360^\circ}{17}=-\frac{1}{16}+\frac{1}{16}\sqrt{17}+\frac{1}{16}\sqrt{34-2\sqrt{17}}+$$

$$\frac{1}{8}\sqrt{17+3\sqrt{17}-\sqrt{34-2\sqrt{17}}-2\sqrt{34+2\sqrt{17}}}$$

3. T. Kempermann, *Zahlentheoretische Kostproben* (Frankfurt am Main, Germany: Harri Deutsch, 2005), p. 35.

4. $\binom{15}{3}=\frac{15\cdot 14\cdot 13}{1\cdot 2\cdot 3}=455$.

5. J. Boehm, W. Börner, E. Hertel, O. Krötenheerdt W. Mögling, L. Stammler, *Geometrie II. Analytische Darstellung der euclidischen Geometrie* (Berlin, Germany: DVW, 1975), pp. 203 — 205; Walter Gellert, Herbert Kästner, Siegfried Neuber, eds., *Lexikon der Mathematik* (Leipzig, Germany: Bibliographisches Institut, 1977), pp. 105—106.

6. 为了作出 a,b 两条已知线段的积和商,你可以按照以下过程进行:

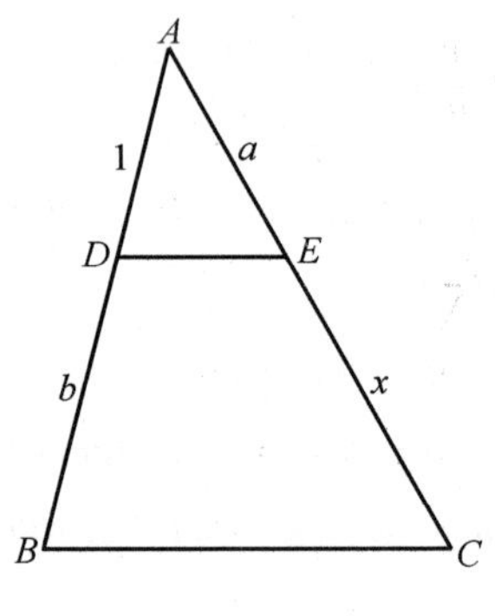

图 1

为了求 a,b 两条已知线段 a,b 的积,用 $\frac{1}{b}=\frac{a}{x}$,得到 $x=ab$(图 1).

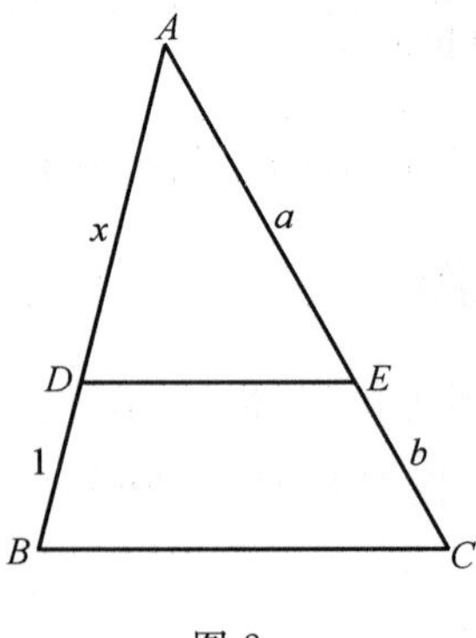

图 2

为了求 a,b 两条已知线段 a,b 的商,用 $\frac{x}{1}=\frac{a}{b}$,就是到 $x=\frac{a}{b}$(图 2).

第 9 章:三角形中的不等式

1. 由 $(\sqrt{x}-\sqrt{y})^2\geqslant 0$ 推出 $x+y-2\sqrt{xy}\geqslant 0$,$x+y\geqslant 2\sqrt{xy}$.

有了 $x+y\geqslant 2\sqrt{xy}$,$x+z\geqslant 2\sqrt{xz}$,和 $y+z\geqslant 2\sqrt{yz}$,得 $(x+y)(z+x)\cdot(y+z)\geqslant 2\cdot\sqrt{xy}\cdot 2\sqrt{yz}\cdot 2\sqrt{xz}=8xyz$.

2. 该不等式是由 Paul Erdös 提出的("Problem 3740",*American Mathematic Monthly* 42 [1935]: 396),两年以后由 Louis Joel Modell 和 D. F. Barrow 解决("Solution to problem 3740",*American Mathematic Monthly* 44[1937]: 252—54).

3. 这个熟知的 Möbius-Pompeiu 定理属于德国数学家 August Ferdinand Möbius (1790—1868)和罗马尼亚数学家 Dimitrie Pompeiu(1873—1954).

4. Leonhard Euler (1707—1783);William Chapple(1718—1781).

5. W. J. Blundon,("Problem E 1935",*American Mathematic Monthly* 73 (1966): 1122);A. Makowski,("Solution of the Problem E 1935",*American Mathematical Monthly* 75 (1968): 404.

6. 由奥地利数学家 Roland Weitzenböck (1885—1955)证明的.

7. 由瑞士数学家 Hugo Hadwiger (1908—1981)和 Paul Finsler(1894—1970)证明的.

第 10 章:三角形和分形

1. A. Farina,S. Giompapa A. Graziano,A. Liburdi,M. Ravanelli,F. Zirilli,"Tartaglia Pascal' s Triangle: A Historical Perspective with Applications," *Signal, Image and Video Processing* (May 24,2011):1—16.

2. Kazimir Malevich (1879—1935)是有波兰血统的俄罗斯画家和艺术理论家. "他是几何抽象艺术的开拓者和白人至上主义先锋运动的组织者."(Wikipedia,s. v. "Kazimir Malevich,"last modified May 12,2012,http: //en. wikipedia/org/wiki/ Kazimir_Malevich.)

附录

1. 因为在这种情况下,能内接于圆,所以对角互补.

2. 托勒密定理是圆内接四边形的对角线之积等于对边之积的和(第 162 页).

参考文献

书　籍

Andreescu, Titu, Oleg Mushkarov, and Luchezar Stoyanov. *Geometric Problems on Maxima and Minima*. Basel, Switzerland Birkhäuser, 2006.

Boehm, J., W. Börner, E. Hertel, O. Körtenheerdt, W. Mögling, and L. Stammler, *Geometrie*. Vol. 2. *Analytische Darstellung der euklidischen Geometrie*. Berlin, Germany: DVW, 1975.

——. *Aufgabensammlung*. Vol. 2. Berlin, Germany: DVW, 1982.

Coxeter H. S. M., and S. L. *Greitzen. Geometry Revisited*. Washington, DC: Mathematical Association of America, 1967.

Herterich, K. *Die Konstruktion von Dreiecken*. Stuttgart, Germany: Klett, 1986.

Kazarinoff, Nicholas D. *Geometric Inequalities*. New Haven, CT: Yale, 1961.

Manfrino, Radmila Bulajich, José A. Gómez Ortega, and Rogelio Valdez Delgado. *Inequalities: A Mathematical Olympiad Approach*. Basel, Switzerland: Birkhäuse., 2009.

Mettler, Martin. *Vom Charme der "verblassten" Geometrie*. Timisoara, Romania: Verlag Eurobit, 2000.

Nelsen, Roger B. *Proofs without Words* II. Washington, DC: Mathematical Association of America, 2000.

Posamentier, Alfred S. *Advanced Euclidean Geometry: Excursion for Secondary Teachers and Students*. Emeryville, CA: Key College, 2002.

——. *Making Geometry Come Alive! Student Activities & Teacher Notes*. Thousand Oaks, CA: Corwin Press, 2000.

——. *The Pythagorean Theorem: The Story of Its Power and Beauty*. Amherst, NY: Prometheus Books, 2010.

Posamentier, Alfred S., and C. T. Salkind. *Challenging Problems in Geometry*. New York: Macmillan, 1970. Reprint, Palo Alto, CA: Dale Seymour, 1988. New York:

Dover,1996.

Posamentier,Alfred S. , and G. Sheridan. *Math Motivators: Inverstigations in Geometry*. Menlo Park,CA:Addison—Wesley,1982.

Posamentier,Alfred S. ,and Herbert A. Hauptman. 101 *Great Ideas for Introducing Key Concepts in Mathematics: A Resource for Secondary School Teachers*. Thousand Oaks,CA: Corwin Press,2001. Second edition published, 2006.

Posamentier, Alfred S. and Ingmar Lehmann. *The Glorious Golden Ratio*. Amherst,NY: Prometheus books,2012.

——. *Mathematical Amazements and Surprises:Fascinating Figures and Noteworthy Numbers*. Amherst,NY: Prometheus Books,2009.

——π:*A Biography of the World's Most Mysterious Number*. Amherst,NY: Prometheus Books,2004.

Posamentier,Alfred S. ,J. H. Banks, and R. L. Bannister. *Geometry,Its Elements and Structure*. New York:McGraw—Hill,1972,Second edition published 1977.

Posamentier,Alfred S. ,and W. Wernick. *Advanced Geometric Constructions*. Palo Alto,CA: Dale Seymour,1988.

Specht Eckard. *Geometria—Scientiae Atlantis*. Magdeburg,Germany: Otto—von—Guericke—Universität,2001.

杂　志

Crux Mathematicorum with Mathematical Mayhem. Canadian Mathematical Society,Ottawa,Canada.

Forum Geometricorum:A Journal on Classical Euclidean Geometry and Related Areas.

Department of Mathematical Sciences,Florida Atlantic University.

Die Wurzel. Zeitschrift für Mathematik. Department of Mathematics and Computer Science,Friedrich—Schiller University,Jena,Germany.

刘培杰数学工作室
已出版(即将出版)图书目录——初等数学

书　　名	出版时间	定　价	编号
新编中学数学解题方法全书(高中版)上卷(第 2 版)	2018－08	58.00	951
新编中学数学解题方法全书(高中版)中卷(第 2 版)	2018－08	68.00	952
新编中学数学解题方法全书(高中版)下卷(一)(第 2 版)	2018－08	58.00	953
新编中学数学解题方法全书(高中版)下卷(二)(第 2 版)	2018－08	58.00	954
新编中学数学解题方法全书(高中版)下卷(三)(第 2 版)	2018－08	68.00	955
新编中学数学解题方法全书(初中版)上卷	2008－01	28.00	29
新编中学数学解题方法全书(初中版)中卷	2010－07	38.00	75
新编中学数学解题方法全书(高考复习卷)	2010－01	48.00	67
新编中学数学解题方法全书(高考真题卷)	2010－01	38.00	62
新编中学数学解题方法全书(高考精华卷)	2011－03	68.00	118
新编平面解析几何解题方法全书(专题讲座卷)	2010－01	18.00	61
新编中学数学解题方法全书(自主招生卷)	2013－08	88.00	261
数学奥林匹克与数学文化(第一辑)	2006－05	48.00	4
数学奥林匹克与数学文化(第二辑)(竞赛卷)	2008－01	48.00	19
数学奥林匹克与数学文化(第二辑)(文化卷)	2008－07	58.00	36′
数学奥林匹克与数学文化(第三辑)(竞赛卷)	2010－01	48.00	59
数学奥林匹克与数学文化(第四辑)(竞赛卷)	2011－08	58.00	87
数学奥林匹克与数学文化(第五辑)	2015－06	98.00	370
世界著名平面几何经典著作钩沉——几何作图专题卷(上)	2009－06	48.00	49
世界著名平面几何经典著作钩沉——几何作图专题卷(下)	2011－01	88.00	80
世界著名平面几何经典著作钩沉(民国平面几何老课本)	2011－03	38.00	113
世界著名平面几何经典著作钩沉(建国初期平面三角老课本)	2015－08	38.00	507
世界著名解析几何经典著作钩沉——平面解析几何卷	2014－01	38.00	264
世界著名数论经典著作钩沉(算术卷)	2012－01	28.00	125
世界著名数学经典著作钩沉——立体几何卷	2011－02	28.00	88
世界著名三角学经典著作钩沉(平面三角卷Ⅰ)	2010－06	28.00	69
世界著名三角学经典著作钩沉(平面三角卷Ⅱ)	2011－01	38.00	78
世界著名初等数论经典著作钩沉(理论和实用算术卷)	2011－07	38.00	126
发展你的空间想象力(第 2 版)	2019－11	68.00	1117
空间想象力进阶	2019－05	68.00	1062
走向国际数学奥林匹克的平面几何试题诠释.第 1 卷	2019－07	88.00	1043
走向国际数学奥林匹克的平面几何试题诠释.第 2 卷	2019－09	78.00	1044
走向国际数学奥林匹克的平面几何试题诠释.第 3 卷	2019－03	78.00	1045
走向国际数学奥林匹克的平面几何试题诠释.第 4 卷	2019－09	98.00	1046
平面几何证明方法全书	2007－08	35.00	1
平面几何证明方法全书习题解答(第 2 版)	2006－12	18.00	10
平面几何天天练上卷・基础篇(直线型)	2013－01	58.00	208
平面几何天天练中卷・基础篇(涉及圆)	2013－01	28.00	234
平面几何天天练下卷・提高篇	2013－01	58.00	237
平面几何专题研究	2013－07	98.00	258
几何学习题集	2020－10	48.00	1217
通过解题学习代数几何	2021－04	88.00	1301

刘培杰数学工作室
已出版(即将出版)图书目录——初等数学

书　　名	出版时间	定　价	编号
最新世界各国数学奥林匹克中的平面几何试题	2007－09	38.00	14
数学竞赛平面几何典型题及新颖解	2010－07	48.00	74
初等数学复习及研究(平面几何)	2008－09	68.00	38
初等数学复习及研究(立体几何)	2010－06	38.00	71
初等数学复习及研究(平面几何)习题解答	2009－01	58.00	42
几何学教程(平面几何卷)	2011－03	68.00	90
几何学教程(立体几何卷)	2011－07	68.00	130
几何变换与几何证题	2010－06	88.00	70
计算方法与几何证题	2011－06	28.00	129
立体几何技巧与方法	2014－04	88.00	293
几何瑰宝——平面几何 500 名题暨 1500 条定理(上、下)	2021－07	168.00	1358
三角形的解法与应用	2012－07	18.00	183
近代的三角形几何学	2012－07	48.00	184
一般折线几何学	2015－08	48.00	503
三角形的五心	2009－06	28.00	51
三角形的六心及其应用	2015－10	68.00	542
三角形趣谈	2012－08	28.00	212
解三角形	2014－01	28.00	265
三角学专门教程	2014－09	28.00	387
图天下几何新题试卷.初中(第 2 版)	2017－11	58.00	855
圆锥曲线习题集(上册)	2013－06	68.00	255
圆锥曲线习题集(中册)	2015－01	78.00	434
圆锥曲线习题集(下册・第 1 卷)	2016－10	78.00	683
圆锥曲线习题集(下册・第 2 卷)	2018－01	98.00	853
圆锥曲线习题集(下册・第 3 卷)	2019－10	128.00	1113
圆锥曲线的思想方法	2021－08	48.00	1379
论九点圆	2015－05	88.00	645
近代欧氏几何学	2012－03	48.00	162
罗巴切夫斯基几何学及几何基础概要	2012－07	28.00	188
罗巴切夫斯基几何学初步	2015－06	28.00	474
用三角、解析几何、复数、向量计算解数学竞赛几何题	2015－03	48.00	455
美国中学几何教程	2015－04	88.00	458
三线坐标与三角形特征点	2015－04	98.00	460
坐标几何学基础.第 1 卷,笛卡儿坐标	2021－08	48.00	1398
坐标几何学基础.第 2 卷,三线坐标	2021－09	28.00	1399
平面解析几何方法与研究(第 1 卷)	2015－05	18.00	471
平面解析几何方法与研究(第 2 卷)	2015－06	18.00	472
平面解析几何方法与研究(第 3 卷)	2015－07	18.00	473
解析几何研究	2015－01	38.00	425
解析几何学教程.上	2016－01	38.00	574
解析几何学教程.下	2016－01	38.00	575
几何学基础	2016－01	58.00	581
初等几何研究	2015－02	58.00	444
十九和二十世纪欧氏几何学中的片段	2017－01	58.00	696
平面几何中考.高考.奥数一本通	2017－07	28.00	820
几何学简史	2017－08	28.00	833
四面体	2018－01	48.00	880
平面几何证明方法思路	2018－12	68.00	913

刘培杰数学工作室

已出版(即将出版)图书目录——初等数学

书　　名	出版时间	定　价	编号
平面几何图形特性新析.上篇	2019—01	68.00	911
平面几何图形特性新析.下篇	2018—06	88.00	912
平面几何范例多解探究.上篇	2018—04	48.00	910
平面几何范例多解探究.下篇	2018—12	68.00	914
从分析解题过程学解题:竞赛中的几何问题研究	2018—07	68.00	946
从分析解题过程学解题:竞赛中的向量几何与不等式研究(全 2 册)	2019—06	138.00	1090
从分析解题过程学解题:竞赛中的不等式问题	2021—01	48.00	1249
二维、三维欧氏几何的对偶原理	2018—12	38.00	990
星形大观及闭折线论	2019—03	68.00	1020
立体几何的问题和方法	2019—11	58.00	1127
三角代换论	2021—05	58.00	1313
俄罗斯平面几何问题集	2009—08	88.00	55
俄罗斯立体几何问题集	2014—03	58.00	283
俄罗斯几何大师——沙雷金论数学及其他	2014—01	48.00	271
来自俄罗斯的 5000 道几何习题及解答	2011—03	58.00	89
俄罗斯初等数学问题集	2012—05	38.00	177
俄罗斯函数问题集	2011—03	38.00	103
俄罗斯组合分析问题集	2011—01	48.00	79
俄罗斯初等数学万题选——三角卷	2012—11	38.00	222
俄罗斯初等数学万题选——代数卷	2013—08	68.00	225
俄罗斯初等数学万题选——几何卷	2014—01	68.00	226
俄罗斯《量子》杂志数学征解问题 100 题选	2018—08	48.00	969
俄罗斯《量子》杂志数学征解问题又 100 题选	2018—08	48.00	970
俄罗斯《量子》杂志数学征解问题	2020—05	48.00	1138
463 个俄罗斯几何老问题	2012—01	28.00	152
《量子》数学短文精粹	2018—09	38.00	972
用三角、解析几何等计算解来自俄罗斯的几何题	2019—11	88.00	1119
谈谈素数	2011—03	18.00	91
平方和	2011—03	18.00	92
整数论	2011—05	38.00	120
从整数谈起	2015—10	28.00	538
数与多项式	2016—01	38.00	558
谈谈不定方程	2011—05	28.00	119
解析不等式新论	2009—06	68.00	48
建立不等式的方法	2011—03	98.00	104
数学奥林匹克不等式研究(第 2 版)	2020—07	68.00	1181
不等式研究(第二辑)	2012—02	68.00	153
不等式的秘密(第一卷)(第 2 版)	2014—02	38.00	286
不等式的秘密(第二卷)	2014—01	38.00	268
初等不等式的证明方法	2010—06	38.00	123
初等不等式的证明方法(第二版)	2014—11	38.00	407
不等式·理论·方法(基础卷)	2015—07	38.00	496
不等式·理论·方法(经典不等式卷)	2015—07	38.00	497
不等式·理论·方法(特殊类型不等式卷)	2015—07	48.00	498
不等式探究	2016—03	38.00	582
不等式探秘	2017—01	88.00	689
四面体不等式	2017—01	68.00	715
数学奥林匹克中常见重要不等式	2017—09	38.00	845
三正弦不等式	2018—09	98.00	974
函数方程与不等式:解法与稳定性结果	2019—04	68.00	1058

刘培杰数学工作室
已出版(即将出版)图书目录——初等数学

书　　名	出版时间	定　价	编号
同余理论	2012－05	38.00	163
[x]与{x}	2015－04	48.00	476
极值与最值.上卷	2015－06	28.00	486
极值与最值.中卷	2015－06	38.00	487
极值与最值.下卷	2015－06	28.00	488
整数的性质	2012－11	38.00	192
完全平方数及其应用	2015－08	78.00	506
多项式理论	2015－10	88.00	541
奇数、偶数、奇偶分析法	2018－01	98.00	876
不定方程及其应用.上	2018－12	58.00	992
不定方程及其应用.中	2019－01	78.00	993
不定方程及其应用.下	2019－02	98.00	994
历届美国中学生数学竞赛试题及解答(第一卷)1950－1954	2014－07	18.00	277
历届美国中学生数学竞赛试题及解答(第二卷)1955－1959	2014－04	18.00	278
历届美国中学生数学竞赛试题及解答(第三卷)1960－1964	2014－06	18.00	279
历届美国中学生数学竞赛试题及解答(第四卷)1965－1969	2014－04	28.00	280
历届美国中学生数学竞赛试题及解答(第五卷)1970－1972	2014－06	18.00	281
历届美国中学生数学竞赛试题及解答(第六卷)1973－1980	2017－07	18.00	768
历届美国中学生数学竞赛试题及解答(第七卷)1981－1986	2015－01	18.00	424
历届美国中学生数学竞赛试题及解答(第八卷)1987－1990	2017－05	18.00	769
历届中国数学奥林匹克试题集(第2版)	2017－03	38.00	757
历届加拿大数学奥林匹克试题集	2012－08	38.00	215
历届美国数学奥林匹克试题集:1972～2019	2020－04	88.00	1135
历届波兰数学竞赛试题集.第1卷,1949～1963	2015－03	18.00	453
历届波兰数学竞赛试题集.第2卷,1964～1976	2015－03	18.00	454
历届巴尔干数学奥林匹克试题集	2015－05	38.00	466
保加利亚数学奥林匹克	2014－10	38.00	393
圣彼得堡数学奥林匹克试题集	2015－01	38.00	429
匈牙利奥林匹克数学竞赛题解.第1卷	2016－05	28.00	593
匈牙利奥林匹克数学竞赛题解.第2卷	2016－05	28.00	594
历届美国数学邀请赛试题集(第2版)	2017－10	78.00	851
普林斯顿大学数学竞赛	2016－06	38.00	669
亚太地区数学奥林匹克竞赛题	2015－07	18.00	492
日本历届(初级)广中杯数学竞赛试题及解答.第1卷(2000～2007)	2016－05	28.00	641
日本历届(初级)广中杯数学竞赛试题及解答.第2卷(2008～2015)	2016－05	38.00	642
越南数学奥林匹克题选:1962－2009	2021－07	48.00	1370
360个数学竞赛问题	2016－08	58.00	677
奥数最佳实战题.上卷	2017－06	38.00	760
奥数最佳实战题.下卷	2017－05	58.00	761
哈尔滨市早期中学数学竞赛试题汇编	2016－07	28.00	672
全国高中数学联赛试题及解答:1981—2019(第4版)	2020－07	138.00	1176
2021年全国高中数学联合竞赛模拟题集	2021－04	30.00	1302
20世纪50年代全国部分城市数学竞赛试题汇编	2017－07	28.00	797
国内外数学竞赛题及精解:2018～2019	2020－08	45.00	1192
许康华竞赛优学精选集.第一辑	2018－08	68.00	949
天问叶班数学问题征解100题.Ⅰ,2016－2018	2019－05	88.00	1075
天问叶班数学问题征解100题.Ⅱ,2017－2019	2020－07	98.00	1177
美国初中数学竞赛:AMC8准备(共6卷)	2019－07	138.00	1089
美国高中数学竞赛:AMC10准备(共6卷)	2019－08	158.00	1105

刘培杰数学工作室
已出版(即将出版)图书目录——初等数学

书 名	出版时间	定 价	编号
王连笑教你怎样学数学:高考选择题解题策略与客观题实用训练	2014—01	48.00	262
王连笑教你怎样学数学:高考数学高层次讲座	2015—02	48.00	432
高考数学的理论与实践	2009—08	38.00	53
高考数学核心题型解题方法与技巧	2010—01	28.00	86
高考思维新平台	2014—03	38.00	259
高考数学压轴题解题诀窍(上)(第2版)	2018—01	58.00	874
高考数学压轴题解题诀窍(下)(第2版)	2018—01	48.00	875
北京市五区文科数学三年高考模拟题详解:2013～2015	2015—08	48.00	500
北京市五区理科数学三年高考模拟题详解:2013～2015	2015—09	68.00	505
向量法巧解数学高考题	2009—08	28.00	54
高考数学解题金典(第2版)	2017—01	78.00	716
高考物理解题金典(第2版)	2019—05	68.00	717
高考化学解题金典(第2版)	2019—05	58.00	718
数学高考参考	2016—01	78.00	589
新课程标准高考数学解答题各种题型解法指导	2020—08	78.00	1196
全国及各省市高考数学试题审题要津与解法研究	2015—02	48.00	450
高中数学章节起始课的教学研究与案例设计	2019—05	28.00	1064
新课标高考数学——五年试题分章详解(2007～2011)(上、下)	2011—10	78.00	140,141
全国中考数学压轴题审题要津与解法研究	2013—04	78.00	248
新编全国及各省市中考数学压轴题审题要津与解法研究	2014—05	58.00	342
全国及各省市5年中考数学压轴题审题要津与解法研究(2015版)	2015—04	58.00	462
中考数学专题总复习	2007—04	28.00	6
中考数学较难题常考题型解题方法与技巧	2016—09	48.00	681
中考数学难题常考题型解题方法与技巧	2016—09	48.00	682
中考数学中档题常考题型解题方法与技巧	2017—08	68.00	835
中考数学选择填空压轴好题妙解365	2017—05	38.00	759
中考数学:三类重点考题的解法例析与习题	2020—04	48.00	1140
中小学数学的历史文化	2019—11	48.00	1124
初中平面几何百题多思创新解	2020—01	58.00	1125
初中数学中考备考	2020—01	58.00	1126
高考数学之九章演义	2019—08	68.00	1044
化学可以这样学:高中化学知识方法智慧感悟疑难辨析	2019—07	58.00	1103
如何成为学习高手	2019—09	58.00	1107
高考数学:经典真题分类解析	2020—04	78.00	1134
高考数学解答题破解策略	2020—11	58.00	1221
从分析解题过程学解题:高考压轴题与竞赛题之关系探究	2020—08	88.00	1179
教学新思考:单元整体视角下的初中数学教学设计	2021—03	58.00	1278
思维再拓展:2020年经典几何题的多解探究与思考	即将出版		1279
中考数学小压轴汇编初讲	2017—07	48.00	788
中考数学大压轴专题微言	2017—09	48.00	846
怎么解中考平面几何探索题	2019—06	48.00	1093
北京中考数学压轴题解题方法突破(第6版)	2020—11	58.00	1120
助你高考成功的数学解题智慧:知识是智慧的基础	2016—01	58.00	596
助你高考成功的数学解题智慧:错误是智慧的试金石	2016—04	58.00	643
助你高考成功的数学解题智慧:方法是智慧的推手	2016—04	68.00	657
高考数学奇思妙解	2016—04	38.00	610
高考数学解题策略	2016—05	48.00	670
数学解题泄天机(第2版)	2017—10	48.00	850

刘培杰数学工作室
已出版(即将出版)图书目录——初等数学

书　　名	出版时间	定　价	编号
高考物理压轴题全解	2017—04	58.00	746
高中物理经典问题 25 讲	2017—05	28.00	764
高中物理教学讲义	2018—01	48.00	871
中学物理基础问题解析	2020—08	48.00	1183
2016 年高考文科数学真题研究	2017—04	58.00	754
2016 年高考理科数学真题研究	2017—04	78.00	755
2017 年高考理科数学真题研究	2018—01	58.00	867
2017 年高考文科数学真题研究	2018—01	48.00	868
初中数学、高中数学脱节知识补缺教材	2017—06	48.00	766
高考数学小题抢分必练	2017—10	48.00	834
高考数学核心素养解读	2017—09	38.00	839
高考数学客观题解题方法和技巧	2017—10	38.00	847
十年高考数学精品试题审题要津与解法研究.上卷	2018—01	68.00	872
十年高考数学精品试题审题要津与解法研究.下卷	2018—01	58.00	873
中国历届高考数学试题及解答.1949—1979	2018—01	38.00	877
历届中国高考数学试题及解答.第二卷,1980—1989	2018—10	28.00	975
历届中国高考数学试题及解答.第三卷,1990—1999	2018—10	48.00	976
数学文化与高考研究	2018—03	48.00	882
跟我学解高中数学题	2018—07	58.00	926
中学数学研究的方法及案例	2018—05	58.00	869
高考数学抢分技能	2018—07	68.00	934
高一新生常用数学方法和重要数学思想提升教材	2018—06	38.00	921
2018 年高考数学真题研究	2019—01	68.00	1000
2019 年高考数学真题研究	2020—05	88.00	1137
高考数学全国卷六道解答题常考题型解题诀窍:理科(全 2 册)	2019—07	78.00	1101
高考数学全国卷 16 道选择、填空题常考题型解题诀窍.理科	2018—09	88.00	971
高考数学全国卷 16 道选择、填空题常考题型解题诀窍.文科	2020—01	88.00	1123
新课程标准高中数学各种题型解法大全.必修一分册	2021—06	58.00	1315
高中数学一题多解	2019—06	58.00	1087
历届中国高考数学试题及解答:1917—1999	2021—08	98.00	1371
突破高原:高中数学解题思维探究	2021—08	48.00	1375
新编 640 个世界著名数学智力趣题	2014—01	88.00	242
500 个最新世界著名数学智力趣题	2008—06	48.00	3
400 个最新世界著名数学最值问题	2008—09	48.00	36
500 个世界著名数学征解问题	2009—06	48.00	52
400 个中国最佳初等数学征解老问题	2010—01	48.00	60
500 个俄罗斯数学经典老题	2011—01	28.00	81
1000 个国外中学物理好题	2012—04	48.00	174
300 个日本高考数学题	2012—05	38.00	142
700 个早期日本高考数学试题	2017—02	88.00	752
500 个前苏联早期高考数学试题及解答	2012—05	28.00	185
546 个早期俄罗斯大学生数学竞赛题	2014—03	38.00	285
548 个来自美苏的数学好问题	2014—11	28.00	396
20 所苏联著名大学早期入学试题	2015—02	18.00	452
161 道德国工科大学生必做的微分方程习题	2015—05	28.00	469
500 个德国工科大学生必做的高数习题	2015—06	28.00	478
360 个数学竞赛问题	2016—08	58.00	677
200 个趣味数学故事	2018—02	48.00	857
470 个数学奥林匹克中的最值问题	2018—10	88.00	985
德国讲义日本考题.微积分卷	2015—04	48.00	456
德国讲义日本考题.微分方程卷	2015—04	38.00	457
二十世纪中叶中、英、美、日、法、俄高考数学试题精选	2017—06	38.00	783

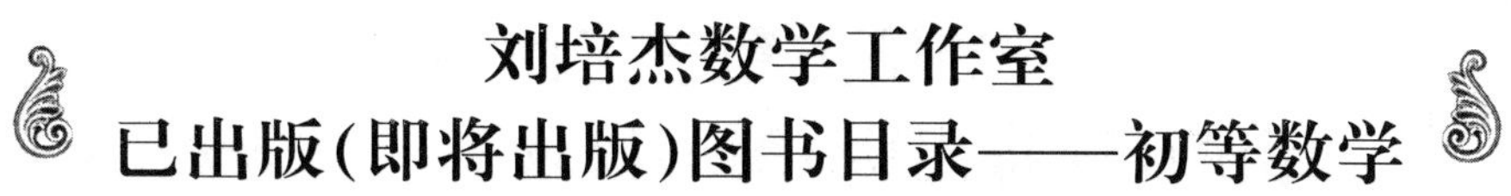

书　　名	出版时间	定　价	编号
中国初等数学研究　2009 卷(第 1 辑)	2009—05	20.00	45
中国初等数学研究　2010 卷(第 2 辑)	2010—05	30.00	68
中国初等数学研究　2011 卷(第 3 辑)	2011—07	60.00	127
中国初等数学研究　2012 卷(第 4 辑)	2012—07	48.00	190
中国初等数学研究　2014 卷(第 5 辑)	2014—02	48.00	288
中国初等数学研究　2015 卷(第 6 辑)	2015—06	68.00	493
中国初等数学研究　2016 卷(第 7 辑)	2016—04	68.00	609
中国初等数学研究　2017 卷(第 8 辑)	2017—01	98.00	712

书　　名	出版时间	定　价	编号
初等数学研究在中国.第 1 辑	2019—03	158.00	1024
初等数学研究在中国.第 2 辑	2019—10	158.00	1116
初等数学研究在中国.第 3 辑	2021—05	158.00	1306

书　　名	出版时间	定　价	编号
几何变换(Ⅰ)	2014—07	28.00	353
几何变换(Ⅱ)	2015—06	28.00	354
几何变换(Ⅲ)	2015—01	38.00	355
几何变换(Ⅳ)	2015—12	38.00	356

书　　名	出版时间	定　价	编号
初等数论难题集(第一卷)	2009—05	68.00	44
初等数论难题集(第二卷)(上、下)	2011—02	128.00	82,83
数论概貌	2011—03	18.00	93
代数数论(第二版)	2013—08	58.00	94
代数多项式	2014—06	38.00	289
初等数论的知识与问题	2011—02	28.00	95
超越数论基础	2011—03	28.00	96
数论初等教程	2011—03	28.00	97
数论基础	2011—03	18.00	98
数论基础与维诺格拉多夫	2014—03	18.00	292
解析数论基础	2012—08	28.00	216
解析数论基础(第二版)	2014—01	48.00	287
解析数论问题集(第二版)(原版引进)	2014—05	88.00	343
解析数论问题集(第二版)(中译本)	2016—04	88.00	607
解析数论基础(潘承洞,潘承彪著)	2016—07	98.00	673
解析数论导引	2016—07	58.00	674
数论入门	2011—03	38.00	99
代数数论入门	2015—03	38.00	448
数论开篇	2012—07	28.00	194
解析数论引论	2011—03	48.00	100
Barban Davenport Halberstam 均值和	2009—01	40.00	33
基础数论	2011—03	28.00	101
初等数论 100 例	2011—05	18.00	122
初等数论经典例题	2012—07	18.00	204
最新世界各国数学奥林匹克中的初等数论试题(上、下)	2012—01	138.00	144,145
初等数论(Ⅰ)	2012—01	18.00	156
初等数论(Ⅱ)	2012—01	18.00	157
初等数论(Ⅲ)	2012—01	28.00	158

刘培杰数学工作室

已出版(即将出版)图书目录——初等数学

书　　名	出版时间	定　价	编号
平面几何与数论中未解决的新老问题	2013－01	68.00	229
代数数论简史	2014－11	28.00	408
代数数论	2015－09	88.00	532
代数、数论及分析习题集	2016－11	98.00	695
数论导引提要及习题解答	2016－01	48.00	559
素数定理的初等证明．第 2 版	2016－09	48.00	686
数论中的模函数与狄利克雷级数(第二版)	2017－11	78.00	837
数论:数学导引	2018－01	68.00	849
范氏大代数	2019－02	98.00	1016
解析数学讲义．第一卷，导来式及微分、积分、级数	2019－04	88.00	1021
解析数学讲义．第二卷，关于几何的应用	2019－04	68.00	1022
解析数学讲义．第三卷，解析函数论	2019－04	78.00	1023
分析・组合・数论纵横谈	2019－04	58.00	1039
Hall 代数:民国时期的中学数学课本:英文	2019－08	88.00	1106
数学精神巡礼	2019－01	58.00	731
数学眼光透视(第 2 版)	2017－06	78.00	732
数学思想领悟(第 2 版)	2018－01	68.00	733
数学方法溯源(第 2 版)	2018－08	68.00	734
数学解题引论	2017－05	58.00	735
数学史话览胜(第 2 版)	2017－01	48.00	736
数学应用展观(第 2 版)	2017－08	68.00	737
数学建模尝试	2018－04	48.00	738
数学竞赛采风	2018－01	68.00	739
数学测评探营	2019－05	58.00	740
数学技能操握	2018－03	48.00	741
数学欣赏拾趣	2018－02	48.00	742
从毕达哥拉斯到怀尔斯	2007－10	48.00	9
从迪利克雷到维斯卡尔迪	2008－01	48.00	21
从哥德巴赫到陈景润	2008－05	98.00	35
从庞加莱到佩雷尔曼	2011－08	138.00	136
博弈论精粹	2008－03	58.00	30
博弈论精粹．第二版(精装)	2015－01	88.00	461
数学 我爱你	2008－01	28.00	20
精神的圣徒　别样的人生——60 位中国数学家成长的历程	2008－09	48.00	39
数学史概论	2009－06	78.00	50
数学史概论(精装)	2013－03	158.00	272
数学史选讲	2016－01	48.00	544
斐波那契数列	2010－02	28.00	65
数学拼盘和斐波那契魔方	2010－07	38.00	72
斐波那契数列欣赏(第 2 版)	2018－08	58.00	948
Fibonacci 数列中的明珠	2018－06	58.00	928
数学的创造	2011－02	48.00	85
数学美与创造力	2016－01	48.00	595
数海拾贝	2016－01	48.00	590
数学中的美(第 2 版)	2019－04	68.00	1057
数论中的美学	2014－12	38.00	351

刘培杰数学工作室
已出版(即将出版)图书目录——初等数学

书　　名	出版时间	定　价	编号
数学王者　科学巨人——高斯	2015—01	28.00	428
振兴祖国数学的圆梦之旅:中国初等数学研究史话	2015—06	98.00	490
二十世纪中国数学史料研究	2015—10	48.00	536
数字谜、数阵图与棋盘覆盖	2016—01	58.00	298
时间的形状	2016—01	38.00	556
数学发现的艺术:数学探索中的合情推理	2016—07	58.00	671
活跃在数学中的参数	2016—07	48.00	675
数海趣史	2021—05	98.00	1314
数学解题——靠数学思想给力(上)	2011—07	38.00	131
数学解题——靠数学思想给力(中)	2011—07	48.00	132
数学解题——靠数学思想给力(下)	2011—07	38.00	133
我怎样解题	2013—01	48.00	227
数学解题中的物理方法	2011—06	28.00	114
数学解题的特殊方法	2011—06	48.00	115
中学数学计算技巧(第2版)	2020—10	48.00	1220
中学数学证明方法	2012—01	58.00	117
数学趣题巧解	2012—03	28.00	128
高中数学教学通鉴	2015—05	58.00	479
和高中生漫谈:数学与哲学的故事	2014—08	28.00	369
算术问题集	2017—03	38.00	789
张教授讲数学	2018—07	38.00	933
陈永明实话实说数学教学	2020—04	68.00	1132
中学数学学科知识与教学能力	2020—06	58.00	1155
自主招生考试中的参数方程问题	2015—01	28.00	435
自主招生考试中的极坐标问题	2015—04	28.00	463
近年全国重点大学自主招生数学试题全解及研究.华约卷	2015—02	38.00	441
近年全国重点大学自主招生数学试题全解及研究.北约卷	2016—05	38.00	619
自主招生数学解证宝典	2015—09	48.00	535
格点和面积	2012—07	18.00	191
射影几何趣谈	2012—04	28.00	175
斯潘纳尔引理——从一道加拿大数学奥林匹克试题谈起	2014—01	28.00	228
李普希兹条件——从几道近年高考数学试题谈起	2012—10	18.00	221
拉格朗日中值定理——从一道北京高考试题的解法谈起	2015—10	18.00	197
闵科夫斯基定理——从一道清华大学自主招生试题谈起	2014—01	28.00	198
哈尔测度——从一道冬令营试题的背景谈起	2012—08	28.00	202
切比雪夫逼近问题——从一道中国台北数学奥林匹克试题谈起	2013—04	38.00	238
伯恩斯坦多项式与贝齐尔曲面——从一道全国高中数学联赛试题谈起	2013—03	38.00	236
卡塔兰猜想——从一道普特南竞赛试题谈起	2013—06	18.00	256
麦卡锡函数和阿克曼函数——从一道前南斯拉夫数学奥林匹克试题谈起	2012—08	18.00	201
贝蒂定理与拉姆贝克莫斯尔定理——从一个拣石子游戏谈起	2012—08	18.00	217
皮亚诺曲线和豪斯道夫分球定理——从无限集谈起	2012—08	18.00	211
平面凸图形与凸多面体	2012—10	28.00	218
斯坦因豪斯问题——从一道二十五省市自治区中学数学竞赛试题谈起	2012—07	18.00	196

刘培杰数学工作室
已出版(即将出版)图书目录——初等数学

书　　名	出版时间	定　价	编号
纽结理论中的亚历山大多项式与琼斯多项式——从一道北京市高一数学竞赛试题谈起	2012－07	28.00	195
原则与策略——从波利亚"解题表"谈起	2013－04	38.00	244
转化与化归——从三大尺规作图不能问题谈起	2012－08	28.00	214
代数几何中的贝祖定理(第一版)——从一道 IMO 试题的解法谈起	2013－08	18.00	193
成功连贯理论与约当块理论——从一道比利时数学竞赛试题谈起	2012－04	18.00	180
素数判定与大数分解	2014－08	18.00	199
置换多项式及其应用	2012－10	18.00	220
椭圆函数与模函数——从一道美国加州大学洛杉矶分校(UCLA)博士资格考题谈起	2012－10	28.00	219
差分方程的拉格朗日方法——从一道 2011 年全国高考理科试题的解法谈起	2012－08	28.00	200
力学在几何中的一些应用	2013－01	38.00	240
从根式解到伽罗华理论	2020－01	48.00	1121
康托洛维奇不等式——从一道全国高中联赛试题谈起	2013－03	28.00	337
西格尔引理——从一道第 18 届 IMO 试题的解法谈起	即将出版		
罗斯定理——从一道前苏联数学竞赛试题谈起	即将出版		
拉克斯定理和阿廷定理——从一道 IMO 试题的解法谈起	2014－01	58.00	246
毕卡大定理——从一道美国大学数学竞赛试题谈起	2014－07	18.00	350
贝齐尔曲线——从一道全国高中联赛试题谈起	即将出版		
拉格朗日乘子定理——从一道 2005 年全国高中联赛试题的高等数学解法谈起	2015－05	28.00	480
雅可比定理——从一道日本数学奥林匹克试题谈起	2013－04	48.00	249
李天岩－约克定理——从一道波兰数学竞赛试题谈起	2014－06	28.00	349
整系数多项式因式分解的一般方法——从克朗耐克算法谈起	即将出版		
布劳维不动点定理——从一道前苏联数学奥林匹克试题谈起	2014－01	38.00	273
伯恩赛德定理——从一道英国数学奥林匹克试题谈起	即将出版		
布查特－莫斯特定理——从一道上海市初中竞赛试题谈起	即将出版		
数论中的同余数问题——从一道普特南竞赛试题谈起	即将出版		
范·德蒙行列式——从一道美国数学奥林匹克试题谈起	即将出版		
中国剩余定理:总数法构建中国历史年表	2015－01	28.00	430
牛顿程序与方程求根——从一道全国高考试题解法谈起	即将出版		
库默尔定理——从一道 IMO 预选试题谈起	即将出版		
卢丁定理——从一道冬令营试题的解法谈起	即将出版		
沃斯滕霍姆定理——从一道 IMO 预选试题谈起	即将出版		
卡尔松不等式——从一道莫斯科数学奥林匹克试题谈起	即将出版		
信息论中的香农熵——从一道近年高考压轴题谈起	即将出版		
约当不等式——从一道希望杯竞赛试题谈起	即将出版		
拉比诺维奇定理	即将出版		
刘维尔定理——从一道《美国数学月刊》征解问题的解法谈起	即将出版		
卡塔兰恒等式与级数求和——从一道 IMO 试题的解法谈起	即将出版		
勒让德猜想与素数分布——从一道爱尔兰竞赛试题谈起	即将出版		
天平称重与信息论——从一道基辅市数学奥林匹克试题谈起	即将出版		
哈密尔顿－凯莱定理:从一道高中数学联赛试题的解法谈起	2014－09	18.00	376
艾思特曼定理——从一道 CMO 试题的解法谈起	即将出版		

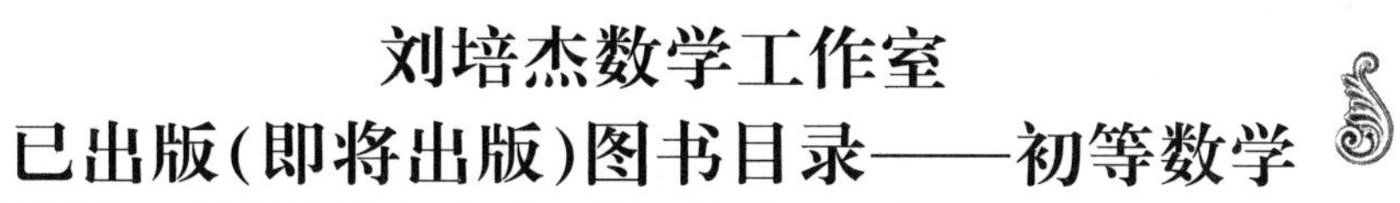

刘培杰数学工作室
已出版(即将出版)图书目录——初等数学

书　　名	出版时间	定　价	编号
阿贝尔恒等式与经典不等式及应用	2018－06	98.00	923
迪利克雷除数问题	2018－07	48.00	930
幻方、幻立方与拉丁方	2019－08	48.00	1092
帕斯卡三角形	2014－03	18.00	294
蒲丰投针问题——从 2009 年清华大学的一道自主招生试题谈起	2014－01	38.00	295
斯图姆定理——从一道“华约”自主招生试题的解法谈起	2014－01	18.00	296
许瓦兹引理——从一道加利福尼亚大学伯克利分校数学系博士生试题谈起	2014－08	18.00	297
拉姆塞定理——从王诗宬院士的一个问题谈起	2016－04	48.00	299
坐标法	2013－12	28.00	332
数论三角形	2014－04	38.00	341
毕克定理	2014－07	18.00	352
数林掠影	2014－09	48.00	389
我们周围的概率	2014－10	38.00	390
凸函数最值定理:从一道华约自主招生题的解法谈起	2014－10	28.00	391
易学与数学奥林匹克	2014－10	38.00	392
生物数学趣谈	2015－01	18.00	409
反演	2015－01	28.00	420
因式分解与圆锥曲线	2015－01	18.00	426
轨迹	2015－01	28.00	427
面积原理:从常庚哲命的一道 CMO 试题的积分解法谈起	2015－01	48.00	431
形形色色的不动点定理:从一道 28 届 IMO 试题谈起	2015－01	38.00	439
柯西函数方程:从一道上海交大自主招生的试题谈起	2015－02	28.00	440
三角恒等式	2015－02	28.00	442
无理性判定:从一道 2014 年“北约”自主招生试题谈起	2015－01	38.00	443
数学归纳法	2015－03	18.00	451
极端原理与解题	2015－04	28.00	464
法雷级数	2014－08	18.00	367
摆线族	2015－01	38.00	438
函数方程及其解法	2015－05	38.00	470
含参数的方程和不等式	2012－09	28.00	213
希尔伯特第十问题	2016－01	38.00	543
无穷小量的求和	2016－01	28.00	545
切比雪夫多项式:从一道清华大学金秋营试题谈起	2016－01	38.00	583
泽肯多夫定理	2016－03	38.00	599
代数等式证题法	2016－01	28.00	600
三角等式证题法	2016－01	28.00	601
吴大任教授藏书中的一个因式分解公式:从一道美国数学邀请赛试题的解法谈起	2016－06	28.00	656
易卦——类万物的数学模型	2017－08	68.00	838
“不可思议”的数与数系可持续发展	2018－01	38.00	878
最短线	2018－01	38.00	879

书　　名	出版时间	定　价	编号
幻方和魔方(第一卷)	2012－05	68.00	173
尘封的经典——初等数学经典文献选读(第一卷)	2012－07	48.00	205
尘封的经典——初等数学经典文献选读(第二卷)	2012－07	38.00	206

书　　名	出版时间	定　价	编号
初级方程式论	2011－03	28.00	106
初等数学研究(Ⅰ)	2008－09	68.00	37
初等数学研究(Ⅱ)(上、下)	2009－05	118.00	46,47

刘培杰数学工作室
已出版(即将出版)图书目录——初等数学

书　　名	出版时间	定　价	编号
趣味初等方程妙题集锦	2014－09	48.00	388
趣味初等数论选美与欣赏	2015－02	48.00	445
耕读笔记(上卷):一位农民数学爱好者的初数探索	2015－04	28.00	459
耕读笔记(中卷):一位农民数学爱好者的初数探索	2015－05	28.00	483
耕读笔记(下卷):一位农民数学爱好者的初数探索	2015－05	28.00	484
几何不等式研究与欣赏.上卷	2016－01	88.00	547
几何不等式研究与欣赏.下卷	2016－01	48.00	552
初等数列研究与欣赏・上	2016－01	48.00	570
初等数列研究与欣赏・下	2016－01	48.00	571
趣味初等函数研究与欣赏.上	2016－09	48.00	684
趣味初等函数研究与欣赏.下	2018－09	48.00	685
三角不等式研究与欣赏	2020－10	68.00	1197
火柴游戏	2016－05	38.00	612
智力解谜.第1卷	2017－07	38.00	613
智力解谜.第2卷	2017－07	38.00	614
故事智力	2016－07	48.00	615
名人们喜欢的智力问题	2020－01	48.00	616
数学大师的发现、创造与失误	2018－01	48.00	617
异曲同工	2018－09	48.00	618
数学的味道	2018－01	58.00	798
数学千字文	2018－10	68.00	977
数贝偶拾——高考数学题研究	2014－04	28.00	274
数贝偶拾——初等数学研究	2014－04	38.00	275
数贝偶拾——奥数题研究	2014－04	48.00	276
钱昌本教你快乐学数学(上)	2011－12	48.00	155
钱昌本教你快乐学数学(下)	2012－03	58.00	171
集合、函数与方程	2014－01	28.00	300
数列与不等式	2014－01	38.00	301
三角与平面向量	2014－01	28.00	302
平面解析几何	2014－01	38.00	303
立体几何与组合	2014－01	28.00	304
极限与导数、数学归纳法	2014－01	38.00	305
趣味数学	2014－03	28.00	306
教材教法	2014－04	68.00	307
自主招生	2014－05	58.00	308
高考压轴题(上)	2015－01	48.00	309
高考压轴题(下)	2014－10	68.00	310
从费马到怀尔斯——费马大定理的历史	2013－10	198.00	Ⅰ
从庞加莱到佩雷尔曼——庞加莱猜想的历史	2013－10	298.00	Ⅱ
从切比雪夫到爱尔特希(上)——素数定理的初等证明	2013－07	48.00	Ⅲ
从切比雪夫到爱尔特希(下)——素数定理100年	2012－12	98.00	Ⅲ
从高斯到盖尔方特——二次域的高斯猜想	2013－10	198.00	Ⅳ
从库默尔到朗兰兹——朗兰兹猜想的历史	2014－01	98.00	Ⅴ
从比勃巴赫到德布朗斯——比勃巴赫猜想的历史	2014－02	298.00	Ⅵ
从麦比乌斯到陈省身——麦比乌斯变换与麦比乌斯带	2014－02	298.00	Ⅶ
从布尔到豪斯道夫——布尔方程与格论漫谈	2013－10	198.00	Ⅷ
从开普勒到阿诺德——三体问题的历史	2014－05	298.00	Ⅸ
从华林到华罗庚——华林问题的历史	2013－10	298.00	Ⅹ

刘培杰数学工作室

已出版(即将出版)图书目录——初等数学

书　　名	出版时间	定　价	编号
美国高中数学竞赛五十讲. 第 1 卷(英文)	2014－08	28.00	357
美国高中数学竞赛五十讲. 第 2 卷(英文)	2014－08	28.00	358
美国高中数学竞赛五十讲. 第 3 卷(英文)	2014－09	28.00	359
美国高中数学竞赛五十讲. 第 4 卷(英文)	2014－09	28.00	360
美国高中数学竞赛五十讲. 第 5 卷(英文)	2014－10	28.00	361
美国高中数学竞赛五十讲. 第 6 卷(英文)	2014－11	28.00	362
美国高中数学竞赛五十讲. 第 7 卷(英文)	2014－12	28.00	363
美国高中数学竞赛五十讲. 第 8 卷(英文)	2015－01	28.00	364
美国高中数学竞赛五十讲. 第 9 卷(英文)	2015－01	28.00	365
美国高中数学竞赛五十讲. 第 10 卷(英文)	2015－02	38.00	366
三角函数(第 2 版)	2017－04	38.00	626
不等式	2014－01	38.00	312
数列	2014－01	38.00	313
方程(第 2 版)	2017－04	38.00	624
排列和组合	2014－01	28.00	315
极限与导数(第 2 版)	2016－04	38.00	635
向量(第 2 版)	2018－08	58.00	627
复数及其应用	2014－08	28.00	318
函数	2014－01	38.00	319
集合	2020－01	48.00	320
直线与平面	2014－01	28.00	321
立体几何(第 2 版)	2016－04	38.00	629
解三角形	即将出版		323
直线与圆(第 2 版)	2016－11	38.00	631
圆锥曲线(第 2 版)	2016－09	48.00	632
解题通法(一)	2014－07	38.00	326
解题通法(二)	2014－07	38.00	327
解题通法(三)	2014－05	38.00	328
概率与统计	2014－01	28.00	329
信息迁移与算法	即将出版		330
IMO 50 年. 第 1 卷(1959－1963)	2014－11	28.00	377
IMO 50 年. 第 2 卷(1964－1968)	2014－11	28.00	378
IMO 50 年. 第 3 卷(1969－1973)	2014－09	28.00	379
IMO 50 年. 第 4 卷(1974－1978)	2016－04	38.00	380
IMO 50 年. 第 5 卷(1979－1984)	2015－04	38.00	381
IMO 50 年. 第 6 卷(1985－1989)	2015－04	58.00	382
IMO 50 年. 第 7 卷(1990－1994)	2016－01	48.00	383
IMO 50 年. 第 8 卷(1995－1999)	2016－06	38.00	384
IMO 50 年. 第 9 卷(2000－2004)	2015－04	58.00	385
IMO 50 年. 第 10 卷(2005－2009)	2016－01	48.00	386
IMO 50 年. 第 11 卷(2010－2015)	2017－03	48.00	646

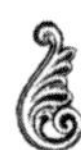

刘培杰数学工作室
已出版(即将出版)图书目录——初等数学

书　　名	出版时间	定　价	编号
数学反思(2006—2007)	2020—09	88.00	915
数学反思(2008—2009)	2019—01	68.00	917
数学反思(2010—2011)	2018—05	58.00	916
数学反思(2012—2013)	2019—01	58.00	918
数学反思(2014—2015)	2019—03	78.00	919
数学反思(2016—2017)	2021—03	58.00	1286
历届美国大学生数学竞赛试题集.第一卷(1938—1949)	2015—01	28.00	397
历届美国大学生数学竞赛试题集.第二卷(1950—1959)	2015—01	28.00	398
历届美国大学生数学竞赛试题集.第三卷(1960—1969)	2015—01	28.00	399
历届美国大学生数学竞赛试题集.第四卷(1970—1979)	2015—01	18.00	400
历届美国大学生数学竞赛试题集.第五卷(1980—1989)	2015—01	28.00	401
历届美国大学生数学竞赛试题集.第六卷(1990—1999)	2015—01	28.00	402
历届美国大学生数学竞赛试题集.第七卷(2000—2009)	2015—08	18.00	403
历届美国大学生数学竞赛试题集.第八卷(2010—2012)	2015—01	18.00	404
新课标高考数学创新题解题诀窍:总论	2014—09	28.00	372
新课标高考数学创新题解题诀窍:必修1～5分册	2014—08	38.00	373
新课标高考数学创新题解题诀窍:选修2—1,2—2,1—1,1—2分册	2014—09	38.00	374
新课标高考数学创新题解题诀窍:选修2—3,4—4,4—5分册	2014—09	18.00	375
全国重点大学自主招生英文数学试题全攻略:词汇卷	2015—07	48.00	410
全国重点大学自主招生英文数学试题全攻略:概念卷	2015—01	28.00	411
全国重点大学自主招生英文数学试题全攻略:文章选读卷(上)	2016—09	38.00	412
全国重点大学自主招生英文数学试题全攻略:文章选读卷(下)	2017—01	58.00	413
全国重点大学自主招生英文数学试题全攻略:试题卷	2015—07	38.00	414
全国重点大学自主招生英文数学试题全攻略:名著欣赏卷	2017—03	48.00	415
劳埃德数学趣题大全.题目卷.1:英文	2016—01	18.00	516
劳埃德数学趣题大全.题目卷.2:英文	2016—01	18.00	517
劳埃德数学趣题大全.题目卷.3:英文	2016—01	18.00	518
劳埃德数学趣题大全.题目卷.4:英文	2016—01	18.00	519
劳埃德数学趣题大全.题目卷.5:英文	2016—01	18.00	520
劳埃德数学趣题大全.答案卷:英文	2016—01	18.00	521
李成章教练奥数笔记.第1卷	2016—01	48.00	522
李成章教练奥数笔记.第2卷	2016—01	48.00	523
李成章教练奥数笔记.第3卷	2016—01	38.00	524
李成章教练奥数笔记.第4卷	2016—01	38.00	525
李成章教练奥数笔记.第5卷	2016—01	38.00	526
李成章教练奥数笔记.第6卷	2016—01	38.00	527
李成章教练奥数笔记.第7卷	2016—01	38.00	528
李成章教练奥数笔记.第8卷	2016—01	48.00	529
李成章教练奥数笔记.第9卷	2016—01	28.00	530

刘培杰数学工作室
已出版(即将出版)图书目录——初等数学

书　　名	出版时间	定　价	编号
第19～23届"希望杯"全国数学邀请赛试题审题要津详细评注(初一版)	2014—03	28.00	333
第19～23届"希望杯"全国数学邀请赛试题审题要津详细评注(初二、初三版)	2014—03	38.00	334
第19～23届"希望杯"全国数学邀请赛试题审题要津详细评注(高一版)	2014—03	28.00	335
第19～23届"希望杯"全国数学邀请赛试题审题要津详细评注(高二版)	2014—03	38.00	336
第19～25届"希望杯"全国数学邀请赛试题审题要津详细评注(初一版)	2015—01	38.00	416
第19～25届"希望杯"全国数学邀请赛试题审题要津详细评注(初二、初三版)	2015—01	58.00	417
第19～25届"希望杯"全国数学邀请赛试题审题要津详细评注(高一版)	2015—01	48.00	418
第19～25届"希望杯"全国数学邀请赛试题审题要津详细评注(高二版)	2015—01	48.00	419
物理奥林匹克竞赛大题典——力学卷	2014—11	48.00	405
物理奥林匹克竞赛大题典——热学卷	2014—04	28.00	339
物理奥林匹克竞赛大题典——电磁学卷	2015—07	48.00	406
物理奥林匹克竞赛大题典——光学与近代物理卷	2014—06	28.00	345
历届中国东南地区数学奥林匹克试题集(2004～2012)	2014—06	18.00	346
历届中国西部地区数学奥林匹克试题集(2001～2012)	2014—07	18.00	347
历届中国女子数学奥林匹克试题集(2002～2012)	2014—08	18.00	348
数学奥林匹克在中国	2014—06	98.00	344
数学奥林匹克问题集	2014—01	38.00	267
数学奥林匹克不等式散论	2010—06	38.00	124
数学奥林匹克不等式欣赏	2011—09	38.00	138
数学奥林匹克超级题库(初中卷上)	2010—01	58.00	66
数学奥林匹克不等式证明方法和技巧(上、下)	2011—08	158.00	134,135
他们学什么:原民主德国中学数学课本	2016—09	38.00	658
他们学什么:英国中学数学课本	2016—09	38.00	659
他们学什么:法国中学数学课本.1	2016—09	38.00	660
他们学什么:法国中学数学课本.2	2016—09	28.00	661
他们学什么:法国中学数学课本.3	2016—09	38.00	662
他们学什么:苏联中学数学课本	2016—09	28.00	679
高中数学题典——集合与简易逻辑·函数	2016—07	48.00	647
高中数学题典——导数	2016—07	48.00	648
高中数学题典——三角函数·平面向量	2016—07	48.00	649
高中数学题典——数列	2016—07	58.00	650
高中数学题典——不等式·推理与证明	2016—07	38.00	651
高中数学题典——立体几何	2016—07	48.00	652
高中数学题典——平面解析几何	2016—07	78.00	653
高中数学题典——计数原理·统计·概率·复数	2016—07	48.00	654
高中数学题典——算法·平面几何·初等数论·组合数学·其他	2016—07	68.00	655

刘培杰数学工作室
已出版(即将出版)图书目录——初等数学

书　　名	出版时间	定　价	编号
台湾地区奥林匹克数学竞赛试题.小学一年级	2017—03	38.00	722
台湾地区奥林匹克数学竞赛试题.小学二年级	2017—03	38.00	723
台湾地区奥林匹克数学竞赛试题.小学三年级	2017—03	38.00	724
台湾地区奥林匹克数学竞赛试题.小学四年级	2017—03	38.00	725
台湾地区奥林匹克数学竞赛试题.小学五年级	2017—03	38.00	726
台湾地区奥林匹克数学竞赛试题.小学六年级	2017—03	38.00	727
台湾地区奥林匹克数学竞赛试题.初中一年级	2017—03	38.00	728
台湾地区奥林匹克数学竞赛试题.初中二年级	2017—03	38.00	729
台湾地区奥林匹克数学竞赛试题.初中三年级	2017—03	28.00	730
不等式证题法	2017—04	28.00	747
平面几何培优教程	2019—08	88.00	748
奥数鼎级培优教程.高一分册	2018—09	88.00	749
奥数鼎级培优教程.高二分册.上	2018—04	68.00	750
奥数鼎级培优教程.高二分册.下	2018—04	68.00	751
高中数学竞赛冲刺宝典	2019—04	68.00	883
初中尖子生数学超级题典.实数	2017—07	58.00	792
初中尖子生数学超级题典.式、方程与不等式	2017—08	58.00	793
初中尖子生数学超级题典.圆、面积	2017—08	38.00	794
初中尖子生数学超级题典.函数、逻辑推理	2017—08	48.00	795
初中尖子生数学超级题典.角、线段、三角形与多边形	2017—07	58.00	796
数学王子——高斯	2018—01	48.00	858
坎坷奇星——阿贝尔	2018—01	48.00	859
闪烁奇星——伽罗瓦	2018—01	58.00	860
无穷统帅——康托尔	2018—01	48.00	861
科学公主——柯瓦列夫斯卡娅	2018—01	48.00	862
抽象代数之母——埃米·诺特	2018—01	48.00	863
电脑先驱——图灵	2018—01	58.00	864
昔日神童——维纳	2018—01	48.00	865
数坛怪侠——爱尔特希	2018—01	68.00	866
传奇数学家徐利治	2019—09	88.00	1110
当代世界中的数学.数学思想与数学基础	2019—01	38.00	892
当代世界中的数学.数学问题	2019—01	38.00	893
当代世界中的数学.应用数学与数学应用	2019—01	38.00	894
当代世界中的数学.数学王国的新疆域(一)	2019—01	38.00	895
当代世界中的数学.数学王国的新疆域(二)	2019—01	38.00	896
当代世界中的数学.数林撷英(一)	2019—01	38.00	897
当代世界中的数学.数林撷英(二)	2019—01	48.00	898
当代世界中的数学.数学之路	2019—01	38.00	899

刘培杰数学工作室
已出版(即将出版)图书目录——初等数学

书　　名	出版时间	定　价	编号
105 个代数问题:来自 AwesomeMath 夏季课程	2019—02	58.00	956
106 个几何问题:来自 AwesomeMath 夏季课程	2020—07	58.00	957
107 个几何问题:来自 AwesomeMath 全年课程	2020—07	58.00	958
108 个代数问题:来自 AwesomeMath 全年课程	2019—01	68.00	959
109 个不等式:来自 AwesomeMath 夏季课程	2019—04	58.00	960
国际数学奥林匹克中的 110 个几何问题	即将出版		961
111 个代数和数论问题	2019—05	58.00	962
112 个组合问题:来自 AwesomeMath 夏季课程	2019—05	58.00	963
113 个几何不等式:来自 AwesomeMath 夏季课程	2020—08	58.00	964
114 个指数和对数问题:来自 AwesomeMath 夏季课程	2019—09	48.00	965
115 个三角问题:来自 AwesomeMath 夏季课程	2019—09	58.00	966
116 个代数不等式:来自 AwesomeMath 全年课程	2019—04	58.00	967
117 个多项式问题:来自 AwesomeMath 夏季课程	2021—09	58.00	1409
紫色彗星国际数学竞赛试题	2019—02	58.00	999
数学竞赛中的数学:为数学爱好者、父母、教师和教练准备的丰富资源.第一部	2020—04	58.00	1141
数学竞赛中的数学:为数学爱好者、父母、教师和教练准备的丰富资源.第二部	2020—07	48.00	1142
和与积	2020—10	38.00	1219
数论:概念和问题	2020—12	68.00	1257
初等数学问题研究	2021—03	48.00	1270
数学奥林匹克中的欧几里得几何	2021—10	68.00	1413
澳大利亚中学数学竞赛试题及解答(初级卷)1978～1984	2019—02	28.00	1002
澳大利亚中学数学竞赛试题及解答(初级卷)1985～1991	2019—02	28.00	1003
澳大利亚中学数学竞赛试题及解答(初级卷)1992～1998	2019—02	28.00	1004
澳大利亚中学数学竞赛试题及解答(初级卷)1999～2005	2019—02	28.00	1005
澳大利亚中学数学竞赛试题及解答(中级卷)1978～1984	2019—03	28.00	1006
澳大利亚中学数学竞赛试题及解答(中级卷)1985～1991	2019—03	28.00	1007
澳大利亚中学数学竞赛试题及解答(中级卷)1992～1998	2019—03	28.00	1008
澳大利亚中学数学竞赛试题及解答(中级卷)1999～2005	2019—03	28.00	1009
澳大利亚中学数学竞赛试题及解答(高级卷)1978～1984	2019—05	28.00	1010
澳大利亚中学数学竞赛试题及解答(高级卷)1985～1991	2019—05	28.00	1011
澳大利亚中学数学竞赛试题及解答(高级卷)1992～1998	2019—05	28.00	1012
澳大利亚中学数学竞赛试题及解答(高级卷)1999～2005	2019—05	28.00	1013
天才中小学生智力测验题.第一卷	2019—03	38.00	1026
天才中小学生智力测验题.第二卷	2019—03	38.00	1027
天才中小学生智力测验题.第三卷	2019—03	38.00	1028
天才中小学生智力测验题.第四卷	2019—03	38.00	1029
天才中小学生智力测验题.第五卷	2019—03	38.00	1030
天才中小学生智力测验题.第六卷	2019—03	38.00	1031
天才中小学生智力测验题.第七卷	2019—03	38.00	1032
天才中小学生智力测验题.第八卷	2019—03	38.00	1033
天才中小学生智力测验题.第九卷	2019—03	38.00	1034
天才中小学生智力测验题.第十卷	2019—03	38.00	1035
天才中小学生智力测验题.第十一卷	2019—03	38.00	1036
天才中小学生智力测验题.第十二卷	2019—03	38.00	1037
天才中小学生智力测验题.第十三卷	2019—03	38.00	1038

刘培杰数学工作室
已出版(即将出版)图书目录——初等数学

书　　名	出版时间	定　价	编号
重点大学自主招生数学备考全书:函数	2020—05	48.00	1047
重点大学自主招生数学备考全书:导数	2020—08	48.00	1048
重点大学自主招生数学备考全书:数列与不等式	2019—10	78.00	1049
重点大学自主招生数学备考全书:三角函数与平面向量	2020—08	68.00	1050
重点大学自主招生数学备考全书:平面解析几何	2020—07	58.00	1051
重点大学自主招生数学备考全书:立体几何与平面几何	2019—08	48.00	1052
重点大学自主招生数学备考全书:排列组合·概率统计·复数	2019—09	48.00	1053
重点大学自主招生数学备考全书:初等数论与组合数学	2019—08	48.00	1054
重点大学自主招生数学备考全书:重点大学自主招生真题.上	2019—04	68.00	1055
重点大学自主招生数学备考全书:重点大学自主招生真题.下	2019—04	58.00	1056
高中数学竞赛培训教程:平面几何问题的求解方法与策略.上	2018—05	68.00	906
高中数学竞赛培训教程:平面几何问题的求解方法与策略.下	2018—06	78.00	907
高中数学竞赛培训教程:整除与同余以及不定方程	2018—01	88.00	908
高中数学竞赛培训教程:组合计数与组合极值	2018—04	48.00	909
高中数学竞赛培训教程:初等代数	2019—04	78.00	1042
高中数学讲座:数学竞赛基础教程(第一册)	2019—06	48.00	1094
高中数学讲座:数学竞赛基础教程(第二册)	即将出版		1095
高中数学讲座:数学竞赛基础教程(第三册)	即将出版		1096
高中数学讲座:数学竞赛基础教程(第四册)	即将出版		1097
新编中学数学解题方法 1000 招丛书.实数(初中版)	即将出版		1291
新编中学数学解题方法 1000 招丛书.式(初中版)	即将出版		1292
新编中学数学解题方法 1000 招丛书.方程与不等式(初中版)	2021—04	58.00	1293
新编中学数学解题方法 1000 招丛书.函数(初中版)	即将出版		1294
新编中学数学解题方法 1000 招丛书.角(初中版)	即将出版		1295
新编中学数学解题方法 1000 招丛书.线段(初中版)	即将出版		1296
新编中学数学解题方法 1000 招丛书.三角形与多边形(初中版)	2021—04	48.00	1297
新编中学数学解题方法 1000 招丛书.圆(初中版)	即将出版		1298
新编中学数学解题方法 1000 招丛书.面积(初中版)	2021—07	28.00	1299

联系地址:哈尔滨市南岗区复华四道街 10 号　哈尔滨工业大学出版社刘培杰数学工作室
网　　址:http://lpj.hit.edu.cn/
邮　　编:150006
联系电话:0451—86281378　　13904613167
E-mail:lpj1378@163.com